水利水电工程施工技术交底记录

刘伟　武孟元　孙彦雷　主编

中国水利水电出版社
www.waterpub.com.cn
·北京·

内 容 提 要

施工技术交底的目的是使技术管理人员与操作工人对项目的设计意图、技术要求、质量要求、施工工艺等方面有详细了解，以便于科学地组织施工。

本书共分为8章，以渠道、闸涵、泵站等工程为例，重点对土方工程、石方工程、混凝土工程、模板工程、钢筋工程、地基与基础工程、金属结构与机电设备安装、管道安装工程的单元工程技术交底进行编制。

本书可作为水利水电工程施工技术人员编制施工方案及单元工程施工技术交底的工具书，也可作为技术工人培训教材和参考书。

图书在版编目（CIP）数据

水利水电工程施工技术交底记录 / 刘伟，武孟元，孙彦雷主编. -- 北京 : 中国水利水电出版社，2022.6
ISBN 978-7-5226-0869-3

Ⅰ. ①水… Ⅱ. ①刘… ②武… ③孙… Ⅲ. ①水利水电工程－施工管理－技术手册 Ⅳ. ①TV512-62

中国版本图书馆CIP数据核字(2022)第130872号

书　　名	**水利水电工程施工技术交底记录** SHUILI SHUIDIAN GONGCHENG SHIGONG JISHU JIAODI JILU
作　　者	刘伟　武孟元　孙彦雷　主编
出版发行	中国水利水电出版社 (北京市海淀区玉渊潭南路1号D座　100038) 网址：www.waterpub.com.cn E-mail：sales@mwr.gov.cn 电话：(010) 68545888（营销中心）
经　　售	北京科水图书销售有限公司 电话：(010) 68545874、63202643 全国各地新华书店和相关出版物销售网点
排　　版	中国水利水电出版社微机排版中心
印　　刷	清淞永业（天津）印刷有限公司
规　　格	184mm×260mm　16开本　14.25印张　347千字
版　　次	2022年6月第1版　2022年6月第1次印刷
印　　数	0001—2000册
定　　价	**88.00**元

本书编委会

主　　编： 刘　伟　武孟元　孙彦雷

副 主 编： 贺　磊　刘彦哲　王　猛　王　顺

编写人员： 门旭净　牛　策　卢玉超　白腾飞　冯艳钦
朱少博　刘　冉　刘　哲　刘雪丽　李　聪
李亚存　李志红　李志峰　李朋伟　李春强
吴晓光　张　顺　张桃桃　苗　芳　苗旭辉
周北北　赵　芳　赵江超　袁新东　郭立红
曹月芝　曹正宇　曹永刚　龚振兴　董　超
路层书　翟国红

前言

水利水电工程规模大、影响大，情况复杂、技术要求高，如何对其进行科学、规范地施工是一个不断实践和探索的过程。技术交底是施工企业极为重要的一项技术管理工作，其目的是使参与水利水电工程施工的技术人员与工人熟悉和了解所承担的工程项目的特点、设计意图、技术要求、施工工艺及应注意的问题。随着水利水电工程项目建设和投资规模逐年扩大，为了加强工程施工技术的规范化管理、提高工程技术水平和管理水平，河北省水利工程局集团有限公司组织编写了这本《水利水电工程施工技术交底记录》。

在编写过程中我们按照“结合实际、强化管理、过程控制、合理分类”的指导原则，依据国家现行相关的法律、法规、规范、规程，结合水利水电工程专业的特点，力求理论与实际相结合，注重施工实践经验的总结，并将新规范的内容融会贯通，做到通俗易懂，体现知识性、适用性和可操作性。文中所选用的规范、规程若遇后期更新时应参考更新后发布的规范、规程。

由于本书编纂人员较多，尽管经过几次的审核修改和统稿，但仍有叙述繁简不一、章节内容不均衡的情况。同时因为我们搜集、掌握的资料和专业技术水平有限，书中尚有许多不足及可商榷之处。在此，热切期望广大工程技术人员提出宝贵意见和建议，以便本书的修订与完善。

编者

2022年3月

目 录

前言

1 土方工程 …… 1

1.1 管道沟槽土方开挖 …… 1

1.2 一般土方（大面积）开挖 …… 4

1.3 渠道边坡土方开挖 …… 7

1.4 排、降水工程（轻型井点） …… 9

1.5 排、降水工程（管井井点） …… 12

1.6 管道沟槽土方回填 …… 16

1.7 一般土方（大面积）回填 …… 21

1.8 渠道边坡填筑（开蹬） …… 24

1.9 堤防土方填筑 …… 27

1.10 建筑物土方回填 …… 30

1.11 砂（碎石）垫层回填 …… 33

1.12 三七灰土垫层 …… 35

2 石方工程 …… 39

2.1 沟槽/坑石方开挖 …… 39

2.2 一般石方开挖（深孔台阶爆破） …… 43

2.3 保护层石方开挖 …… 46

2.4 坡面石方开挖 …… 49

2.5 破碎剂石方开挖 …… 52

2.6 浆砌石护（底）坡 …… 53

2.7 干砌石护坡 …… 56

2.8 格宾石笼施工 …… 57

2.9 锚喷支护 …… 58

3 混凝土工程 …… 64

3.1 基础面或施工缝处理 …… 64

3.2 混凝土浇筑 …… 66

3.3 混凝土振捣 …… 70

3.4 混凝土养护 …… 71

3.5 聚苯乙烯泡沫保温板（简称保温板） …… 75

3.6 预制钢筋混凝土梁 …… 76

3.7 预制梁、板安装 …… 98

4 模板工程 …… 101

4.1 普通模板 …… 101

4.2 钢模台车 …… 105

4.3 木模板施工 …… 108

4.4 脚手架搭设 …… 110

5 钢筋工程 …… 113

5.1 钢筋制作 …… 113

5.2 钢筋安装 …… 124

5.3 伸缩缝面填充 …… 127

5.4 橡胶止水安装 …… 128

6 地基与基础工程 …… 131

6.1 混凝土防渗墙 …… 131

6.2 基岩帷幕灌浆 …… 140

6.3 高压喷射灌浆 …… 145

6.4 深层搅拌桩 …… 149

6.5 振冲碎石桩 …… 154

6.6 夯扩桩 …… 159

6.7 地基强夯 …… 162

7 金属结构与机电设备安装 …… 168

7.1 柴油发电机组安装 …… 168

7.2 电力变压器安装 …… 170

7.3 高低压开关柜安装 …… 172

7.4 电缆桥架安装 …… 174

7.5 水泵安装 …… 176

7.6 防雷接地施工 …… 179

7.7 电力电缆 …… 180

7.8 桥式起重机安装 …… 182

7.9 卷扬式启闭机安装 …… 184

7.10 电动单梁起重机安装 …… 186

7.11 液压启闭机安装 …… 188

7.12 螺杆启闭机安装 …… 190

7.13 铸铁闸门安装 …… 192

7.14 平面钢闸门埋件安装 …… 194

7.15 平面钢闸门安装 …… 196

7.16 压力钢管道安装 …… 198

8 管道安装工程 …… 202
8.1 球墨铸铁管（件）安装 …… 202
8.2 HDPE 管道安装 …… 209
参考文献 …… 218

1 土 方 工 程

1.1 管道沟槽土方开挖

1.1.1 适用范围

适用于管道沟槽的土方开挖工程施工，其他沟槽的开挖可参照执行。

1.1.2 施工准备

1.1.2.1 技术准备

1. 开挖前认真审核设计图纸和说明，做好图纸会审和施工组织设计，确定开挖断面和堆土位置。

2. 沟槽开挖前，必须会同有关部门查清地下设施，地下埋设物现状、分布位置及埋深，在施工过程中注意保护。

3. 做好施工管线高程、中线及永久水准点的测量复核工作。

4. 放样出沟槽开挖边线、堆土界限，并用白灰标识。

1.1.2.2 主要施工机具

1. 机械：推土机、挖掘机、装载机、自卸汽车等。

2. 机具：铁锹（尖、平头）、大锤、铁镐、钢卷尺、坡度尺、小线等。

1.1.2.3 作业条件

1. 土方开挖前，根据施工图纸和施工方案的要求，将施工区域的地下、地上障碍清除完毕。

2. 各种现状管线已改移或加固，对暂未处理的地下管线及危险地段，做好明显标志。

3. 沟槽有地下水时，根据地质资料采取降低地下水措施，水位降至槽底 0.5m 以下。

4. 施工区域内供水、供电、临时设施满足沟槽开挖要求，道路平整通畅。

5. 做好沟槽开挖机械、运输车辆及辅助设备的维修检查和进场工作。

1.1.3 施工工艺

1.1.3.1 工艺流程

沟槽开挖→边坡修整→人工清理槽底→验槽。

1.1.3.2 操作工艺

1. 沟槽开挖

(1) 管道沟槽底部开挖宽度。

管道沟槽底部开挖宽度应按设计要求留置。若无设计要求时，可按下列方法确定：

$$B = D1 + 2(b1 + b2 + b3) \quad (1-1)$$

式中 B——管道沟槽底部的开挖宽度，mm；

$D1$——管外径，mm；

$b1$——管道一侧的工作面宽度（见表1-1），mm；

$b2$——有支撑要求时，管道一侧的支撑厚度，可取150～200mm；

$b3$——现场浇筑混凝土或钢筋混凝土管渠一侧模板的厚度，mm。

表1-1　　管道一侧的工作面宽度　　单位：mm

管道的外径 $D1$	管道一侧的工作面宽度 $b1$		
	混凝土类管道		金属类管道、化学建材管道
$D1 \leqslant 500$	刚性接口	400	300
	柔性接口	300	
$500 < D1 \leqslant 1000$	刚性接口	500	400
	柔性接口	400	
$1000 < D1 \leqslant 1500$	刚性接口	600	500
	柔性接口	500	
$1500 < D1 \leqslant 3000$	刚性接口	800～1000	700
	柔性接口	600	

注　1. 槽底需设排水沟时，$b1$ 应适当增加。
2. 管道有现场施工的外防水层时，$b1$ 宜取800mm。
3. 采用机械回填管道侧面时，$b1$ 应满足机械作业的宽度要求。

（2）沟槽边坡的确定。

当地质条件良好、土质均匀、地下水位低于沟槽底面高程，且开挖深度在5m以内、沟槽不设支撑时，沟槽边坡最陡坡度应符合表1-2的规定。

表1-2　　深度在5m以内的沟槽边坡的最陡坡度

土的类别	边坡坡度（高：宽）		
	坡顶无荷载	坡顶有静荷载	坡顶有动荷载
中密的砂土	1：1.00	1：1.25	1：1.50
中密的砂石类土（充填物为砂土）	1：0.75	1：1.00	1：1.25
硬塑的粉土	1：0.67	1：0.75	1：1.00
中密的砂石类土（充填物为黏性土）	1：0.50	1：0.67	1：0.75
硬塑的粉质黏土、黏土	1：0.33	1：0.50	1：0.67
老黄土	1：0.10	1：0.25	1：0.33
软土（经井点降水后）	1：1.25	—	—

（3）机械开挖。

1）沟槽开挖时，应合理确定开挖顺序、路线及开挖深度，然后分段开挖，开挖边坡应符合有关规范规定。

2）采用机械开挖时，应向司机详细交底，其内容包括开挖断面、堆土位置、现有地下管线情况和施工要求等；由专人指挥，并配备测量人员随时进行测量，防止超挖或欠挖。当沟槽较深时，应分层开挖，分层厚度由机械性能确定。

3）挖掘机不得在架空输电线路下工作。

4）挖掘机沿挖方边坡移动时，机械距边坡上缘的宽度不得小于沟槽深度的1/2。土质较差时，挖掘机必须在滑动面以外移动。

5）开挖沟槽的土方，在场地有条件堆放时，应留足回填需要的好土；多余土方一次运走，避免二次挖运。

6）沟槽设有明排边沟时，开挖土方应由低处向高处挖，并设集水井。

7）检查井应同沟槽同时开挖。

（4）堆土。

1）堆土应堆在距槽边1m以外，计划在槽边运送材料的一侧，其堆土边缘至槽边的距离，应根据运输工具而定。

2）沟槽两侧不能堆土时，应选择堆土场地，随挖随运，以免影响下步施工。

3）堆土不得掩埋消火栓、雨水口、测量标志、各种地下管道的井盖等。

（5）现况管线处理。

1）开挖沟槽与现况管线交叉时，应对现况管线采用悬吊措施，具体悬吊方案应经过计算，并取得管理单位的同意。

2）当开挖沟槽与现况管线平行时，应经过设计和管理单位制定专门的保护方案。

2. 边坡修整

开挖沟槽时，应分层按坡度要求做出坡度线，每隔3m左右做出一条，进行修坡。机械开挖时，随时开挖随时人工修坡。

3. 人工清底

机械挖槽应确保槽底土壤结构不被扰动和破坏，开挖时应在设计槽底高程以上保留不小于10cm一层不挖，用人工清底，按照设计图纸和测量的中线、边线进行。严格按标高拉线清底找平，不得破坏原状土，确保沟槽尺寸、标高符合设计要求。

4. 验槽

挖槽结束，自检合格后，及时请有关单位进行验槽、钎探，如发现地基土质松软、与设计不符，或发现坟穴、枯井等特殊情况，均应会同设计、勘察、监理共同研究确定处理措施，并办理设计变更或洽商手续后进行地基处理。进行钎探时，按照规定的频率进行探测。

1.1.3.3 冬雨期施工

1. 雨期施工

（1）土方开挖一般不宜在雨期进行，必须开挖时，应尽量缩短开槽长度，逐段、逐层分期完成。

（2）雨期挖槽，应采取措施，防止雨水进入沟槽；同时还应考虑当雨水危及附近居民或房屋安全时，应及时疏通排水设施。

（3）雨期挖土时，留置土方不宜靠近建筑物。

2. 冬期施工

（1）土方开挖冬期施工时，其施工方法应按冬施方案进行。

(2) 计划在冬期施工的沟槽，宜在地面冻结前，先将地面刨松一层，一般厚 300mm，作为防冻层。

(3) 每日施工结束前，均应覆盖保温材料或松铺一层土防冻。

(4) 冬期挖槽，对所暴露出来的上水或其他通水管道，应视运行情况采取保温防冻措施。

(5) 挖至基底时要及时覆盖，以防基底受冻。

1.1.4 质量标准

1.1.4.1 基本要求。槽底的土质必须符合设计要求，严禁扰动。

1.1.4.2 沟槽土方开挖允许偏差项目见表 1－3。

表 1－3 沟槽土方开挖允许偏差表

序号	项目		允许偏差/mm	检验频率		检验方法
				范围	点数	
1	槽底高程	设基础的重力流管道	±10	两井之间	3	用水准仪测
		非重力流有压管道基础	±20			
2	槽底中心线每侧宽		不小于施工规定	两井之间	6	挂中心线用钢尺量，每侧计 3 点
3	沟槽边坡		不陡于施工规定	两井之间	6	挂坡度尺量测，每侧计 3 点

1.1.5 成品保护

1.1.5.1 应定期复测和检查测量定位桩和水准点，并做好控制点的保护。

1.1.5.2 开挖沟槽如发现地下文物或古墓，应妥善保护，并应及时通知有关单位处理后方可继续施工，如发现有测量用的永久性水准点或地质、地震部门的长期观测点等，应加以保护。

1.1.5.3 地下水位以下挖土，应在沟槽两侧挖好临时排水沟和集水沟，先低后高分层施工以利排水。

1.1.5.4 有地上或地下管线、电缆的地段进行土方施工时，应事先取得有关部门的书面同意，施工中采取措施，以防止损坏管线，造成严重事故。

1.1.6 应注意的质量问题

1.1.6.1 沟槽开挖时，应防止邻近有建筑物或构筑物、道路、管线等发生下沉和变形，并与有关单位协商采取保护措施，在施工中进行沉降和位移观测。

1.1.6.2 避免平面位置、高程和边坡坡度出现偏差，施工中应加强测量复核。

1.1.6.3 防止槽底土壤被扰动或破坏，机械开挖时，应距设计槽底高程以上预留不小于 100mm 土层配合人工清底。

1.2 一般土方（大面积）开挖

1.2.1 适用范围

适用于一般土方（大面积）土方开挖工程的施工。

1.2.2 施工准备

1.2.2.1 主要施工机具

1. 施工机械：挖掘机、装载机、推土机、自卸汽车等（以上施工机械需根据工程土方量、土方运输距离、开挖速度及土方施工工期，切实确定各种机械的数量，进行合理的调配，保证工程顺利进行）。

2. 一般机具：手推车、梯子、铁锹（尖、平头两种）、工程线、钢尺、钢卷尺以及坡度尺等。

3. 测量仪器：GPS、全站仪、经纬仪、水准仪等。

1.2.2.2 作业条件

1. 制定开挖方案，确定合理的开挖方式、施工顺序和边坡防护措施，选择适当的施工机械。

2. 将施工区城内的地上、地下障碍物清除和处理完毕。

3. 做好建筑物的标准轴线桩、标准水平桩，用白灰洒出开挖线，必须经过检验合格，办理完验线手续。

4. 若设计基础底面低于地下水位，应提前采取降水措施，把地下水位降至低于开挖底面 0.5m 以下，然后再开挖。

5. 夜间施工时，应合理安排工序，防止错挖或超挖。施工场地应根据需要安装照明设施，在危险地段应设置明显标志。

6. 熟悉图纸，了解工程属性及工程特性，全面掌握开挖工程与其他工序的衔接关系。

7. 熟悉所在地水文、地质及地形地貌，如气候、降雨、流量、地下（表）水、地质勘探情况，尽可能利用有利地形，减少开挖及施工布置的工程量。

8. 了解当地环境保护要求，施工作业中应做好环境保护工作。

1.2.3 施工工艺

1.2.3.1 工艺流程

确定开挖的顺序和坡度→沿灰线切出槽边轮廓线→分层开挖→修整槽边→清底。

1.2.3.2 操作工艺

1. 一般深度 2m 以内的大面积开挖，宜采用推土机或装载机推土和装土；对长度和宽度较大的大面积土方一次开挖，可采用铲运机铲土；对面积大且深的基坑，可采用液压正、反铲开挖；深 5m 以上的设备基础或高层建筑地下室深基坑，宜分层开挖。一般机械土方开挖由翻斗汽车配合运土。

2. 机械开挖时，应配合少量人工清土，将机械挖不到的地方运到机械作业半径内，由机械运走。机械开挖在接近槽底时，用水准仪控制标高，预留 20～30cm 土层人工开挖，以防止超挖。

3. 开挖到距基底 50cm 以内后，测量人员测出距基底 50cm 的水平标志线，然后在帮上或基坑底部钉上小木桩，清理底部土层时用它们来控制标高。根据轴线及基础轮廓检验基槽尺寸，修整边坡和基底。

4. 土方开挖完毕后，应对基底进行钎探。若设计无特殊说明，钎探布置按表 1-4 执行。

表 1-4 钎探布置

槽宽/cm	排列方式	间距/m	深度/m
<80	中心一排	1.5	1.5
80～200	两边错开	1.5	1.5
>200	梅花形	1.5	1.5
柱基	梅花形	1.5～2.0	1.5，且不小于短边尺寸

5. 钎探完成后，钎孔应用干中细砂贯实。同时在钎探平面布置图上注明特硬、特软点。

6. 基坑钎探测完毕后，会同设计、监理、勘探及质监站等单位人员验槽。对不符合要求的软弱土层等情况做出处理记录，处理完全符合要求后，参加各方会签隐蔽工程记录。

1.2.3.3 冬雨期施工

雨期施工时，应加强对边坡的保护。可适当放缓边坡或设置支撑，同时在坑外侧围以土堤或开挖水沟，防止地面水流入。冬期施工时，要防止地基受冻。

1.2.4 质量标准

开挖工程的质量标准应符合表 1-5 的规定。

表 1-5 开挖工程的质量标准

项	序	项目	允许偏差或允许值/mm				
			柱基、基坑、基槽	挖方场地平整		管沟	地（路）面基层
				人工	机械		
主控项目	1	标高	-50	±30	±50	-50	-50
	2	长度、宽度（由设计中心线向两边量）	+200 -50	+300 -100	+500 -100	+100	—
一般项目	3	边坡	设计要求				
	4	表面平整度	20	20	50	20	20
	5	基底土性	设计要求				

注 地（路）面基层的偏差只适用于直接在挖、填土方上做地（路）面的基层。

1.2.5 成品保护

1.2.5.1 坐标控制点、定位标准桩、轴线引桩、水准点等，应刷上醒目的颜色，挖运土时不得碰撞。并应经常测量和校核其平面位置、水平高程和边坡坡比是否符合设计要求，坐标控制点、定位标准桩、轴线引桩、水准点等应定期复测检验是否准确，必要时用混凝土筑护或者设置维护设施。

1.2.5.2 土方开挖时，应防止临近已有建筑物、道路、管线等发生下沉或变形。必要时，与设计单位或建设单位协商采取防护措施，并在施工中进行沉降和位移观测。

1.2.5.3 施工中如发现有文物或古墓等，应妥善保管，并立即报请当地有关部门处理后，方可继续施工。如发现有测量用的永久性标桩或地质、地震部门设置的长期观察点等，应加以保护，在敷设地上或地下管道、电缆的地段进行土方施工时，应事先取得有关管理部门的书面意见，施工中应采取措施，以防损坏管线。

1.2.6 应注意的质量问题

1.2.6.1 开挖过程中，严格控制开挖尺寸，基坑底部的开挖宽度应考虑工作面的增加宽度，并在开挖过程中试打钎，避免大面积的二次开挖。施工时尽量避免基底超挖，个别超挖的地方经设计单位给出方案用级配砂石回填。

1.2.6.2 尽量减少对基土的扰动，若基础不能及时施工时，可预留200～300mm土层不挖，待做基础时再挖。

1.2.6.3 开挖基坑时，有场地条件的，一次留足回填需要的好土，多余土方运到弃土处，避免二次搬运。

1.2.6.4 土方开挖时，应注意保护标准定位桩、轴线桩、标准高程桩。应防止邻近建筑物的下沉，应预先采取防护措施，并在施工过程中进行沉降和位移观测。

1.3 渠道边坡土方开挖

1.3.1 适用范围

适用于渠道边坡土方开挖工程的施工。

1.3.2 施工准备

1.3.2.1 主要施工机具

1. 施工机械：挖掘机、装载机、推土机、自卸汽车等（以上施工机械应根据工程土方量、土方运输距离、开挖速度及土方施工工期，切实确定各种机械的数量，进行合理的调配，保证工程顺利进行）。

2. 一般机具：手推车、梯子、铁锹（尖、平头两种）、工程线、钢尺、钢卷尺以及坡度尺等。

3. 测量仪器：GPS、全站仪、经纬仪、水准仪等。

1.3.2.2 作业条件

1. 制定开挖方案，确定合理的开挖方式、施工顺序和边坡防护措施，选择适当的施工机械。

2. 将施工区城内的地上、地下障碍物清除和处理完毕。

3. 做好建筑物的标准轴线桩、标准水平桩，用白灰洒出开挖线，必须经过检验台格，办理完验线手续。

4. 若设计基础底面低于地下水位，应提前采取降水措施，把地下水位降至低于开挖底面0.5m以下，然后再开挖。

5. 夜间施工时，应合理安排工序，防止错挖或超挖。施工场地应根据需要安装照明设施，在危险地段应设置明显标志。

1.3.3 施工工艺

1.3.3.1 工艺流程

施工准备（施工放样、机械设备进场、场地平整、便道修筑等）→开挖→运输→降排水→清坡→支护→进行下一道工序。

1.3.3.2 操作工艺

1. 场地清理

(1) 场地清理的范围包括植被清理和表土清理。

(2) 开工前清理开挖工程区域内的树根、杂草、垃圾、废渣和其他障碍。

(3) 渠道工程施工场地地表的植被清理，延伸到施工图所示最大开挖边线或填筑坡脚线外侧3m以外，清表深度30cm。

(4) 表层种植有机土壤单独进行存放，用于渠道植草防护或临时占地复耕。

(5) 场地清理的方法是用推土机推运成堆，LG850装载机装车，12t自卸车运至弃渣场堆放。

(6) 对开挖范围内和周围有影响区域内的建筑物及障碍物，如房屋、树木、坟墓、电线、管道等，按设计要求进行处理。

2. 明渠开挖方法

(1) 明渠开挖测量放线完成经自检合格后报监理工程师对测量放线进行复核审批。

(2) 根据实际地形条件、开挖断面、地质情况，遵循开挖安全高效的原则，明挖应从上到下分层分段依次进行。每层开挖深度为2.0m。

(3) 为保证开挖边坡符合设计要求，边坡预留30～50cm，采用反铲挖掘机修整，削坡时在反铲上安装钢板，保证坡面平整度。

(4) 开挖使用的机械选择反铲挖掘机开挖和自卸汽车运土。每个开挖断面采用2台挖掘机和6辆8～20t自卸汽车配合挖运。挖掘机就位后，由渠道边线向中心线开挖，并逐渐后退，挖出的多余弃土运至指定的弃渣场。

3. 边坡的护面和加固

施工过程中为防止修整后的边坡遭受雨水冲刷发生滑坡等危险，危险部位边坡采用木板桩、木支撑等措施稳定边坡。

4. 排水或降水措施

(1) 在基坑开挖过程中，如基坑开挖遇含水层，先挖排水沟和集水井，进行基坑排水，降低地下水位。根据设计地质勘察资料，如渠底高程低于地下潜水位，渠道开挖时边坡采用木板桩木支撑等措施稳定边坡，保证基坑开挖干地作业和开挖顺利进行。

(2) 渠道土方开挖时，根据降雨及地下水位情况，在基坑两侧设置临时排水沟和集水井，水量较大时，采用抽水泵将水排到地面排水沟。

(3) 为保护开挖边坡免受雨水冲刷，在开挖线两侧修建临时截流沟，拦截地表水流。

(4) 渠道开挖时地下水位高、挖深大，在开挖过程中随时监控高边坡稳定，根据需要采用木板桩、木支撑等措施稳定边坡，保证施工安全。

1.3.4 质量标准

土方开挖主控项目检测质量标准见表1-6。

表1-6　土方开挖主控项目检测

项次	检测项目	质量标准	检查（测）方法	检查（测）数量
1	渗水处理	渠底及边坡渗水（含泉眼）妥善引排或封堵，建基面清洁无积水	观察、测量与查阅施工记录	全数检查
2	渠基压实	≥98mm	取样试验、黏性土采用环刀法	每个压实层不少于3个点
3	渠底高程	允许偏差：0～－20mm	水准仪测量	每个单元测3个横断面，每个断面不少于3点

1.3.5 成品保护

1.3.5.1 坐标控制点、定位标准桩、轴线引桩、水准点等，应刷上醒目的颜色，挖运土时不得碰撞。并应经常测量和校核其平面位置、水平高程和边坡坡比是否符合设计要求，坐标控制点、定位标准桩、轴线引桩、水准点等应定期复测检验是否准确，必要时用混凝土筑护或者设置维护设施。

1.3.5.2 土方开挖时，应防止临近已有建筑物、道路、管线等发生下沉或变形。必要时，与设计单位或建设单位协商采取防护措施，并在施工中进行沉降和位移观测。

1.3.5.3 施工中如发现有文物或古墓等，应妥善保管，并应立即报请当地有关部门处理后，方可继续施工。如发现有测量用的永久性标桩或地质、地震部门设置的长期观察点等，应加以保护。在敷设地上或地下管道、电缆的地段进行土方施工时，应事先取得有关管理部门的书面意见。施工中应采取措施，以防损坏管线。

1.3.6 土方开挖注意事项

1.3.6.1 开挖时注意保护测量控制定位桩、轴线桩、水准基桩，防止被挖土机械和运输机械碰撞损坏。

1.3.6.2 夜间施工设足够的照明，防止地基边坡超挖，危险地段应设置明显的警示标志和护栏。

1.3.6.3 多台挖掘机在同一作业面作业时挖掘机间距大于10m，多台挖掘机械在不同台阶同时开挖验算边坡稳定，上下台阶挖掘机前后相距30m以上。

1.3.6.4 机械施工区域禁止无关人员进入场地内，机械工作回转半径范围内严禁站人或进行其他作业。机械行使听从现场指挥，所有进出车辆严格按照规定的路线行驶。

1.3.6.5 基坑周围上部应挖好水沟，防止雨水流入基坑。

1.3.6.6 井点位置应距坑边2～2.5m，以防止井点设置影响边坡的稳定性。水泵抽出的水应按施工方案设置的明沟排出，离基坑越远越好，以防止地表水渗下回流，影响降水效果。

1.4 排、降水工程（轻型井点）

1.4.1 适用范围

适用于轻型井点降水的工程施工。

1.4.2 施工准备

1.4.2.1 技术准备

1. 详细查阅工程地质勘察报告，了解工程地质情况，分析降水过程中可能出现的技术问题及采取的措施。

2. 凿孔设备与抽水设备检查。

1.4.2.2 材料质量要求

应使用粗砂与豆石，不得使用中砂，严禁使用细砂，以防堵塞滤管网眼。

1.6 管道沟槽土方回填

1.6.1 适用范围

适用于管道沟槽土方回填工程的施工，其他土方回填工程可参考执行。

1.6.2 施工准备

1.6.2.1 主要施工机具

1. 施工机械：挖掘机、装载机、推土机、自卸汽车、压实机械、蛙式打夯机等。

2. 测量仪器：GPS、全站仪、经纬仪、水准仪等。

1.6.2.2 作业条件

1. 施工前应根据工程特点、填方土料种类、密实度要求、施工条件等，合理地确定填方土料含水率控制范围、虚铺厚度和压实遍数等参数；重要回填土方工程，其参数应通过压实试验来确定。

2. 回填前应对管道沟槽防水层、保护层等进行检查验收，并且应办好隐检手续。其基础混凝土强度应达到规定的要求，方可进行回填土。

3. 施工前，应做好水平标志，以控制回填土的高度或厚度。

4. 确定好土方机械、车辆的行走路线，应事先经过检查，必要时要进行加固加宽等准备工作。同时应编好施工方案。

1.6.3 施工工艺

1.6.3.1 工艺流程

土方回填的一般程序为：沟槽内部清理→检验土质→分层铺土→分层碾压密实→检验密实度→修整找平验收。

1.6.3.2 操作工艺

1. 沟槽内部清理：将沟槽内的杂物、积水等清理干净。

2. 沟槽回填应符合以下规定：

（1）压力管道水压试验前，除接口外，管道两侧及管顶以上回填高度不应小于0.5m；水压试验合格后，应及时回填沟槽的其余部分。

（2）无压管道在闭水或闭气试验合格后应及时回填。

3. 管道沟槽回填应符合下列规定：

（1）沟槽内砖、石、木块等杂物清除干净。

（2）沟槽内不得有积水。

（3）保持降排水系统正常运行，不得带水回填。

4. 除设计有要求外，回填材料应符合下列规定：

（1）采用土回填时，应符合下列规定：

1）槽底至管顶以上500mm范围内，土中不得含有机物、冻土以及大于50mm的砖、石等硬块；在抹带接口处、防腐绝缘层或电缆周围，应采用细粒土回填。

2）冬期回填时管顶以上500mm范围以外可均匀掺入冻土，其数量不得超过填土总体积的15%，且冻块尺寸不得超过100mm。

3）回填土的含水量，宜按土类和采用的压实工具控制在最佳含水率±2%范围内。

（2）采用石灰土、砂、砂砾等材料回填时，其质量应符合设计要求或有关标准规定。

5. 每层回填土的虚铺厚度，应根据所采用的压实机具按表1－9的规定选取。

表1－9　　每层回填土的虚铺厚度

压实机具	木夯、铁夯	轻型压实设备	压路机	振动压路机
虚铺厚度/mm	≤200	200～250	200～300	≤400

6. 回填土或其他回填材料运入槽内时不得损伤管道及其接口，并应符合下列规定：

（1）根据每层虚铺厚度的用量将回填材料运至槽内，且不得在影响压实的范围内堆料。

（2）管道两侧和管顶以上500mm范围内的回填材料，应由沟槽两侧对称运入槽内，不得直接回填在管道上；回填其他部位时，应均匀运入槽内，不得集中推入。

（3）需要拌和的回填材料，应在运入槽内前拌和均匀，不得在槽内拌和。

7. 回填作业每层土的压实遍数，按压实度要求、压实工具、虚铺厚度和含水量，应经现场试验确定。

8. 采用重型压实机械压实或较重车辆在回填土上行驶时，管道顶部以上应有一定厚度的压实回填土，其最小厚度应按压实机械的规格和管道的设计承载力，通过计算确定。

9. 软土、湿陷性黄土、膨胀土、冻土等地区的沟槽回填，应符合设计要求和当地工程标准规定。

10. 刚性管道沟槽回填的压实作业应符合下列规定：

（1）回填压实应逐层进行，且不得损伤管道。

（2）管道两侧和管顶以上500mm范围内胸腔夯实，应采用轻型压实机具，管道两侧压实面的高差不应超过300mm。

（3）管道基础为土弧基础时，应填实管道支撑角范围内腋角部位；压实时，管道两侧应对称进行，且不得使管道位移或损伤。

（4）同一沟槽中有双排或多排管道的基础底面位于同一高程时，管道之间的回填压实应与管道与槽壁之间的回填压实对称进行。

（5）同一沟槽中有双排或多排管道但基础底面的高程不同时，应先回填基础较低的沟槽；回填至较高基础底面高程后，再按上一款规定回填。

（6）分段回填压实时，相邻段的接茬应呈台阶形，且不得漏夯。

（7）采用轻型压实设备时，应夯夯相连；采用压路机时，碾压的重叠宽度不得小于200mm。

（8）采用压路机、振动压路机等压实机械压实时，其行驶速度不得超过2km/h。

（9）接口工作坑回填时底部凹坑应先回填压实至管底，然后与沟槽同步回填。

11. 柔性管道的沟槽回填作业应符合下列规定：

（1）回填前，检查管道有无损伤或变形，有损伤的管道应修复或更换。

（2）管内径大于800mm的柔性管道，回填施工时应在管内设有竖向支撑。

（3）管基有效支承角范围应采用中粗砂填充密实，与管壁紧密接触，不得用土或其他材料填充。

(4) 管道半径以下回填时应采取防止管道上浮、位移的措施。

(5) 管道回填时间宜在一昼夜中气温最低时段，从管道两侧同时回填，同时夯实。

(6) 沟槽回填从管底基础部位开始到管顶以上500mm范围内，必须采用人工回填；管顶500mm以上部位，可用机械从管道轴线两侧同时夯实；每层回填高度应不大于200mm。

(7) 管道位于车行道下，铺设后即修筑路面或管道位于软土地层以及低洼、沼泽、地下水位高地段时，沟槽回填宜先用中、粗砂将管底腋角部位填充密实后，再用中、粗砂分层回填到管顶以上500mm。

(8) 回填作业的现场试验段长度应为一个井段或不少于50m，因工程因素变化改变回填方式时，应重新进行现场试验。

12. 柔性管道回填至设计高程时，应在12～24h内测量并计算管道变形率，管道变形率应符合设计要求；设计无要求时，钢管或球墨铸铁管道变形率应不超过2%，化学建材管道变形率应不超过3%；当超过时，应采取下列处理措施：

(1) 当钢管或球墨铸铁管道变形率超过2%但不超过3%时，化学建材管道变形率超过3%但不超过5%时，应采取下列处理措施。

1) 挖出回填材料至露出管径85%处，管道周围内应人工挖掘以避免损伤管壁。

2) 挖出管节局部有损伤时，应进行修复或更换。

3) 重新夯实管道底部的回填材料。

4) 选用适合回填材料重新回填施工，直至设计高程。

5) 按本条规定重新检测管道变形率。

(2) 钢管或球墨铸铁管道的变形率超过3%时，化学建材管道变形率超过5%时，应挖出管道并会同设计单位研究处理。

13. 管道埋设的管顶覆土最小厚度应符合设计要求，且满足当地冻土层厚度要求；管顶覆土回填压实度达不到设计要求时应与设计协商进行处理。

1.6.4 质量标准

1.6.4.1 主控项目

1. 回填材料应符合设计要求。

检查方法：观察；按国家有关规范的规定和设计要求进行检查，检查检测报告。检查数量：条件相同的回填材料，每铺筑10000m^2，应取样一次，每次取样至少应做两组测试；回填材料条件变化或来源变化时，应分别取样检测。

2. 沟槽不得带水回填，回填应密实。检查方法：观察，检查施工记录。

3. 柔性管道的变形率不得超过设计要求或规范的规定，管壁不得出现纵向隆起、环向扁平和其他变形情况。检查方法：观察，方便时用钢尺直接量测，不方便时用圆度测试板或芯轴仪在管内拖拉量测管道变形率；检查记录，检查技术处理资料。

检查数量：试验段（或初始50m）不少于3处，每100m正常作业段（取起点、中间点、终点近处各一点），每处平行测量3个断面，取其平均值。

4. 回填土压实度应符合设计要求，设计无要求时，应符合表1-10和表1-11的规定。

表 1-10　　　　刚性管道沟槽回填土压实度

<table>
<tr><th rowspan="2">序号</th><th rowspan="2" colspan="4">项　　目</th><th colspan="2">最低压实度/%</th><th colspan="2">检查数量</th><th rowspan="2">检查方法</th></tr>
<tr><th>重型击实标准</th><th>轻型击实标准</th><th>范围</th><th>点数</th></tr>
<tr><td>1</td><td colspan="4">石灰土类垫层</td><td>93</td><td>95</td><td>100m</td><td rowspan="16">每层每侧一组（每组3点）</td><td rowspan="16">用环刀法检查或采用现行国家标准GB/T 50123《土工试验方法标准》中其他方法</td></tr>
<tr><td rowspan="4">2</td><td rowspan="4">沟槽在路基范围外</td><td rowspan="2">胸腔部分</td><td colspan="2">管 侧</td><td>87</td><td>90</td><td rowspan="15">两井之间或1000m²</td></tr>
<tr><td colspan="2">管顶以上 500mm</td><td colspan="2">87±2（轻型）</td></tr>
<tr><td colspan="3">其余部分</td><td colspan="2">≥90（轻型）或按设计要求</td></tr>
<tr><td colspan="3">农田或绿地范围表层 500mm 范围内</td><td colspan="2">不宜压实，预留沉降量，表面整平</td></tr>
<tr><td rowspan="11">3</td><td rowspan="11">沟槽在路基范围内</td><td rowspan="2">胸腔部分</td><td colspan="2">管　　侧</td><td>87</td><td>90</td></tr>
<tr><td colspan="2">管顶以上 250mm</td><td colspan="2">87±2（轻型）</td></tr>
<tr><td rowspan="9">由路槽底算起的深度范围/mm</td><td rowspan="3">≤800</td><td>快速路及主干路</td><td>95</td><td>98</td></tr>
<tr><td>次干路</td><td>93</td><td>95</td></tr>
<tr><td>支路</td><td>90</td><td>92</td></tr>
<tr><td rowspan="3">800～1500（含）</td><td>快速路及主干路</td><td>93</td><td>95</td></tr>
<tr><td>次干路</td><td>90</td><td>92</td></tr>
<tr><td>支路</td><td>87</td><td>90</td></tr>
<tr><td rowspan="3">＞1500</td><td>快速路及主干路</td><td>87</td><td>90</td></tr>
<tr><td>次干路</td><td>87</td><td>90</td></tr>
<tr><td>支路</td><td>87</td><td>90</td></tr>
</table>

注　表中重型击实标准的压实度和轻型击实标准的压实度，分别以相应的标准击实试验法求得的最大干密度为100%。

表 1-11　　　　柔性管道沟槽回填土压实度

<table>
<tr><th rowspan="2" colspan="2">槽内部位</th><th rowspan="2">压实度/%</th><th rowspan="2">回填材料</th><th colspan="2">检查数量</th><th rowspan="2">检查方法</th></tr>
<tr><th>范围</th><th>点数</th></tr>
<tr><td rowspan="2">管道基础</td><td>管底基础</td><td>≥90</td><td rowspan="2">中砂、粗砂</td><td>—</td><td>—</td><td rowspan="6">用环刀法检查或采用现行国家标准 GB/T 50123《土工试验方法标准》中其他方法</td></tr>
<tr><td>管道有效支撑角范围</td><td>≥95</td><td>每 100m</td><td rowspan="5">每层每侧一组（每组 3 点）</td></tr>
<tr><td colspan="2">管道两侧</td><td>≥95</td><td rowspan="3">中砂、粗砂、碎石屑，最大粒径小于 40mm 的砂砾或符合要求的原土</td><td rowspan="4">两井之间或每 1000m²</td></tr>
<tr><td rowspan="2">管顶以上 500mm</td><td>管道两侧</td><td>≥90</td></tr>
<tr><td>管道上部</td><td>85±2</td></tr>
<tr><td colspan="2">管顶 500～1000mm</td><td>≥90</td><td>原土回填</td></tr>
</table>

注　回填土的压实度，除设计要求用重型击实标准外，其他皆以轻型击实标准试验获得最大干密度为100%。

1.6.4.2　一般项目

1. 回填应达到设计高程，表面应平整。检查方法：观察，有疑问处用水准仪测量。

2. 回填时管道及附属构筑物无损伤、沉降、位移。检查方法：观察，有疑问处用水

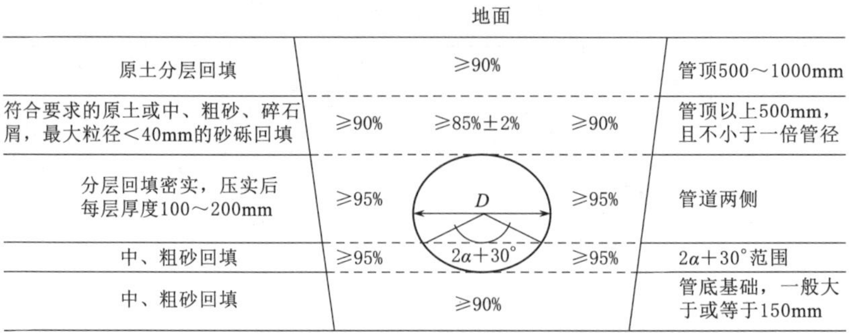

图 1－1　柔性管道沟槽回填部位与压实度示意图

准仪测量。

1.6.5　成品保护

1.6.5.1　施工时应注意保护定位桩、轴线桩和标高桩，防止碰撞下沉或位移。

1.6.5.2　夜间施工时，应合理安排施工顺序，要设有足够的照明措施，防止铺填超厚，严禁汽车直接将土倒入沟槽内。

1.6.5.3　管沟内的现浇混凝土、砂浆应达到一定强度，不致因填土而受损害时，方可进行回填土作业。

1.6.5.4　已完成的填土应将表面压实，路基应做成一定的坡向排水。

1.6.6　注意事项

1.6.6.1　填方工程应分层填土压实，最好采用同类土：如果用不同类土时，应把透水性较大的土层置于透水性较小的土层下面。若已将透水性较小的填筑在下层，则在填筑上层透水性较大的土壤之前，将两层结合面做成中央高些、四周低的弧面排水坡度或设置盲沟，以免填土内形成水囊。不得将各种土混杂一起填筑。

1.6.6.2　按要求测定土的最大干密度：回填土每层都应测定压实后的最大干密度，检验其密实度，符合设计要求后才能铺摊上层土，未达到设计要求部位应由处理方法和复验结果。

1.6.6.3　回填应分层对称：防止造成一侧压力，出现不平衡，破坏基础或构筑物。当填方位于倾斜的地面时，应先将斜坡改成阶梯状，然后分层填土以防填土滑动。

1.6.6.4　防止回填土下沉：应注意解决虚铺土超厚，冬期施工冻土块粒径过大，漏压或未压够遍数，槽底有机物、泥上等杂物清理不彻底等问题。在施工中应认真执行规范规定，检查发现问题后，及时纠正。

1.6.6.5　回填土应夯实密实：回填施工前，应清除填方区的积水，如遇软土、淤泥，必须进行换土回填。在夯压前对干土适当洒水加以润湿；对湿土造成的“橡皮土”应挖出重填。在地形、工程地质复杂地区的填土，且对填土密实度要求较高时，应采取措施（如排水暗沟、护坡等），以防填方土粒流失，造成不均匀下沉和坍塌等事故。

1.6.6.6　回填管沟时，为防止基础和管道在压力作用下产生偏移或变形，应从四周或两侧均匀地分层进行，直至管顶 0.5m 以上，在不损坏管道的情况下，方可采用机械回填土和压实。在抹带接口处，防腐绝缘层或电缆周围，应使用细粒土料回填。

1.6.6.7 填方应设计要求预留沉降量，如设计无要求时可根据工程性质、填方高度、填料种类、密实要求和地基情况等与建设单位共同确定。冬期填方一般应增加1.5%～3.0%的预留下沉量。

1.7 一般土方（大面积）回填

1.7.1 适用范围

适用于一般土方（大面积）回填工程的施工。

1.7.2 施工准备

1.7.2.1 主要施工机具

1. 施工机械：挖掘机、装载机、推土机、自卸汽车、压实机械、蛙式打夯机等（以上施工机械应根据工程土方量、土方运输距离、开挖速度及土方施工工期，切实确定各种机械的数量，进行合理的调配，保证工程顺利进行）。

2. 一般机具：手推车、梯子、铁锹（尖、平头两种）、工程线、钢尺、钢卷尺以及坡度尺等。

3. 测量仪器：GPS、全站仪、经纬仪、水准仪等。

1.7.2.2 作业条件

1. 回填前对基础、地下防水层、保护层等办理隐蔽验收。

2. 将基坑内的杂物、积水等清理干净。

3. 施工前做好水平高程的设置。在基槽边上钉水平橛或在基础墙表面划分层线。

4. 作完技术交底。

1.7.3 施工工艺

1.7.3.1 工艺流程

分层回填夯实→取样试验→回填至计划高程。

1.7.3.2 操作工艺

1. 回填土一般选用含水量在10%左右的干净黏性土（以手攥成团、自然落地散开为宜）。若土过湿，要进行晾晒或掺入干土、白灰等处理；若土含水量偏低，可适当洒水湿润。

2. 深浅基坑相连时，要先填深基坑，填至与浅基坑标高一致时，再与浅基坑一起填夯。

3. 分段填夯时，交错处做成阶梯形，上下接槎距离不小于1.0m。基坑回填应在相对两侧或四周同时进行，基础墙两侧标高不可相差太多。

4. 回填土要分层铺摊夯实，蛙式打夯机每层铺土厚度为200～250mm，人工夯实时不大于200mm。每层至少夯击三遍，要求一夯压半夯。

1.7.3.3 冬雨期施工

1. 雨季施工时，防止地面水流入坑内，免得边坡塌方或浸泡基土。

2. 冬季施工时，每层回填土厚度比常温时减少25%，其中冻土块体积不得超过总填土体积的15%，且应分散冻土块粒径不大于15cm。

1.7.4 质量标准

1.7.4.1 主控项目见表 1-12。

表 1-12 主 控 项 目

序号	检验项目	检 验 方 法	检 验 数 量	质 量 要 求
1	建基面地基压实	方格网布点检查	轴线方向 50m，上下游方向 20m 范围内布点。检验深度应深入地基表面以下 1.0m，对地质条件复杂的地基，应加密布点取样检验	压实度（相对密度）等指标符合设计要求
2	土质建基面刨毛	方格网布点检查	每个单元不少于 30 个点	土质地基表面刨毛 3～5cm，层面刨毛均匀细致，无团块、空白
	岩面和混凝土面处理			铺填前涂刷浓泥浆或黏土水泥砂浆，涂刷均匀，无空，且回填及时，无风干现象
3	卸料	观察	全数	卸料、平料符合设计要求，均衡上升。施工面平整、土料分区清晰，上下层分段位置错开
4	铺填	观察	全数	上下游坝坡铺填应有富裕量，防渗铺盖在坝体以内部分应与心墙或斜墙同时铺填。铺料表面应保持湿润，符合施工含水量
5	碾压参数	查阅试验报告、施工记录	每班至少检查 2 次	压实度和最优含水率符合设计要求
6	压实质量	取样试验，黏性土宜采用环刀法、核子水分密度仪。砾质土可采用挖坑灌砂（灌水）法，土质不均匀的黏性土和砾质土的压实度检测也可采用三点击实法	黏性土 1 次/（100～200m^3），砾质土 1 次/（200～500m^3）	土料的含水量应控制在最优量值的 -2%～3%，取样合格率不小于 90%，不合格试样不应集中，且不低于压实度设计值的 98%
7	压实土料的渗透系数	渗透试验	满足设计要求	符合设计要求（设计值）
8	结合坡面	观察、测量	每一结合坡面抽测 3 处	岸坡结合坡度应符合设计要求
9	结合坡面碾压	观察、取样检验	每 10 延米取试样 1 个，如一层达不到 20 个试样，可多层累积统计；但每层不应少于 3 个试样	结合坡面填土碾压密实，层面平整、无拉裂和起皮现象

1.7.4.2 一般项目见表 1-13。

表 1-13　　　　一 般 项 目

序号	检验项目	检验方法	检验数量	质量要求
1	层间结合面	观察	全数	上下层铺土的结合层面无砂砾、无杂物、表面松土、湿润均匀、无积水
2	涂刷浆液质量	观察、抽测	每拌和一批至少抽样检测 1 次	浆液稠度适宜、均匀无团块，材料配比误差不大于 10%
3	结合部土料铺填	观察	全数	土料厚度均匀，表面平整，无团块、无粗粒集中，边线整齐
4	铺土厚度	观察	网格控制，每 $100m^2$ 为 1 个测点	铺土厚度均匀，符合设计要求，允许偏差 -5～0cm
5	铺填边线	测量	每条边线，每 10 延米 1 个测点	人工施工：0～10cm 机械施工：0～30cm
6	碾压搭接带宽度	观察、量测	每条搭接带每个单元抽测 3 处	垂直碾压方向：1.0～1.5m 顺碾压方向：0.3～0.5m
7	碾压面处理	现场观察、查阅施工记录	全数	碾压表面平整，无漏压，个别有弹簧、起皮、脱空、剪力破坏部位的处理符合设计要求
8	结合坡面填土	现场观察、查阅施工记录	全数	填土质量符合设计要求，铺土均匀、表面平整，无团块、无风干
9	结合坡面处理	观察、布置方格网量测	每个单元不少于 30 个点	纵横接缝的坡面削坡、润湿、刨毛等处理符合设计要求

1.7.5 成品保护

1.7.5.1 施工时应注意保护定位桩、轴线桩和标高桩，防止碰撞下沉或位移。

1.7.5.2 夜间施工时，应合理安排施工顺序，应设有足够的照明措施，防止铺填超厚，严禁汽车直接将土倒入基坑（槽）内。

1.7.5.3 基础或管沟、挡土墙的现浇混凝土、砂浆应达到一定强度，不致因填土而受损害时，方可进行回填土作业。

1.7.5.4 已完成的填土应将表面压实，路基应做成一定的坡向排水。

1.7.6 注意事项

1.7.6.1 填方工程应分层填土压实，最好采用同类土；如果用不同类土时，应把透水性较大的土层置于透水性较小的土层下面。若已将透水性较小的填筑在下层，则在填筑上层透水性较大的土壤之前，将两层结合面做成中央高些、四周低的弧面排水坡度或设置盲沟，以免填土内形成水囊。不得将各种土混杂一起填筑。

1.7.6.2 按要求测定土的最大干密度：回填土每层都应测定压实后的最大干密度，检验其密实度，符合设计要求后才能摊铺上层土，未达到设计要求部位应由处理方法和复验结果。

1.7.6.3 基坑回填应分层对称：防止造成一侧压力，出现不平衡，破坏基础或构筑物。当填方位于倾斜的地面时，应先将斜坡改成阶梯状，然后分层填土以防填土滑动。

1.7.6.4 防止回填土下沉：应注意解决虚铺土超厚，冬期施工冻土块粒径过大，漏压或未压够遍数，坑（槽）底有机物、泥土等杂物清理不彻底等问题。在施工中应认真执行规范规定，检查发现问题后，及时纠正。

1.7.6.5 回填土应夯实密实：回填施工前，应清除填方区的积水，如遇软土、淤泥，必须进行换土回填。在夯压前对干土适当洒水加以润湿；对湿土造成的“橡皮土”应挖出重填。在地形、工程地质复杂地区的填土，且对填土密实度要求较高时，应采取措施（如排水暗沟、护坡等），以防填方土粒流失，造成不均匀下沉和坍塌等事故。

1.7.6.6 填方应设计要求预留沉降量，如设计无要求时可根据工程性质、填方高度、填料种类、密实要求和地基情况等与建设单位共同确定。冬期填方一般应增加1.5%～3.0%的预留下沉量。

1.8 渠道边坡填筑（开蹬）

1.8.1 适用范围

适用于渠道边坡、老堤加宽加高等贴坡填筑工程的施工。

1.8.2 施工准备

1.8.2.1 材料质量要求

土料：应选用符合设计要求的土料。

1.8.2.2 主要施工机具

挖掘机、装载机、自卸汽车、推土机、振动碾、振动夯、蛙式打夯机等。应根据具体施工需求合理配置设备、人员。

1.8.2.3 作业条件

1. 当地下水位高于基底时，施工前应采取排水或降低地下水位的措施。使地下水位经常保持在施工面以下50cm左右。

2. 施工前，测量放线工作应做好水平高程的标志。

3. 施工前应根据工程特点、填料种类、设计压实系数、施工条件等合理确定铺土方式、铺土厚度、碾压机械的类型及重量、碾压遍数、填筑最优含水量等参数。

1.8.3 施工工艺

1.8.3.1 工艺流程

堤基清理→分层铺料→压实→取样。

1.8.3.2 操作工艺

1. 堤基清理

（1）人工配合挖掘机、推土机对基面进行清理平整，清理范围为设计基面边线外50cm。

（2）清除堤基表层不合格土、杂物等，清理深度一般为30～50cm。

（3）堤基范围内的坑、槽、沟以及水井、地道、墓穴等地下建筑物，应按设计要求进行处理。

（4）堤基清理完成后，应及时报验，验收通过后应抓紧施工；若不能立即施工应做好基面保护，复工前进行再次检验，必要时重新清理。

（5）为了使填筑土更好地与原地基面结合，使用推土机或人工对渠坡面逐层开蹬，台阶高度为每层铺土的厚度。

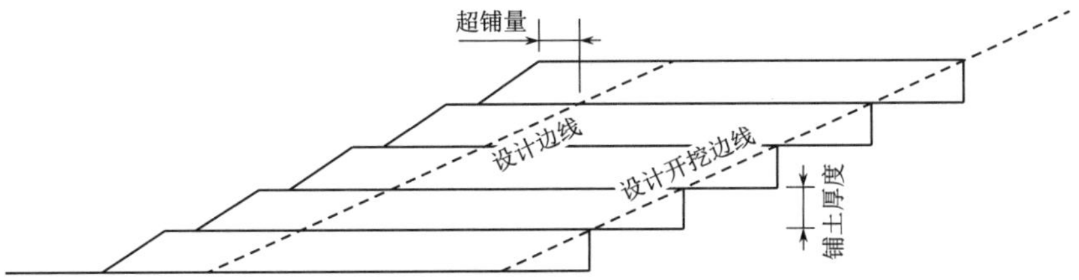

图1-2 填筑开蹬示意图

2. 分层铺料

(1) 采用进占法卸料，挖掘机（装载机）挖装，自卸汽车运输，人工配合推土机（平土机）平整。铺料厚度按碾压试验确定的铺料厚度控制。

(2) 机械施工时，分段作业长度不应小于100m，人工施工时短长可适当减短。相邻作业段宜均衡上升；若段与段之间不可避免出现高差时，应以斜坡面相连，坡度应缓于1∶3。作业面分层统一铺土、统一压实，已铺土料表面在压实前被晒干时，做洒水湿润处理。

(3) 当地面起伏不平时，应按水平分层从低洼处逐层填筑，不允许顺坡铺填；堤防横断面上地面坡度陡于1∶5时，应将地面坡度削缓至1∶5。当低洼处的填筑高程与基面高处的高程一致时，再进行大面积的铺土填筑。

(4) 用光面碾碾压黏性土填筑层，在新层铺料前，对压光层面使用刨毛机进行刨毛处理，刨毛深度3～5cm。

3. 压实

(1) 铺筑完成后采用振动碾或推土机按碾压试验或设计要求的遍数进行碾压。

(2) 碾压设备平行堤防轴线采用进退错距法碾压。机械碾压速度通常控制在2～3km/h，不允许超过4km/h。机械碾压不到的部位，人工夯实或小型碾压机具碾压。人工夯实时，采用连环套打法，夯迹双向套压，夯压夯1/3，行压行1/3；分片、分段时，夯迹搭压宽度不小于1/3夯径。

(3) 对占压堤身的临时上堤坡道做补缺口处理，将已板结的老土刨松，并与新铺土按填筑要求分层压实。

(4) 堤身全断面填筑完成后，应做整坡压实及削坡处理，并对堤身两侧护堤地面的坑洼进行铺填和整平。

4. 取样

(1) 碾压完成后，采用环刀法（或核子密度仪）取样检测。每一填筑层自检、抽检后，凡取样检测结果不合格的部位，应补压或作局部处理。

(2) 填筑完成一层验收合格后，进行下一层施工。

1.8.3.3 冬雨期施工

1. 雨前应及时压实作业面，并做成中央凸起向两侧微倾。当降雨时，应立即停止黏性土填筑。

2. 下雨时不宜在黏性土填筑面行走，不允许车辆通行；雨后对作业面进行晾晒、复压处理；必要时对表面进行清理，经检验合格后方可复工。

3. 不宜在负温条件下施工；当采取保温措施时，可在气温不低于－10℃时施工；特殊施工方法宜经现场试验论证后采用。

4. 负温环境中施工应取正温土料；装土、运输、卸料、铺料、碾压、取样等工序应采取快速连续作业，土料压实温度应在－1℃以上。

5. 负温环境施工铺土厚度应比常规厚度适当减薄，或采用重型碾压机械碾压。

6. 土料不应夹杂冰雪；已铺筑土料应用保温材料进行保温。

1.8.4 质量标准

1.8.4.1 主控项目见表1-14。

表1-14 主 控 项 目

序号	检验项目	检验方法	检 验 数 量	质 量 要 求
1	表层清理	观察	全面	堤基表层的淤泥、腐殖土、泥炭土、草皮、树根、建筑垃圾等应清理干净
2	堤基内坑、槽、沟、穴等处理	土工试验	每处、每层、每层超过 $400m^2$ 时，每 $400m^2$ 取样1个	按设计要求清理后回填、压实，并符合土料碾压筑堤的要求
3	结合部处理	观察	全面	清除结合部表面杂物，并将结合部挖成台阶状
4	堤基表面压实	土工试验	每 $400\sim800m^2$ 取样1个	堤基清理后应按堤身填筑要求压实，无松土、无弹簧土等，并符合土料碾压筑堤要求
5	土块直径	观察、量测	全数	符合“铺料厚度和土块限制直径表”的要求
6	铺土厚度	量测	按作业面积每 $400\sim200m^2$ 检测1个点	符合碾压试验或表“铺料厚度和土块限制直径表”的要求，允许偏差－5.0～0cm
7	压实度或相对密度	土工试验	每填筑 $100\sim200m^3$ 取样1个，堤防加固按堤轴线方向每20～50m取样1个	应符合设计要求

1.8.4.2 一般项目见表1-15。

表1-15 一 般 项 目

序号	检验项目	检验方法	检验数量	质 量 要 求
1	清理范围	量测	按施工段堤轴线长20～50m量测1次	基面清理包括堤身、戗台、铺盖、盖重、堤岸防护工程的基面，其边界应在设计边线外0.3～0.5 m。老堤加高培厚的清理尚应包括堤坡及堤顶等
2	基面平整	观察	全面	基面应无明显凹凸
3	作业面分段长度	量测	全数	人工作业不小于50m；机械作业不小于100m
4	铺填边线超宽值	量测	按堤轴线方向每20～30m或按填筑面积每 $100\sim400m^2$ 检测1个点	人工铺料大于10cm；机械铺料大于30cm；防渗体：0～10cm；包边盖顶：0～10cm

续表

序号	检验项目	检验方法	检验数量	质量要求
5	搭接碾压宽度	观察、量测	全数	平行堤轴线方向不小于0.5m；垂直堤轴线方向不小于1.5m
6	碾压作业程序	检查	每台班2～3次	应符合SL 260—2014《堤防工程施工规范》的规定

1.8.5 成品保护

1.8.5.1 不允许车辆在填筑面上行走。

1.8.5.2 低温环境下应对填筑面采取保温措施。

1.8.6 应注意的质量问题

1.8.6.1 严格控制土料质量满足设计技术指标。不合格的土料严禁使用。

1.8.6.2 分段填筑时，各段应设立标志，以防漏压、欠压和过压。上下层分段接缝位置应错开。

1.8.6.3 如填土出现“弹簧”、层间光面、层间中空、松土层或剪力破坏现象时，经翻晒处理，并经监理工程师验收合格后，方可进行下一道工序。

1.8.6.4 填筑层检验合格后因故为继续施工，因搁置较久或经过雨淋、干湿交替使表面产生疏松层时，复工前应进行复压处理。

1.8.6.5 填筑时，运输、卸料、铺料、碾压等工序，尽量保持连续进行，以免土料含水量变化过大影响填筑质量。

1.9 堤防土方填筑

1.9.1 适用范围

适用于1～5级堤防工程筑堤填筑工程施工。

1.9.2 施工准备

1.9.2.1 材料质量要求

土料：选用符合设计要求的土料。

1.9.2.2 主要施工机具

挖掘机、装载机、自卸汽车、振动碾、振动夯、蛙式打夯机等。应根据具体施工需求合理配置设备、人员。

1.9.2.3 作业条件

1. 当地下水位高于基底时，施工前应采取排水或降低地下水位的措施。使地下水位经常保持在施工面以下50cm左右。

2. 施工前，测量放线工作应做好水平高程的标志。

3. 施工前应根据工程特点、填料种类、设计压实系数、施工条件等合理确定铺土方式、铺土厚度、碾压机械的类型及重量、碾压遍数、填筑最优含水量等参数。

1.9.3 施工工艺

1.9.3.1 工艺流程

堤基清理→分层铺料→压实→取样。

1.9.3.2 操作工艺

1. 堤基清理

（1）人工配合挖掘机、推土机对基面进行清理平整。清理范围为设计基面边线外50cm。

（2）清除堤基表层不合格土、杂物等，清理深度一般为30～50cm。

（3）堤基范围内的坑、槽、沟以及水井、地道、墓穴等地下建筑物，应按设计要求进行处理。

（4）堤基清理完成后，应及时报验，验收通过后应抓紧施工；若不能立即施工应做好基面保护，复工前进行再次检验，必要时重新清理。

2. 分层铺料

（1）采用进占法卸料，挖掘机（装载机）挖装，自卸汽车运输，人工配合推土机（平土机）平整。铺料厚度按碾压试验确定的铺料厚度控制。

（2）机械施工时，分段作业长度不应小于100m，人工施工时短长可适当减短。相邻作业段宜均衡上升；若段与段之间不可避免出现高差时，应以斜坡面相连，坡度应缓于1∶3。作业面分层统一铺土、统一压实，已铺土料表面在压实前被晒干时，做洒水湿润处理。

（3）当地面起伏不平时，应按水平分层从低洼处逐层填筑，不允许顺坡铺填；堤防横断面上地面坡度陡于1∶5时，应将地面坡度削缓至1∶5。当低洼处的填筑高程与基面高处的高程一致时，再进行大面积的铺土填筑。

（4）用光面碾碾压黏性土填筑层，在新层铺料前，对压光层面使用刨毛机进行刨毛处理，刨毛深度3～5cm。

3. 压实

（1）铺筑完成后采用振动碾或推土机按碾压试验或设计要求的遍数进行碾压。

（2）碾压设备平行堤防轴线采用进退错距法碾压。机械碾压速度通常控制在2～3km/h，不允许超过4km/h。机械碾压不到的部位，人工夯实或小型碾压机具碾压。人工夯实时，采用连环套打法，夯迹双向套压，夯压夯1/3，行压行1/3；分片、分段时，夯迹搭压宽度不小于1/3夯径。

（3）对占压堤身的临时上堤坡道做补缺口处理，将已板结的老土刨松，并与新铺土按填筑要求分层压实。

（4）堤身全断面填筑完成后，应做整坡压实及削坡处理，并对堤身两侧护堤地面的坑洼进行铺填和整平。

4. 取样

（1）碾压完成后，采用环刀法（或核子密度仪）取样检测。每一填筑层自检、抽检后，凡取样检测结果不合格的部位，应补压或做局部处理。

（2）填筑完成一层验收合格后，进行下一层施工。

1.9.3.3 冬雨期施工

1. 雨前应及时压实作业面，并做成中央凸起向两侧微倾。当降雨时，应立即停止黏性土填筑。

2. 下雨时不宜在黏性土填筑面行走，不允许车辆通行；雨后对作业面进行晾晒、复压处理；必要时对表面进行清理，经检验合格后方可复工。

3. 不宜在负温条件下施工；当采取保温措施时，可在气温不低于－10℃时施工；特殊施工方法宜经现场试验论证后采用。

4. 负温环境中施工应取正温土料；装土、运输、卸料、铺料、碾压、取样等工序应采取快速连续作业，土料压实温度应在－1℃以上。

5. 负温环境施工铺土厚度应比常规厚度适当减薄，或采用重型碾压机械碾压。

6. 土料不应夹杂冰雪；已铺筑土料应用保温材料进行保温。

1.9.4 质量标准

1.9.4.1 主控项目见表1-16。

表1-16　主　控　项　目

序号	检验项目	检验方法	检验数量	质　量　要　求
1	表层清理	观察	全面	堤基表层的淤泥、腐殖土、泥炭土、草皮、树根、建筑垃圾等应清理干净
2	堤基内坑、槽、沟、穴等处理	土工试验	每处、每层、每层超过400m^2时，每400m^2取样1个	按设计要求清理后回填、压实，并符合土料碾压筑堤的要求
3	结合部处理	观察	全面	清除结合部表面杂物，并将结合部挖成台阶状
4	堤基表面压实	土工试验	每400～800m^2取样1个	堤基清理后应按堤身填筑要求压实，无松土、无弹簧土等，并符合土料碾压筑堤要求
5	土块直径	观察、量测	全数	符合“铺料厚度和土块限制直径表”的要求
6	铺土厚度	量测	按作业面积每400～200m^2检测1个点	符合碾压试验或表“铺料厚度和土块限制直径表”的要求，允许偏差－5.0～0cm
7	压实度或相对密度	土工试验	每填筑100～200m^3取样1个，堤防加固按堤轴线方向每20～50m取样1个	应符合设计要求

1.9.4.2 一般项目见表1-17。

表1-17　一　般　项　目

序号	检验项目	检验方法	检验数量	质　量　要　求
1	清理范围	量测	按施工段堤轴线长20～50m量测1次	基面清理包括堤身、戗台、铺盖、盖重、堤岸防护工程的基面，其边界应在设计边线外0.3～0.5 m。老堤加高培厚的清理尚应包括堤坡及堤顶等
2	基面平整	观察	全面	基面应无明显凹凸
3	作业面分段长度	量测	全数	人工作业不小于50m；机械作业不小于100m

续表

序号	检验项目	检验方法	检验数量	质 量 要 求
4	铺填边线超宽值	量测	按堤轴线方向每 20～30m 或按填筑面积每 100～400m^2 检测 1 个点	人工铺料大于 10cm；机械铺料大于 30cm；防渗体：0～10cm；包边盖顶：0～10cm
5	搭接碾压宽度	观察、量测	全数	平行堤轴线方向不小于 0.5m；垂直堤轴线方向不小于 1.5m
6	碾压作业程序	检查	每台班 2～3 次	应符合 SL 260—2014《堤防工程施工规范》的规定

1.9.5 成品保护

1.9.5.1 不允许车辆在填筑面行走。

1.9.5.2 低温环境下应对填筑面采取保温措施。

1.9.6 注意事项

1.9.6.1 严格控制土料质量满足设计技术指标。不合格的土料严禁使用。

1.9.6.2 分段填筑时，各段应设立标志，以防漏压、欠压和过压。上下层分段接缝位置应错开。

1.9.6.3 如填土出现“弹簧”、层间光面、层间中空、松土层或剪力破坏现象时，经翻晒处理，并经监理工程师验收合格后，方可进行下一道工序。

1.9.6.4 填筑层检验合格后因故为继续施工，因搁置较久或经过雨淋、干湿交替使表面产生疏松层时，复工前应进行复压处理。

1.9.6.5 填筑时，运输、卸料、铺料、碾压等工序，尽量保持连续进行，以免土料含水量变化过大影响填筑质量。

1.10 建筑物土方回填

1.10.1 适用范围

适用于涵、闸、挡土墙等混凝土建筑物及其他建筑物周围土方回填的施工。

1.10.2 施工准备

1.10.2.1 材料质量要求

通常选用建筑物基坑开挖土料回填，或选用符合设计要求的土料。

1.10.2.2 主要施工机具

挖掘机、装载机、自卸汽车、振动碾、振动夯、蛙式打夯机等。应根据具体施工需求合理配置设备。

1.10.2.3 作业条件

1. 当地下水位高于基底时，施工前应采取排水或降低地下水位的措施。使地下水位经常保持在施工面以下 50cm 左右。

2. 施工前，测量放线工作应做好水平高程的标志。

3. 施工前应根据工程特点、填料种类、设计压实系数、施工条件等合理确定铺土方式、铺土厚度、碾压机械的类型及重量、碾压遍数、填筑最优含水量等参数。

4. 建筑物周边回填土方，应在建筑物混凝土强度达到设计强度（28d）70%且龄期大于7d后方可进行回填施工。

1.10.3 施工工艺

1.10.3.1 工艺流程

场地清理→分层铺料→压实→取样。

1.10.3.2 操作工艺

1. 场地清理

填筑前必须清除基坑底部的积水、杂物等；清理建筑物表面浮渣、乳皮、粉尘及油污等：对表面外露铁件宜割除，并对铁件残余露头用水泥砂浆覆盖保护。

2. 分层铺料

（1）采用进占法卸料，挖掘机（装载机）挖装，自卸汽车运输，人工配合推土机（平土机）平整。

（2）填筑时，在建筑物上标识每层填筑厚度。将建筑物表面湿润，并涂刷浓泥浆、边铺土、边夯实，涂浆高度应与铺土厚度一致，涂层厚度为3～5mm，并应与下部涂层衔接；严禁泥浆干涸后铺土、夯实。制备泥浆应采取塑性指数I_P大于17的黏土，泥浆的浓度可用1∶2.5～1∶3.0（土水重量比）。

（3）当基础面起伏不平时，应从低洼处逐层填筑，当低洼处的填筑高程与建基面高处的高程一致时，再进行大面积的铺土填筑。作业面分层统一铺土、统一压实，已铺土料表面在压实前被晒干时，做洒水湿润处理。

（4）建筑物两侧土方回填应保持均衡上升。高岸、翼墙后的回填土应按通水前后分期进行回填，以减少通水前后墙体后的填土压力。

（5）用光面碾碾压黏性土填筑层，在新层铺料前，对压光层面使用刨毛机进行刨毛处理，刨毛深度3～5cm。

3. 压实

（1）铺筑完成后采用振动碾或推土机按碾压试验的施工参数进行碾压。

（2）建筑物贴边填筑宜采用夯具或小型压实机具压实，铺土厚度宜为15～20cm。

4. 取样

（1）碾压完成后，采用环刀法（或核子密度仪）取样检测。每一填筑层自检、抽检后，凡取样检测结果不合格的部位，应补压或做局部处理。

（2）填筑完成一层验收合格后，进行下一层施工。

1.10.3.3 冬雨期施工

1. 雨前应及时压实作业面。当降雨时，应立即停止黏性土填筑。

2. 下雨时不宜在工作面上行走，不允许车辆通行；雨后对作业面进行晾晒、复压处理；必要时对表面进行清理，经检验合格后方可复工。

3. 不宜在负温条件下施工；当采取保温措施时，可在气温不低于－10℃时施工；特殊施工方法宜经现场试验论证后采用。

4. 负温环境中施工应取正温土料；装土、运输、卸料、铺料、碾压、取样等工序应采取快速连续作业，土料压实温度应在−1℃以上。

5. 负温环境施工铺土厚度应比常规厚度适当减薄，或采用重型碾压机械碾压。

6. 土料不应夹杂冰雪；已铺筑土料应用保温材料进行保温。

1.10.4 质量标准

1.10.4.1 主控项目见表1-18。

表1-18 主控项目

序号	检验项目	检验方法	检验数量	质量要求
1	建基面地基压实	方格网布点检查	轴线方向50m，上下游方向20m范围内布点。检验深度应深入地基表面以下1.0m，对地质条件复杂的地基，应加密布点取样检验	压实度（相对密度）等指标符合设计要求
2	土质建基面刨毛	方格网布点检查	每个单元不少于30个点	土质地基表面刨毛3～5cm，层面刨毛均匀细致，无团块、空白
	岩面和混凝土面处理			铺填前涂刷浓泥浆或黏土水泥砂浆，涂刷均匀，无空，且回填及时，无风干现象
3	卸料	观察	全数	卸料、平料符合设计要求，均衡上升。施工面平整、土料分区清晰，上下层分段位置错开
4	铺填	观察	全数	上下游坝坡铺填应有富裕量，防渗铺盖在坝体以内部分应与心墙或斜墙同时铺填。铺料表面应保持湿润，符合施工含水量
5	碾压参数	查阅试验报告、施工记录	每班至少检查2次	压实度和最优含水率符合设计要求
6	压实质量	取样试验，黏性土宜采用环刀法、核子水分密度仪。砾质土可采用挖坑灌砂（灌水）法，土质不均匀的黏性土和砾质土的压实度检测也可采用三点击实法	黏性土1次/（100～200m^3），砾质土1次/（200～500m^3）	土料的含水量应控制在最优量值的−2%～3%，取样合格率不小于90%，不合格试样不应集中，且不低于压实度设计值的98%
7	压实土料的渗透系数	渗透试验	满足设计要求	符合设计要求（设计值）
8	结合坡面	观察、测量	每一结合坡面抽测3处	岸坡结合坡度应符合设计要求
9	结合坡面碾压	观察、取样检验	每10延米取试样1个，如一层达不到20个试样，可多层累积统计；但每层不应少于3个试样	结合坡面填土碾压密实，层面平整、无拉裂和起皮现象

1.10.4.2 一般项目见表1-19。

表1-19 一般项目

序号	检验项目	检验方法	检验数量	质量要求
1	层间结合面	观察	全数	上下层铺土的结合层面无砂砾、无杂物、表面松土、湿润均匀、无积水
2	涂刷浆液质量	观察、抽测	每拌和一批至少抽样检测1次	浆液稠度适宜、均匀无团块，材料配比误差不大于10%
3	结合部土料铺填	观察	全数	土料厚度均匀，表面平整，无团块、无粗粒集中，边线整齐
4	铺土厚度	观察	网格控制，每100m^{2}为1个测点	铺土厚度均匀，符合设计要求，允许偏差-5～0cm
5	铺填边线	测量	每条边线，每10延米1个测点	人工施工：0～10cm；机械施工：0～30cm
6	碾压搭接带宽度	观察、量测	每条搭接带每个单元抽测3处	垂直碾压方向：1.0～1.5m；顺碾压方向：0.3～0.5m
7	碾压面处理	现场观察、查阅施工记录	全数	碾压表面平整，无漏压，个别有弹簧、起皮、脱空、剪力破坏部位的处理符合设计要求
8	结合坡面填土	现场观察、查阅施工记录	全数	填土质量符合设计要求，铺土均匀、表面平整，无团块、无风干
9	结合坡面处理	观察、布置方格网量测	每个单元不少于30个点	纵横接缝的坡面削坡、润湿、刨毛等处理符合设计要求

1.10.5 成品保护

1.10.5.1 不允许车辆在填筑面行走。

1.10.5.2 低温环境下应对填筑面采取保温措施。

1.10.6 应注意的质量问题

1.10.6.1 严格控制土料质量满足设计技术指标。不合格的土料严禁使用。

1.10.6.2 分段填筑时，各段应设立标志，以防漏压、欠压和过压。上下层分段接缝位置应错开。

1.10.6.3 如填土出现“弹簧”、层间光面、层间中空、松土层或剪力破坏现象时，经翻晒处理，并经监理工程师验收合格后，方可进行下一道工序。

1.10.6.4 填筑层检验合格后因故未继续施工，因搁置较久或经过雨淋、干湿交替使表面产生疏松层时，复工前应进行复压处理。

1.10.6.5 填筑时，运输、卸料、铺料、碾压等工序，尽量保持连续进行，以免土料含水量变化过大影响填筑质量。

1.11 砂（碎石）垫层回填

1.11.1 适用范围

适用于浆（干）砌石、混凝土基础砂（碎石）垫层回填的施工。

1.11.2 施工准备

1.11.2.1 材料质量要求

砂（碎石）：按设计要求选用合格砂（碎石）。

1.11.2.2 主要施工机具

挖掘机、装载机、自卸汽车、振动碾、振动夯、蛙式打夯机等。

1.11.2.3 作业条件

1. 当地下水位高于基底时，施工前应采取排水或降低地下水位的措施。使地下水位经常保持在施工面以下 50cm 左右。

2. 施工前，测量放线工作应做好水平高程的标志。

3. 施工前应根据工程特点、填料种类、设计压实系数、施工条件等合理确定铺料厚度和碾压遍数等参数。

1.11.3 施工工艺

1.11.3.1 工艺流程

场地清理→分层铺料→压实→取样。

1.11.3.2 操作工艺

1. 场地清理

按设计要求开挖至设计标高，人工或推土机对基面进行清理平整。清理范围为设计基面边线外 50cm。

2. 分层铺料

基面布设适宜的网络标桩，控制垫层的铺设厚度。铺筑的每层厚度，一般为 100～250mm。由于垫层标高不尽相同，施工时应分段施工，接头处应做成斜坡，每层错开 0.5～1.0m。

3. 压实

铺筑完成后采用振动碾或推土机进行按碾压试验或要求进行碾压。

4. 取样

碾压完成后，采用灌水法取样检测。填筑完成一层，验收合格后，进行下一层施工。

1.11.4 质量标准

1.11.4.1 主控项目见表 1-20。

表 1-20　主控项目

序号	检验项目	检验方法	检验数量	质量要求
1	铺料厚度	方格网定点测量	每个单元不少于 10 个点	铺料厚度均匀，不超厚，表面平整，边线整齐。检测点允许偏差不大于铺料厚度的 10%，且不应超厚
2	铺填位置	观察、测量	每条边线，每 10 延米检测 1 组，每组 2 个点	铺填位置准确，摊铺边线整齐，边线允许偏差±5cm
3	结合部	观察、查阅施工记录	全数	纵横向符合设计要求，岸坡结合处的填料无分离、架空

续表

序号	检验项目	检验方法	检验数量	质量要求
4	碾压参数	查阅试验报告、施工记录	每班至少检查2次	压实机具的型号、规格，碾压遍数、碾压速度、碾压振动频率、振幅和加水量应符合碾压试验确定的参数值
5	压实质量	试坑法	每200～400m^3检测1次，每个取样断面每层所取的样品不应少于1组	相对密实度不小于设计要求

1.11.4.2 一般项目见表1-21。

表1-21　　一般项目

序号	检验项目	检验方法	检验数量	质量要求
1	铺填层面外观	观察	全数	铺填力求均衡上升，无团块、无粗粒集中
2	层间结合面	观察	全数	上下层间的结合面无泥土、杂物等
3	压层表面质量	观察	全数	表面平整，无漏压、欠压和出现弹簧土现象
4	断面尺寸	查阅施工记录、测量	每100～200m^3检测1组，或每10延米检测1组，每组不少于2个点	压实后的反滤层、过渡层的断面尺寸偏差值不大于设计厚度的10%

1.11.5 成品保护

不允许车辆在填筑面行走。

1.11.6 应注意的质量问题

1.11.6.1 严格控制砂（碎石），满足设计技术指标。

1.11.6.2 接头处应做成斜坡，每层错开0.5～1.0m。

1.12 三七灰土垫层

1.12.1 适用范围

适用于道路路基及其他建筑物基础处理的施工。

1.12.2 施工准备

1.12.2.1 材料质量要求

1. 白灰：应用新鲜块灰，使用前1～2d消解，并过筛，其颗粒不应大于5mm，不得夹有未熟化的生石灰及其他杂质，也不得含有过多的水分。

2. 土料：按设计要求选择，无设计要求时按试验提供的参数进行选择，不得含有有机杂物，使用前应先过筛，其粒径不大于15mm，含水量应符合规定。

1.12.2.2 主要施工机具

挖掘机、装载机、自卸汽车、推土机、洒水车、振动碾、路拌机、旋耕犁、振动夯、蛙式打夯机等。

1.12.2.3 作业条件

1. 在灰土施工前，必须先行钎探并按设计要求处理完地基，办完验收手续。

2. 当地下水位高于基底时，施工前应采取排水或降低地下水位的措施。使地下水位经常保持在施工面以下 50cm 左右。

3. 施工前应根据工程特点、填料种类、设计压实系数、施工条件等合理确定土料含水率控制范围、铺土厚度和碾压遍数等参数。

4. 施工前，测量放线工作应做好水平高程的标志。

1.12.3 施工工艺

三七灰土垫层施工按白灰的拌制方法分为拌和机拌制和路拌法。常采用路拌法进行施工作业。

1.12.3.1 工艺流程

三七灰土垫层施工包括灰土拌制、填筑，施工工艺为：灰土拌制场地清理→灰土拌制→灰土压实。

其中：

灰土土拌制：场地平整→土料运输→土料摊铺→白灰摊铺→灰土土拌制。

灰土填筑：灰土铺料整形→灰土压实→取样检测。

1.12.3.2 操作工艺

1. 灰土拌制场地清理

采用推土机对基面进行清理平整。清理范围为设计基面边线外 50cm。

2. 灰土拌制

(1) 场地平整：灰土拌制前，使用振动碾对基面碾压 2 遍，使基面压实刨光。然后测放填筑边线，测量场地范围内标高，并做记录。

(2) 土料运输：自选定土料场取土。采用挖掘机或装载机装料，自卸汽车运输。过筛后，在填筑范围内整齐有序堆放。根据车辆料斗容量确定各自的卸料间距，按碾压试验确定的铺土厚度控制总土量。

(3) 土料摊铺：使用人工配合推土机将土料整平。当局部土料含水量较大时，使用铧犁将土料反复翻起晾晒至规定含水量。当含水量较小时，则进行洒水并用铧犁将土料翻拌，铧犁翻拌次数视现场实际情况确定。摊铺过程中采用水准仪控制相应位置标高，确保松铺厚度满足要求。

(4) 白灰摊铺：按照放好的白灰方格网线，计算每个方格的白灰用量，人工将白灰摊铺至相应位置，用铁锹、刮板将白灰摊铺整平。白灰摊铺过程中控制好摊铺范围，随时检测其厚度，修整边界，确保白灰摊铺均匀，做到表面无漏铺，无白灰过分集中的地点。

(5) 灰土拌制：拌制采用路拌机干拌法施工。拌制过程中专人跟踪路拌机，每 5m 一个断面检查拌和深度，配合路拌机操作员调整拌和深度，确保拌和均匀，色泽一致，没有灰条、灰团和花面。拌制深度以路拌机略破坏下层表面为宜，以利于上下层粘接。拌制过程中，应及时检测混合料的含水量，含水量宜控制在最优含水量 1%～3%范围内。

3. 灰土填筑

(1) 铺料整形：灰土拌制均匀后，立即用推土机进行初平，人工精确找平。用轻型压路机对初平部位快速碾压一遍，以暴露潜在的不平整，然后人工整平。

（2）灰土压实：整形完成后，用振动碾按碾压试验确定的碾压变数进行碾压，采用进退错距法实施碾压作业。碾压时，碾迹重叠不小于 20cm，后轮超过两段的接缝处。

（3）取样检测：碾压完成后采用环刀法取样检测。

（4）填筑完成一层灰土，检测验收合格后，进行下一层灰土施工，全部完成后，采用洒水车洒水后用薄膜或彩条布覆盖的方法保湿养生 7d。

1.12.3.3 冬雨期施工

1. 雨前应及时压实作业面，并做成中央凸起向两侧微倾。应停止白灰摊铺、白灰土拌制作业，对工作面覆盖塑料布进行保护。

2. 下雨时不宜在工作面上行走，不允许车辆通行，雨后对作业面进行晾晒、复压作业；必要时对表面进行清理，经检测合格后方可复工。

3. 高温条件下，应合理控制填筑面的大小范围，以确保土料在施工中处于最优含水量；灰土拌制、整平、碾压应快速连续施工。

4. 低温条件下，应对基面、已完工作面采用保温材料进行保温，施工中应取正温土料：装土、卸土、平整、拌制等工序应快速连续作业。

1.12.4 质量标准

1.12.4.1 主控项目见表 1-22。

表 1-22　　主　控　项　目

序号	检验项目	检　验　方　法	检验数量	质量要求
1	建基面地基压实	方格网布点检查	全数	压实度（相对密度）等指标符合设计要求
2	卸料	观察	全数	卸料、平料符合设计要求，均衡上升。施工面平整、土料分区清晰，上下层分段位置错开
3	铺填	观察	全数	铺料表面应保持湿润，符合施工含水量
4	配合比	检查拌和时的体积比	全数	配合比符合设计要求
5	碾压参数	查阅试验报告、施工记录	每班至少检查 2 次	压实度和最优含水率符合设计要求
6	压实质量	取样试验，黏性土宜采用环刀法、核子水分密度仪	1 次/（100～200m^3）	不合格试样不应集中，且不低于压实度设计值的 98%

1.12.4.2 一般项目见表 1-23。

表 1-23　　一　般　项　目

序号	检验项目	检　验　方　法	检验数量	质量要求
1	层间结合面	观察	全数	上下层铺土的结合层面无砂砾、无杂物、表面松土、湿润均匀、无积水

续表

序号	检验项目	检 验 方 法	检验数量	质量要求
2	结合部土料铺填	观察	全数	土料厚度均匀，表面平整，无团块、无粗粒集中，边线整齐
3	铺土厚度	测量	网格控制，每 $100m^2$ 为1个测点	铺土厚度均匀，符合设计要求，允许偏差－5～0cm
4	铺填边线	测量	每条边线，每10延米1个测点	铺填边线应有一定宽裕度，压实削坡后坝体铺填边线满足0～10cm要求
5	碾压搭接带宽度	观察、量测	每条搭接带每个单元抽测3处	垂直碾压方向：1.0～1.5m；顺碾压方向：0.2～0.5m
6	碾压面处理	现场观察、查阅施工记录	全数	碾压表面平整，无漏压，个别有弹簧、起皮、脱空、剪力破坏部位的处理符合设计要求

1.12.5 成品保护

1.12.5.1 填筑完成后，采用洒水车洒水后用薄膜或彩条布覆盖的方法保湿养护3d。

1.12.5.2 不允许车辆在填筑面行走。

1.12.6 应注意的质量问题

1.12.6.1 严格控制土料，满足设计技术指标。

1.12.6.2 严格控制白灰掺量、拌和均匀度、土料含水量、粒径、拌和用水量、拌和深度、碾压变数等。

1.12.6.3 拌制过程中，应及时检测混合料的含水量，含水量宜控制在最优含水量1%～3%范围内。

1.12.6.4 拌制完成后，及时现场取样检测拌和均匀度、含水量。

1.12.6.5 碾压时，如表面水分不足，应适当洒水。发现“弹簧”、松散、起皮等现象，要及时翻开重新拌和，或用其他方法处理，使其达到质量要求。

2 石 方 工 程

2.1 沟槽/坑石方开挖

2.1.1 适用范围

适用于各种沟槽、小型渠道、小型建筑基坑等石方开挖工程。

2.1.2 施工准备

2.1.2.1 材料质量要求

所有的爆破器材外观应完好无损，电雷管电阻值测定合格，雷管管体不应变形、破损、锈蚀，导爆管管内无断药，无异物或堵塞，无折伤、油污和穿孔，端头封口良好，粉状硝铵类炸药不应吸湿结块，乳化和水胶炸药不应破乳或变质，电线无锈痕、绝缘层无划伤、开绽，经检测炸药的殉爆距离，延时雷管的延时时间合格。

2.1.2.2 主要施工机具

空压机、YT—28 手风钻。

2.1.2.3 作业条件

1. 爆破岩体周边环境安全，无滑坡、落石等危险，若有先排除危险再进行爆破作业。

2. 爆破不会对周边建（构）筑物、公共设施或人员的安全造成影响，若有先采取有效防护措施且确保防护到位后，再进行爆破作业。

3. 光线或照明符合规定的条件。

4. 雷电、暴雨雪来临时（前），大雾能见度不超过 100m 时严禁进行爆破作业。

5. 采用电爆网路时应对高压电、射频电等进行调查，对杂散电进行测试，发现存在危险应采取防护措施或改用其他联网起爆方式。

2.1.3 施工工艺

沟槽（坑）石方开挖一般采用浅孔微差松动爆破，可以分层开挖到位，也可一次开挖到位，钻孔角度结合开挖边坡和开挖现场地形而定。无论垂直孔还是倾斜孔，必须保证按布孔位置钻孔，保证全部炮孔间平行，确保钻孔深度符合设计要求，否则开挖质量无法保证。

2.1.3.1 工艺流程

沟槽（坑）石方开挖爆破工艺流程见图 2-1。

2.1.3.2 操作工艺

1. 钻孔

钻孔应注意必须按爆破设计的孔位钻孔，孔深、钻孔直径、钻孔角度必须符合设计要求。

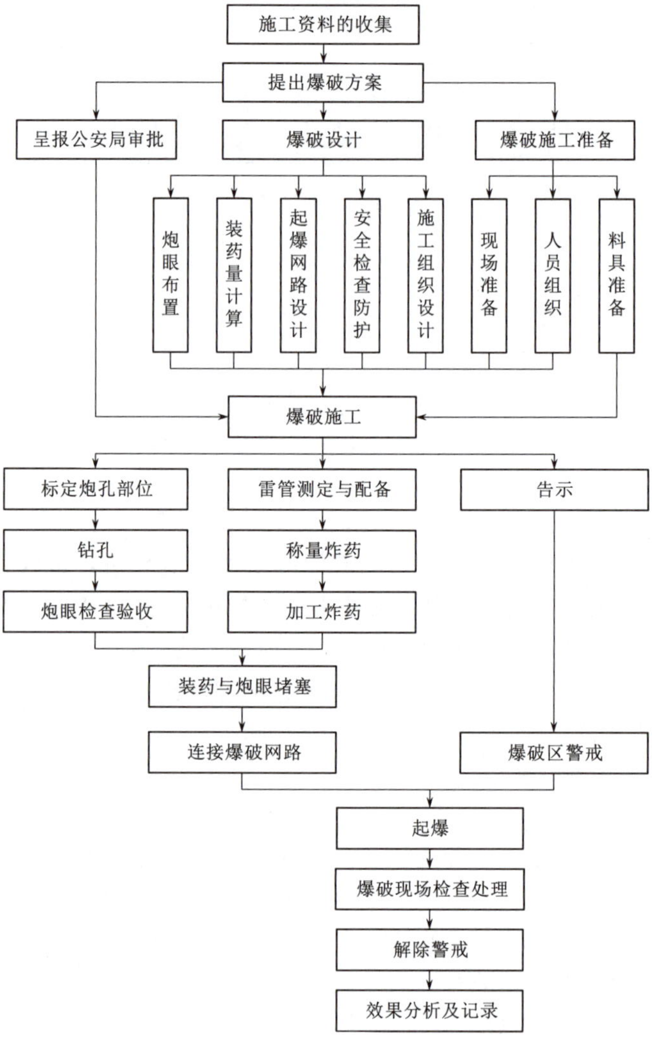

图 2-1　沟槽/坑石方开挖爆破工艺流程图

2. 起爆网络

(1) 多药包起爆应联结成电爆网路、导爆管网路、混合网路或电子雷管网路起爆。

(2) 雷雨天禁止任何起爆网路连接作业，正在实施的起爆网路连接作业必须立即停止，人员迅速撤至安全地点。

(3) 各种起爆网路均应使用合格的器材。

(4) 起爆网路连接应严格按设计要求进行。

(5) 在可能对起爆网路造成损害的部位应采取保护措施。

(6) 敷设起爆网路应由有经验的爆破员或爆破技术人员实施，并实行双人作业制。

3. 装药

(1) 装药前应对作业场地、爆破器材堆放场地进行清理，装药人员应对准备装药的全部炮孔进行检查。

(2) 从炸药运入现场开始，应划定装药警戒区，警戒区内禁止烟火，并严禁携带火柴、打火机等火源进入警戒区域；采用普通电雷管起爆时，严禁携带手机或其他移动式通信设备进入警戒区。

(3) 炸药运入警戒区后，应迅速分发到各装药孔口，严禁在警戒区临时集中堆放大量炸药，严禁将起爆器材、起爆药包和炸药混合堆放。

(4) 搬运爆破器材应轻拿轻放，装药时严禁冲撞起爆药包。

(5) 炎热天气不应将爆破器材在强烈日光下暴晒。

(6) 严格按爆破安全操作规程进行装药作业。

4. 填塞

(1) 炮孔装药后都应进行填塞，禁止无填塞爆破。

(2) 填塞炮孔的炮泥中不得混有石块和易燃材料。

(3) 不得捣固直接接触起爆药包的填塞材料或用填塞材料冲击起爆药包。

(4) 分段装药间隔填塞的炮孔，应按设计要求的间隔填塞位置和长度进行填塞。

(5) 发现有填塞物卡孔应及时进行处理（可用非金属杆或高压风处理）。

(6) 填塞作业应避免夹扁、挤压和拉扯导爆管，并应保护电雷管引出线。

(7) 当填塞物潮湿、黏性较大或表面冻结时，应采取措施防止将大块装入孔内；填塞水孔时，应放慢填塞速度，让水排出孔外，避免产生悬料。

5. 爆破警戒和信号

(1) 装药警戒范围按爆破设计严格执行，装药时应在警戒区边界设置明显标志并派出岗哨。

(2) 执行警戒任务的人员，应按指令到达指定地点并坚守工作岗位。

(3) 靠近水域的爆破安全警戒工作，除按上述要求封锁陆岸爆区警戒范围外，还应对水域进行警戒。水域警戒应配有指挥船和巡逻船，其警戒范围由设计确定。

(4) 预警信号，该信号发出后爆破警戒范围内开始清场工作。

(5) 起爆信号，起爆信号应在确认人员、设备等全部撤离爆破警戒区，所有警戒人员到位，具备安全起爆条件时发出。起爆信号发出并经指挥长确认下令后方准许起爆。

(6) 解除信号，安全等待时间过后，检查人员进入爆破警戒范围内检查、确认安全后报请指挥长同意，方可发出解除警戒信号。在此之前岗哨不得撤离、不允许非检查人员进入爆破警戒范围。

(7) 各类信号均应使爆破警戒区域及附近人员能清楚地听到或看到。

6. 爆后检查

(1) 爆后检查等待时间。露天爆破爆后应超过 5min，方准许检查人员进入爆破作业地点，如不能确认有无盲炮应经 15min 后才能进入爆区检查。

(2) 爆破经检查确认爆破点安全后，经当班爆破班长同意，方准许作业人员进入爆区。

(3) 爆破后应检查的内容。确认有无盲炮；爆破爆堆是否稳定有无危坡、危石；在爆破警戒区内公用设施及重点保护建构筑物安全情况。

(4) 检查发现问题的处置。检查人员发现盲炮不得擅自处理，应向爆破负责人报告后组织进一步检查和处理，发现其他不安全因素应及时排查处理。在上述情况下，不应发出解除警戒信号，发现残余爆破器材应收集上缴集中销毁，发现爆破作业对周边建（构）筑物、公用设施造成安全威胁时，应及时组织抢险、治理排除安全隐患，对影响范围不大的险情，可以进行局部封锁处理解除爆破警戒。

2.1.3.3　冬雨期施工

爆破施工对高温和低温作业无特殊要求，但是严禁在雷雨、大雾等天气实施爆破作业，严禁夜晚实施爆破作业。

2.1.4　质量标准

2.1.4.1　开挖前认真做好爆破方案设计，必须先进行爆破试验，以选择和确定合理的爆破参数，确保爆破工程的安全。

2.1.4.2　检测钻孔是否按照爆破设计布孔图进行，钻孔的角度、深度、堵塞是否符合爆破设计要求，孔内孔外使用的雷管段位是否为爆破设计中设计的段位，起爆网络是否按设计连接。

2.1.4.3　开挖结构物涉及建基面的可参考表2－1岩石地基开挖施工质量标准。

表2－1　　岩石地基开挖施工质量标准

项次		检验项目	质量要求		检验方法	检验数量
主控项目	1	保护层开挖	浅孔、密孔、小药量、控制爆破		观察、量测、查阅施工记录	每个单元抽测3处，每处不少于10m
	2	建基面处理	开挖后岩面应满足设计要求建基面上无松动岩块，表面清洁、无泥垢、油污			全数检查
	3	多组切割的不稳定岩体开挖和不良地质开挖处理	满足设计处理要求			
	4	岩体的完整性	爆破未损害岩体的完整性，开挖面无明显爆破裂隙，声波降低率小于10%或满足设计要求		观察、声波检测（需要时采用）	符合设计要求
一般项目	1	无结构要求成无配筋的基坑断面尺寸及开挖面平整度	长或宽不大于10m	符合设计要求，允许偏差为－10～20cm	观察、仪器测量、查阅施工记录	检测点采用横断面控制，断面间距不大于20m，各横断面点数间距不大于2m，局部突出或凹陷部位（面积在0.5m^2以上者）应增设检测点
			长或宽大于10m	符合设计要求，允许偏差为－20～30cm		
			坑（槽）底部标高	符合设计要求，允许偏差为－10～20cm		
			垂直或斜面平整度	符合设计要求，允许偏差为20cm		
	2	有结构要求或有配筋预埋件的基坑断面尺寸及开挖面平整度	长或宽不大于10m	符合设计要求，允许偏差为0～10cm		
			长或宽大于10m	符合设计要求，允许偏差为0～20cm		
			坑（槽）底部标高	符合设计要求，允许偏差为0～20cm		
			垂直或斜面平整度	符合设计要求，允许偏差为15cm		

2.1.5 成品保护

注意成品孔的保护，成孔后做好堵塞，防止石块、泥块、雨水和施工垃圾等落入孔内。

2.1.6 应注意的质量问题

严格按爆破设计制定的爆破参数进行施工，严格控制钻孔的位置、角度和孔深，严格控制每个孔的装药量堵塞长度和堵塞物的材料，认真检查每个孔雷管段位是否按设计网络布置，网络连接是否按设计连接。

2.2 一般石方开挖（深孔台阶爆破）

2.2.1 适用范围

适用于大体积石方开挖，如场地平整、坝址开挖、溢洪道、大型渠道、路基开挖、采石、采矿等大体积的一般石方开挖工程。

2.2.2 施工准备

2.2.2.1 材料质量要求

所有的爆破器材外观应完好无损，电雷管电阻值测定合格，雷管管体不应变形、破损、锈蚀，导爆管管内无断药，无异物或堵塞，无折伤、油污和穿孔，端头封口良好，粉状硝铵类炸药不应吸湿结块，乳化和水胶炸药不应破乳或变质，电线无锈痕，绝缘层无划伤、开绽，经检测炸药的殉爆距离、延时雷管的延时时间合格。

2.2.2.2 主要施工机具

KQJ－100B 潜孔钻、液压凿岩钻车、空压机、YT－28 手风钻。

2.2.2.3 作业条件

1. 爆破岩体周边环境安全无滑坡、落石等危险，若有应先排除危险再进行爆破作业。

2. 爆破不会对周边建（构）筑物、公共设施或人员的安全造成影响，若有应先采取有效防护措施且确保防护到位可行，再进行爆破作业。

3. 光线或照明符合规定的条件。

4. 雷电、暴雨雪来临时（前），大雾能见度不超过 100m 时不得进行爆破作业。

5. 采用电爆网路时应对高压电、射频电等进行调查，对杂散电进行测试，发现存在危险应采取防护措施或改用其他联网起爆方式。

2.2.3 施工工艺

一般石方爆破工程采用深孔微差松动爆破，自上而下分梯段爆破开挖，钻孔角度结合开挖边坡和开挖临空面而定倾斜孔或垂直孔。无论垂直孔还是倾斜孔必须保证按布孔位置钻孔，保证全部炮孔间平行，钻孔孔位不按布孔位置钻孔或孔间不平衡将使抵抗线分布不均匀，爆破后易产生大块和残留根底。

2.2.3.1 工艺流程

一般石方爆破作业工艺流程见图 2－1。

2.2.3.2 操作工艺

1. 深孔爆破台阶要素

深孔台阶爆破各要素示意见图 2－2。

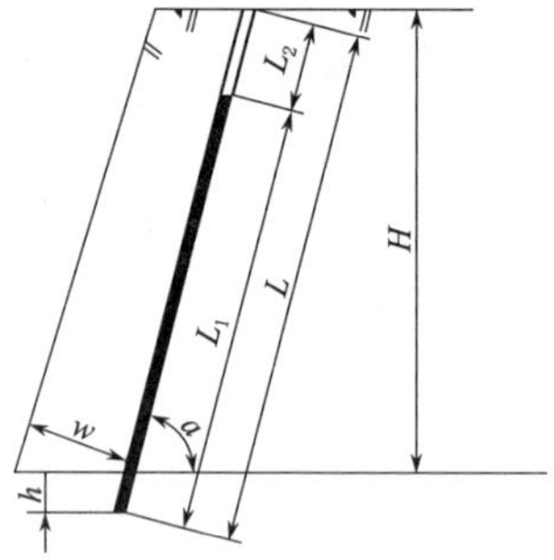

图 2-2 深孔爆破台阶要素图

（1）超深 h——根据爆破试验结果确定和调整。

（2）钻孔角度 α——若边坡角度较大时可与其相等。

（3）孔深。

$$L = (H + h) / \sin\alpha \tag{2-1}$$

（4）单位耗药量 q——根据爆破试验确定初设可以在 0.3～0.5 间取值。

（5）孔径 D——及钻孔机械的钻头孔径。

（6）底盘抵抗线 W。

施工过程中根据实际情况确定不同的台阶高度及相关参数。

2. 布孔方式

一般为梅花形布孔，具体方式按设计执行。孔距 a：炮孔间的间距；排距 b：每排炮孔间的距离。一般横向为孔距、纵向为排距。

3. 钻孔

钻孔必须按爆破设计的孔位钻孔，孔深、钻孔直径、钻孔角度必须符合设计要求。

4. 起爆网络

（1）多药包起爆应联结成电爆网路、导爆管网路、导爆索网路、混合网路或电子雷管网路起爆。

（2）雷雨天禁止任何起爆网路连接作业，正在实施的起爆网路连接作业必须立即停止，人员迅速撤至安全地点。

（3）各种起爆网路均应使用合格的器材。

（4）起爆网路连接应严格按设计要求进行。

（5）在可能对起爆网路造成损害的部位应采取保护措施。

（6）敷设起爆网路应由有经验的爆破员或爆破技术人员实施，并实行双人作业制。

5. 装药

（1）装药前应对作业场地、爆破器材堆放场地进行清理，装药人员应对准备装药的全部炮孔进行检查。

（2）从炸药运入现场开始，应划定装药警戒区，警戒区内禁止烟火，并严禁携带火柴、打火机等火源进入警戒区域；采用普通电雷管起爆时，严禁携带手机或其他移动式通信设备进入警戒区。

（3）炸药运入警戒区后，应迅速分发到各装药孔口，严禁在警戒区临时集中堆放大量炸药，严禁将起爆器材、起爆药包和炸药混合堆放。

（4）搬运爆破器材应轻拿轻放，装药时严禁冲撞起爆药包。

（5）炎热天气不应将爆破器材在强烈日光下曝晒。

（6）严格按爆破安全操作规程进行装药作业。

6. 填塞

（1）深孔爆破装药后都应进行填塞，禁止无填塞爆破。

（2）填塞炮孔的炮泥中不得混有石块和易燃材料。

（3）不得捣固直接接触起爆药包的填塞材料或用填塞材料冲击起爆药包。

（4）分段装药间隔填塞的炮孔，应按设计要求的间隔填塞位置和长度进行填塞。

（5）发现有填塞物卡孔应及时进行处理（可用非金属杆或高压风处理）。

（6）填塞作业应避免夹扁、挤压和拉扯导爆管，并应保护电雷管引出线。

（7）当填塞物潮湿、黏性较大或表面冻结时，应采取措施防止将大块装入孔内；填塞水孔时，应放慢填塞速度，让水排出孔外，避免产生悬料。

7. 爆破警戒和信号

（1）装药警戒范围按爆破设计严格执行，装药时应在警戒区边界设置明显标志并派出岗哨。

（2）执行警戒任务的人员应按指令到达指定地点并坚守工作岗位。

（3）靠近水域的爆破安全警戒工作除按上述要求封锁陆岸爆区警戒范围外，还应对水域进行警戒。水域警戒应配有指挥船和巡逻船，其警戒范围由设计确定。

（4）预警信号。该信号发出后爆破警戒范围内开始清场工作。

（5）起爆信号。起爆信号应在确认人员、设备等全部撤离爆破警戒区，所有警戒人员到位，具备安全起爆条件时发出。起爆信号发出并经指挥长确认下令后方准许起爆。

（6）解除信号。安全等待时间过后，检查人员进入爆破警戒范围内检查，确认安全后报请指挥长同意，方可发出解除警戒信号。在此之前岗哨不得撤离，不允许非检查人员进入爆破警戒范围。

（7）各类信号均应使爆破警戒区域及附近人员能清楚地听到或看到。

8. 爆后检查

（1）爆后检查等待时间。露天深孔爆破爆后应超过5min，方准许检查人员进入爆破作业地点，如不能确认有无盲炮应经15min后方可进入爆区检查。

（2）爆破经检查确认爆破点安全后，经当班爆破班长同意，方准许作业人员进入爆区。

（3）爆破后应检查的内容。确认有无盲炮；爆破爆堆是否稳定、有无危坡、危石；在爆破警戒区内公用设施及重点保护建构筑物安全情况。

（4）检查发现问题的处置。检查人员发现盲炮不得擅自处理，应向爆破负责人报告后组织进一步检查和处理，发现其他不安全因素应及时排查处理。在上述情况下，不应发出解除警戒信号，发现残余爆破器材应收集上缴集中销毁，发现爆破作业对周边建（构）筑物、公用设施造成安全威胁时，应及时组织抢险、治理排除安全隐患，对影响范围不大的险情，可以进行局部封锁处理解除爆破警戒。

2.2.3.3　冬雨期施工

爆破施工对高温和低温作业无特殊要求，但是严禁在雷雨、大雾等天气实施爆破作业，严禁夜晚实施爆破作业。

2.2.4　质量标准

2.2.4.1　开挖前认真做好爆破方案设计，必须先进行爆破试验，以选择和确定合理的爆破参数，确保爆破工程的安全。

2.2.4.2　检测钻孔是否按照爆破设计布孔图进行，钻孔的角度、深度、堵塞是否符合爆破设计要求，孔内孔外使用的雷管段位是否为爆破设计中设计的段位，起爆网络是否按设计连接。

2.2.4.3 开挖结构物涉及建基面的可参考表2-1岩石地基开挖施工质量标准，开挖结构物涉及岩石岸坡的可参考表2-2岩石岸坡开挖施工质量标准。

2.2.5 成品保护

注意成品孔的保护，成孔后做好堵塞，防止石块、泥块、雨水和施工垃圾等落入孔内。

2.2.6 应注意的质量问题

严格按爆破设计制定的爆破参数进行施工，严格控制钻孔的位置、角度和孔深，严格控制每个孔的装药量堵塞长度和堵塞物的材料，认真检查每个孔雷管段位是否按设计网络布置，网络连接是否按设计连接。

2.3 保护层石方开挖

2.3.1 适用范围

适用于场地平整、坝址开挖、溢洪道、大型渠道、路基开挖、各种建筑物基础面的保护层石方开挖。

2.3.2 施工准备

2.3.2.1 材料质量要求

所有的爆破器材外观应完好无损，电雷管电阻值测定合格，雷管管体不应变形、破损、锈蚀，导爆管管内无断药，无异物或堵塞，无折伤、油污和穿孔，端头封口良好，粉状硝铵类炸药不应吸湿结块，乳化和水胶炸药不应破乳或变质，电线无锈痕，绝缘层无划伤、开绽，经检测炸药的殉爆距离，延时雷管的延时时间合格。

2.3.2.2 主要施工机具

空压机、YT—28手风钻。

2.3.2.3 作业条件

1. 爆破岩体周边环境安全无滑坡、落石等危险，若有先排除危险再进行爆破作业。

2. 爆破不会对周边建（构）筑物、公共设施或人员的安全造成影响，若有先采取有效防护措施且确保防护到位可行，再进行爆破作业。

3. 光线或照明符合规定的条件。

4. 雷电、暴雨雪来临时（前），大雾能见度不超过100m时不得进行爆破作业。

5. 采用电爆网路时应对高压电、射频电等进行调查，对杂散电进行测试，发现存在危险应采取防护措施或改用其他联网起爆方式。

2.3.3 施工工艺

保护层石方开挖一般采用浅孔微差松动爆破，可以分层开挖到位，也可一次开挖到位，钻孔角度结合开挖边坡和开挖现场地形而定。无论垂直孔还是倾斜孔必须保证按布孔位置钻孔、保证全部炮孔间平行，确保钻孔深度符合设计要求，否则开挖质量无法保证。

2.3.3.1 工艺流程

保护层石方开挖爆破工艺流程见图2-1。

2.3.3.2 操作工艺

1. 钻孔

钻孔必须按爆破设计的孔位钻孔，孔深、钻孔直径、钻孔角度必须符合设计要求。钻孔深度最为关键，孔底高程必须符合设计要求。不能超钻也不能欠钻，超钻爆破可能会造成建基面的破坏，钻深不够可能会造成欠挖。

2. 起爆网络

（1）多药包起爆应联结成电爆网路、导爆管网路、导爆索网路、混合网路或电子雷管网路起爆。

（2）雷雨天禁止任何起爆网路连接作业，正在实施的起爆网路连接作业必须立即停止，人员迅速撤至安全地点。

（3）各种起爆网路均应使用合格的器材。

（4）起爆网路连接应严格按设计要求进行。

（5）在可能对起爆网路造成损害的部位应采取保护措施。

（6）敷设起爆网路应由有经验的爆破员或爆破技术人员实施，并实行双人作业制。

3. 装药

（1）装药前应对作业场地、爆破器材堆放场地进行清理，装药人员应对准备装药的全部炮孔进行检查。

（2）从炸药运入现场开始，应划定装药警戒区，警戒区内禁止烟火，并严禁携带火柴、打火机等火源进入警戒区域；采用普通电雷管起爆时，严禁携带手机或其他移动式通信设备进入警戒区。

（3）炸药运入警戒区后，应迅速分发到各装药孔口，严禁在警戒区临时集中堆放大量炸药，严禁将起爆器材、起爆药包和炸药混合堆放。

（4）搬运爆破器材应轻拿轻放，装药时严禁冲撞起爆药包。

（5）炎热天气不应将爆破器材在强烈日光下曝晒。

（6）严格按爆破安全操作规程进行装药作业。

4. 填塞

（1）炮孔装药后都应进行填塞，禁止无填塞爆破。

（2）填塞炮孔的炮泥中不得混有石块和易燃材料。

（3）不得捣固直接接触起爆药包的填塞材料或用填塞材料冲击起爆药包。

（4）分段装药间隔填塞的炮孔，应按设计要求的间隔填塞位置和长度进行填塞。

（5）发现有填塞物卡孔应及时进行处理（可用非金属杆或高压风处理）。

（6）填塞作业应避免夹扁、挤压和拉扯导爆管，并应保护电雷管引出线。

（7）当填塞物潮湿、黏性较大或表面冻结时，应采取措施防止将大块装入孔内；填塞水孔时，应放慢填塞速度，让水排出孔外，避免产生悬料。

5. 爆破警戒和信号

（1）装药警戒范围。按爆破设计严格执行，装药时应在警戒区边界设置明显标志并派出岗哨。

（2）执行警戒任务的人员，应按指令到达指定地点并坚守工作岗位。

（3）靠近水域的爆破安全警戒工作，除按上述要求封锁陆岸爆区警戒范围外还应对水域进行警戒。水域警戒应配有指挥船和巡逻船，其警戒范围由设计确定。

（4）预警信号。该信号发出后爆破警戒范围内开始清场工作。

（5）起爆信号。起爆信号应在确认人员、设备等全部撤离爆破警戒区，所有警戒人员到位，具备安全起爆条件时发出。起爆信号发出并经指挥长确认下令后方准许起爆。

（6）解除信号。安全等待时间过后，检查人员进入爆破警戒范围内检查、确认安全后报请指挥长同意，方可发出解除警戒信号。在此之前岗哨不得撤离不允许非检查人员进入爆破警戒范围。

（7）各类信号均应使爆破警戒区域及附近人员能清楚地听到或看到。

6. 爆后检查

（1）爆后检查等待时间，露天爆破爆后应超过 5min，方准许检查人员进入爆破作业地点，如不能确认有无盲炮应经 15min 后方可进入爆区检查。

（2）爆破经检查确认爆破点安全后，经当班爆破班长同意，方准许作业人员进入爆区。

（3）爆破后应检查的内容。确认有无盲炮；爆破爆堆是否稳定、有无危坡、危石；在爆破警戒区内公用设施及重点保护建构筑物安全情况。

（4）检查发现问题的处置。检查人员发现盲炮不得擅自处理，应向爆破负责人报告后组织进一步检查和处理，发现其他不安全因素应及时排查处理。在上述情况下，不应发出解除警戒信号。发现残余爆破器材应收集上缴集中销毁，发现爆破作业对周边建构筑物、公用设施造成安全威胁时，应及时组织抢险、治理排除安全隐患，对影响范围不大的险情，可以进行局部封锁处理解除爆破警戒。

2.3.3.3　冬雨期施工

爆破施工对高温和低温作业无特殊要求，但是严禁在雷雨、大雾等天气实施爆破作业，严禁夜晚实施爆破作业。

2.3.4　质量标准

2.3.4.1　开挖前认真做好爆破方案设计，必须先进行爆破试验，以选择和确定合理的爆破参数，确保爆破工程的安全。

2.3.4.2　检测钻孔是否按照爆破设计布孔图进行，钻孔的角度、深度、堵塞是否符合爆破设计要求，孔内孔外使用的雷管段位是否为爆破设计中设计的段位，起爆网络是否按设计连接。

2.3.4.3　保护层岩石开挖可参考表 2-1 岩石地基开挖施工质量标准。

2.3.5　成品保护

注意成品孔的保护，成孔后做好堵塞，防止石块、泥块、雨水和施工垃圾等落入孔内。

2.3.6　应注意的质量问题

严格按爆破设计制定的爆破参数进行施工，严格控制钻孔的位置、角度和孔深，严格控制每个孔的装药量、堵塞长度和堵塞物的材料，认真检查每个孔雷管段位是否按设计网络布置，网络连接是否按设计连接。

2.4 坡面石方开挖

2.4.1 适用范围

适用于坝址边坡、溢洪道边坡、大型渠道边坡、路基边坡、采石、采矿场边坡等各种边坡开挖工程。

2.4.2 施工准备

2.4.2.1 材料质量要求

所有的爆破器材外观应完好无损，电雷管电阻值测定合格，雷管管体不应变形、破损、锈蚀，导爆管管内无断药，无异物或堵塞，无折伤、油污和穿孔，端头封口良好，粉状硝铵类炸药不应吸湿结块，乳化和水胶炸药不应破乳或变质，电线无锈痕，绝缘层无划伤、开绽，经检测炸药的殉爆距离，延时雷管的延时时间合格。

2.4.2.2 主要施工机具

KQJ－100B 潜孔钻、液压凿岩钻车、空压机、YT－28 手风钻。

2.4.2.3 作业条件

1. 爆破岩体周边环境安全无滑坡、落石等危险，若有先排除危险再进行爆破作业。

2. 爆破不会对周边建（构）筑物、公共设施或人员的安全造成影响，若有先采取有效防护措施且确保防护到位可行，再进行爆破作业。

3. 光线或照明符合规定的条件。

4. 雷电、暴雨雪来临时（前），大雾能见度不超过 100m 时不得进行爆破作业。

5. 采用电爆网路时应对高压电、射频电等进行调查，对杂散电进行测试，发现存在危险应采取防护措施或改用其他联网起爆方式。

2.4.3 施工工艺

坡面石方开挖一般采用预裂爆破，钻孔角度与开挖边坡角度相等，钻孔位置在边坡开挖线上，开挖的钻孔面及成型的坡面一致。

2.4.3.1 工艺流程

坡面石方开挖工艺流程见图 2－1。

2.4.3.2 操作工艺

1. 坡面石方开挖爆破要素

坡面石方开挖爆破各要素示意见图 2－3。

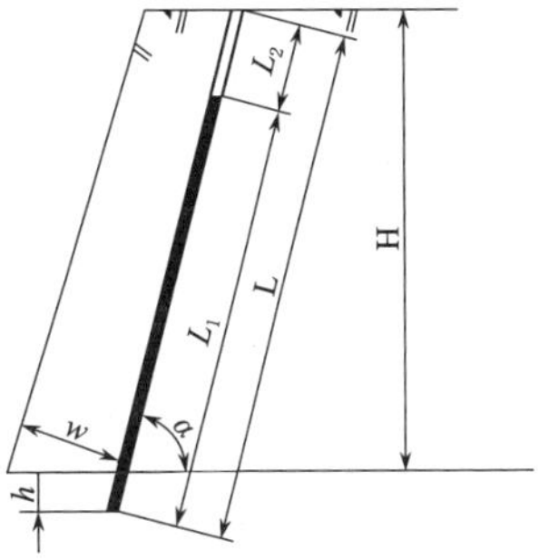

图 2－3 坡面石方开挖要素图

（1）超深 h——根据爆破试验结果确定和调整。

（2）钻孔角度 α——若边坡角度较大时可与其相等。

（3）孔深。

$$L = (H + h) / \sin\alpha \tag{2-2}$$

（4）线装药密度 q——根据爆破试验确定。

（5）孔径 D——钻孔机械的钻头孔径。

2. 钻孔

钻孔必须按爆破设计的孔位钻孔，孔深、钻孔直径、钻孔角度必须符合设计要求，钻孔角度特别重要，若角度不准将造成开挖坡面与设计断面不符，造成坡面开挖失败。

3. 起爆网路

（1）多药包起爆应联结成电爆网路、导爆管网路、导爆索网路、混合网路或电子雷管网路起爆。

（2）雷雨天禁止任何起爆网路连接作业，正在实施的起爆网路连接作业必须立即停止，人员迅速撤至安全地点。

（3）各种起爆网路均应使用合格的器材。

（4）起爆网路连接应严格按设计要求进行。

（5）在可能对起爆网路造成损害的部位应采取保护措施。

（6）敷设起爆网路应由有经验的爆破员或爆破技术人员实施，并实行双人作业制。

4. 装药

（1）装药前应对作业场地、爆破器材堆放场地进行清理，装药人员应对准备装药的全部炮孔进行检查。

（2）从炸药运入现场开始，应划定装药警戒区，警戒区内禁止烟火，并严禁携带火柴、打火机等火源进入警戒区域；采用普通电雷管起爆时，严禁携带手机或其他移动式通信设备进入警戒区。

（3）炸药运入警戒区后，应迅速分发到各装药孔口，严禁在警戒区临时集中堆放大量炸药，严禁将起爆器材、起爆药包和炸药混合堆放。

（4）搬运爆破器材应轻拿轻放，装药时严禁冲撞起爆药包。

（5）炎热天气不应将爆破器材在强烈日光下曝晒。

（6）严格按爆破安全操作规程进行装药作业。

5. 填塞

（1）深孔爆破装药后都应进行填塞，禁止无填塞爆破。

（2）填塞炮孔的炮泥中不得混有石块和易燃材料。

（3）不得捣固直接接触起爆药包的填塞材料或用填塞材料冲击起爆药包。

（4）分段装药间隔填塞的炮孔，应按设计要求的间隔填塞位置和长度进行填塞。

（5）发现有填塞物卡孔应及时进行处理（可用非金属杆或高压风处理）。

（6）填塞作业应避免夹扁、挤压和拉扯导爆管，并应保护电雷管引出线。

（7）当填塞物潮湿、黏性较大或表面冻结时，应采取措施防止将大块装入孔内；填塞水孔时，应放慢填塞速度，让水排出孔外，避免产生悬料。

6. 爆破警戒和信号

（1）装药警戒范围。按爆破设计严格执行，装药时应在警戒区边界设置明显标志并派出岗哨。

（2）执行警戒任务的人员，应按指令到达指定地点并坚守工作岗位。

（3）靠近水域的爆破安全警戒工作。除按上述要求封锁陆岸爆区警戒范围外，还应对水域进行警戒。水域警戒应配有指挥船和巡逻船，其警戒范围由设计确定。

（4）预警信号。该信号发出后爆破警戒范围内开始清场工作。

（5）起爆信号。起爆信号应在确认人员、设备等全部撤离爆破警戒区，所有警戒人员到位，具备安全起爆条件时发出。起爆信号发出并经指挥长确认下令后方准许起爆。

(6) 解除信号。安全等待时间过后，检查人员进入爆破警戒范围内检查、确认安全后，报请指挥长同意方可发出解除警戒信号。在此之前岗哨不得撤离，不允许非检查人员进入爆破警戒范围。

(7) 各类信号均应使爆破警戒区域及附近人员能清楚地听到或看到。

7. 爆后检查

(1) 爆后检查等待时间。露天深孔爆破爆后应超过 5min，方准许检查人员进入爆破作业地点，如不能确认有无盲炮应经 15min 后方可进入爆区检查。

(2) 爆破经检查确认爆破点安全后，经当班爆破班长同意，方准许作业人员进入爆区。

(3) 爆破后应检查的内容。确认有无盲炮；爆破爆堆是否稳定、有无危坡、危石；在爆破警戒区内公用设施及重点保护建构筑物安全情况。

(4) 检查发现问题的处置。检查人员发现盲炮不得擅自处理，应向爆破负责人报告后组织进一步检查和处理，发现其他不安全因素应及时排查处理。在上述情况下，不应发出解除警戒信号，发现残余爆破器材应收集上缴集中销毁，发现爆破作业对周边建（构）筑物、公用设施造成安全威胁时，应及时组织抢险、治理排除安全隐患，对影响范围不大的险情，可以进行局部封锁处理解除爆破警戒。

2.4.3.3 冬雨期施工

爆破施工对高温和低温作业无特殊要求，但是严禁在雷雨、大雾等天气实施爆破作业，严禁夜晚实施深孔爆破作业。

2.4.4 质量标准

2.4.4.1 开挖前认真做好爆破方案设计，必须先进行爆破试验，以选择和确定合理的爆破参数，确保爆破工程的安全。

2.4.4.2 检测钻孔是否按照爆破设计布孔图进行，钻孔的角度、深度、堵塞是否符合爆破设计要求，孔内孔外使用的雷管段位是否为爆破设计中设计的段位，起爆网络是否按设计连接。

2.4.4.3 坡面石方开挖施工质量标准可参考表 2-2 岩石岸坡开挖施工质量标准。

表 2-2　岩石岸坡开挖施工质量标准

项次		检验项目	质量要求	检验方法	检验数量
主控项目	1	保护层开挖	浅孔、密孔、少药量、控制爆破	观察、量测、查阅施工记录等	每个单元抽测 3 处，每处不少于 $10m^2$
	2	开挖坡面	稳定且无松动岩块、悬挂体和尖角	观察、仪器测量、查阅施工记录	全数检查
	3	岩体的完整性	爆破未损害岩体的完整性，开挖面无明显爆破裂隙，声波降低率小于 10%或满足设计要求	观察、声波检测（需要时采用）	符合设计要求

续表

项次		检验项目	质量要求		检验方法	检验数量
一般项目	1	平均坡度	开挖坡面不陡于设计坡度台阶（平台、马道）符合设计要求		测量、观察、查阅施工记录	总检测点数量采用横断面控制，断面间距不大于10m，各横断面沿坡面斜长方向测点间距不大于5m，且点数不少于6个点；局部突出或凹陷部位（面积在0.5m²以上者）应增设检测点
	2	坡脚标高	±20cm			
	3	坡面局部超欠挖	允许偏差：欠挖不大于20cm，超挖不大于30cm			
	4	炮孔痕迹保存率	节理裂隙不发育的岩体	>80%		
			节理裂隙发育的岩体	>80%		
			节理裂隙极发育的岩体	>80%		

2.4.5 成品保护

注意成品孔的保护，成孔后做好堵塞，防止石块、泥块、雨水和施工垃圾等落入孔内。

2.4.6 应注意的质量问题

严格按爆破设计制定的爆破参数进行施工，严格控制钻孔的位置、角度和孔深，严格控制每个孔的装药量、堵塞长度和堵塞物的材料，认真检查每个孔雷管段位是否按设计网络布置，网络连接是否按设计连接。

2.5 破碎剂石方开挖

2.5.1 适用范围

适用于机械基座的拆除、破碎孤石、开采石材、处理边坡沟槽的欠挖等少量的石方开挖或混凝土构筑物拆除。

2.5.2 施工准备

2.5.2.1 材料质量要求

包装完整无破损，粉剂不应吸湿结块或变质，保质期在有效期内。

2.5.2.2 主要施工机具

空压机、YT－28手风钻。

2.5.2.3 作业条件

1. 岩体周边环境安全、无滑坡、落石等危险，若有先排除危险再进行开挖作业。

2. 开挖不会对周边建（构）筑物、公共设施或人员的安全造成影响，若有先采取有效防护措施且确保防护到位，再进行开挖作业。

3. 光线或照明符合规定的条件。

2.5.3 施工工艺

首先根据需开挖对象做好开挖设计，主要开挖参数有：布孔位置、钻孔角度、钻孔直径，孔排距、孔深等参数。钻孔完成后按破碎剂说明书的要求搅拌均匀灌入孔内，并根据天气情况做好养护。

2.5.3.1 工艺流程

钻孔→清孔→填充破碎剂→养护。

2.5.3.2 操作工艺

1. 钻孔

钻孔必须按开挖设计的孔位钻孔，孔深、钻孔直径、钻孔角度必须符合设计要求。

2. 清孔

添加破碎剂之前应清孔，孔内必须干净，不得有水和杂物。

3. 填充破碎剂

先按破碎剂说明书的加水比例在破碎剂中加入适量的水，用机械或手工（用手搅拌时要戴橡胶手套）搅拌成具有流动性的均匀浆体。充填作业时可以采用直接灌入法或用灰浆泵压入法。灌孔必须密实，垂直孔不必堵塞孔口；水平或倾斜孔要堵塞孔口，以免浆体流出，或用干稠的胶泥状本剂挤搓成条塞入孔中并捣实。

4. 养护

春季、夏季、秋季不必养护。冬季要用草帘子等物覆盖保温，或在孔中插入电热丝，灌浆后通电加热，加速本剂水化反应，一般灌浆后2～8h可将破碎体破碎。

2.5.3.3 冬雨期施工

破碎剂开挖施工对高温作业无特殊要求，但是在低温施工时应注意做好保温措施。

2.5.4 质量标准

2.5.4.1 施工前认真做好开挖设计方案，且必须先进行开挖试验，以选择和确定合理的开挖参数，确保开挖效果。

2.5.4.2 检测钻孔是否按照开挖设计布孔图进行，钻孔的角度、深度、堵塞是否符合开挖设计要求。施工时，配备好眼睛和皮肤的防护用品，破碎剂碰到皮肤或进入眼睛应立即用水冲洗。

2.5.4.3 破碎剂石方开挖涉及建基面的可参考表2-1岩石地基开挖施工质量标准，破碎剂石方开挖涉及岩石岸坡的可参考表2-2岩石岸坡开挖施工质量标准。

2.5.5 成品保护

注意成品孔的保护，成孔后做好堵塞，防止石块、泥块、雨水和施工垃圾等落入孔内。

2.5.6 应注意的质量问题

严格按开挖设计制定的开挖参数进行施工，严格控制钻孔的位置、角度和孔深，添加破碎剂之前需清孔，孔内必须干净，不得有水和杂物，孔口必须按要求堵塞。

2.6 浆砌石护（底）坡

2.6.1 适用范围

适用于堤防与一般构建筑物的浆砌石护（底）坡工程的施工。

2.6.2　施工准备

2.6.2.1　材料质量要求

1. 各种原材料品种和技术性能应符合国家现行标准规定和设计要求。石料、砂、水泥和水等进行检测，应符合国家现行标准规定和设计要求。

2. 水泥砂浆的配合比必须满足设计要求和施工和易性要求，配合比必须通过试验确定。

2.6.2.2　主要施工机具

砂浆搅拌机、翻斗车、手推车、配料磅秤、砌石瓦刀、小撬棍、石工锤、铁锨、灰斗、薄钢板、水平尺、钢卷尺、皮数杆等。

2.6.2.3　作业条件

坡面修整、夯实施工完毕，达到设计要求，坡面验收合格。

2.6.3　施工工艺

2.6.3.1　工艺流程

浆砌石护坡/护底施工工艺流程见图 2-4。

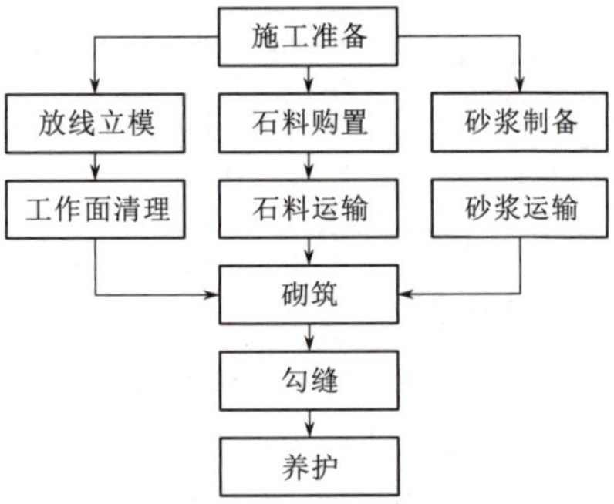

图 2-4　浆砌石护坡/护底施工工艺流程图

2.6.3.2　操作工艺

1. 水泥砂浆拌制

通常用拌和机拌制，计量设备经检验，严格按照试验确定的配料单进行配料，配料的称量允许误差符合规定。砂浆随拌随用，其允许间歇时间通过试验确定。

2. 浆砌石护（底）坡砌筑

（1）在砌体外将石料上泥垢冲洗干净，砌筑时保持砌石表面湿润。

（2）砌筑前先铺一层水泥砂浆，铺浆厚 3～5cm，铺浆均匀，随铺浆随砌石。

（3）砌筑时，石块安置稳定，大面朝下，适当摇动或敲击使其平稳。厚度较大部位分层砌筑，上下层砌石要错缝砌筑。砌缝需用砂浆填充饱满，不得无浆直接贴靠，砌缝内砂浆插捣密实，严禁先堆砌石块再用砂浆灌缝。砌体外露面平整美观，外露面上的砌缝预留不小于 3cm 深的空隙，以备勾缝处理，水平缝宽不大于 2.5cm，竖缝宽不大于 4cm。石块间较大的空隙应先填塞砂浆，后用碎块，或片石嵌实，严禁先摆碎石块后填砂浆或干填碎石块的施工方法，石块间不相互接触。

（4）砌筑因故停顿，砂浆已超过初凝时间，应待砂浆强度达到 2.5MPa 后才可继续施工；在继续砌筑前，应将原砌体表面的浮渣清除；砌筑时应避免振动下层砌体。

3. 浆砌石护（底）坡勾缝

砌石表面用水泥砂浆勾平缝。按实有砌体勾平缝，严禁勾假缝、凸缝。勾缝用砂浆采用 32.5 以上的水泥，灰砂比控制在 1∶1 至 1∶2 之间。勾缝前必须清缝，用水将槽缝冲洗干净，清净残留灰渣和积水，并保持缝面湿润。砂浆应分次向缝内填塞密实，勾缝砂浆强度等级应高于砌筑砂浆，勾缝砂浆单独拌制，严禁与砌体砂浆混用。勾缝完毕后保持砌体表面湿润并做好养护。

4. 养护

砌体外露面在砌筑后 12～18h 内及时养护，在养护期间经常洒水，使砌体保持湿润，避免碰撞和振动，养护时间 14d。

养护期气温低于 5℃时，砌体表面要保温并不得直接向砌体表面直接洒水养护。

2.6.4 质量标准

2.6.4.1 主控项目检验

浆砌石护坡主控项目检验标准见表 2－3。

表 2－3　浆砌石护坡主控项目检验标准

项次	检验项目	质量要求	检验方法	检验数量
1	护坡厚度	允许偏差±5cm	量测	每 50～100m^2 检测 1 处
2	坡面平整度	允许偏差±5cm	量测	每 50～100m^2 检测 1 处
3	排水孔反滤	符合设计要求	检查	每 10 孔检查 1 孔
4	坐浆饱满度	大于 80%	检查	每层每 10m 至少检查 1 处

2.6.4.2 一般项目检验

浆砌石护坡一般项目检验标准见表 2－4。

表 2－4　浆砌石护坡一般项目检验标准

项次	检验项目	质量要求	检验方法	检验数量
1	排水孔设置	连续贯通，孔径、孔距允许偏差为±5%设计值	量测	每 10 孔检查 1 孔
2	变形缝结构与填充质量	符合设计要求	检查	全面检查
3	勾缝	应按平缝勾填，无开裂、脱皮现象	检查	全面检查

2.6.5 成品保护

砌筑完成后，未经有关人员检查、验收，轴线桩、水准桩应加以保护，不得碰坏、拆除。

2.6.6 应注意的质量问题

2.6.6.1　材料计量要准确，搅拌时间要达到规定的要求，试块的制作、养护、试压应符合规定。

2.6.6.2　石料规格应符合设计要求、表面应湿润、无泥垢、油渍等。

2.6.6.3　砌缝应饱满且密实。

2.6.6.4　浆砌石护坡施工中按设计要求做好排水孔。

2.6.6.5　当最低气温在 0～5℃时，砌筑作业注意表面保护；最低气温在 0℃以下时，停止砌筑。遇小雨砌石时，适当减小水灰比，及时排出积水；遇大雨时停止施工，妥善保护砌石面。

2.7 干砌石护坡

2.7.1 适用范围

适用于水利水电工程干砌石护坡工程的施工。

2.7.2 施工准备

2.7.2.1 材料质量要求

石料的物理力学指标符合施工图纸的要求。

2.7.2.2 主要施工机具

瓦刀、石工锤、水平尺、钢卷尺、皮数杆等。

2.7.2.3 作业条件

基础、垫层已施工完毕，并已办完隐检手续。

2.7.3 施工工艺

2.7.3.1 工艺流程

测量放样→基础验收→干砌石砌筑。

2.7.3.2 操作工艺

1. 干砌块石护坡自下而上按设计要求砌筑，确保坡面顺直、坡度准确。

2. 砌筑时，石块分层卧砌，上下错缝，内外搭砌。块石要嵌紧、整平，不叠砌、浮塞，大孔隙用碎石堵塞，确保干砌块石的稳定性。

3. 石块应大小均匀、质地坚硬，单块重不小于设计要求。

2.7.4 质量标准

干砌石护坡施工质量标准见表2-5。

表2-5　　干砌石护坡施工质量标准

项次		检验项目	质量要求	检验方法	检验数量
主控项目	1	护坡厚度	厚度小于50cm，允许偏差为±5cm；厚度大于50cm，允许偏差为±10%	量测	每50～100m^2测1次
	2	破面平整度	允许偏差为±8cm	量测	每50～100 m^2检测1处
	3	石料块重	除腹石和嵌缝石外，面石用料符合设计要求	量测	沿护坡长度方向每20m检测1m^2
一般项目	1	砌石坡度	不陡于设计坡度	量测	沿护坡长度方向每20m检测1处
	2	砌筑质量	石块稳固、无松动，无宽度在1.5cm以上、长度在50cm以上的连续缝	检查	沿护坡长度方向每20m检测1处

2.7.5 成品保护

同浆砌石护坡。

2.7.6 应注意的质量问题

2.7.6.1　护坡施工前，护坡基底应稳定，坡面应平整密实。

2.7.6.2 砌筑应紧密，各砌块的砌缝应相互错开，防止通缝的出现，块石嵌接牢固无松动，护坡面平顺，坡面平整度及护坡厚度满足设计要求。

2.8 格宾石笼施工

2.8.1 适用范围

适用于水利水电工程格宾石笼护坡、挡墙等加固防护工程的施工。

2.8.2 施工准备

2.8.2.1 材料质量要求

1. 格宾石笼网的要求

根据施工图纸要求定制不同规格的格宾石笼网的尺寸，或采购格宾石笼网现场制作符合要求的网箱。格宾石笼网必须有质量证书以及出厂合格证。材料经试验检测，各项指标满足设计要求后方可投入使用。

2. 填充料的要求

块石单体直径符合设计要求，石料须密致坚实，抗风化耐久性良好；填充石料如有空隙，以小碎石填塞。

2.8.2.2 主要施工机具

施工机具与工程量、施工环境有关。

2.8.2.3 作业条件

1. 基础面整平夯实，达到牢固稳定。
2. 根据设计图纸放样格宾挡墙轴线及内外侧边线。
3. 排除铺设工作范围内的所有积水。

2.8.3 施工工艺

2.8.3.1 工艺流程

施工准备→组装格宾石笼网→填充料施工→封盖施工。

2.8.3.2 操作工艺

1. 施工准备

铺设格宾前，做好测量放线，按设计要求平整铺设基面，基地面应平整、密实、无杂质，并准备好安装工具。

2. 组装格宾石笼网

(1) 间隔网与网身成 90°相交，经绑扎形成长方形网箱组或网箱。

(2) 绑扎线要与网线同材质，每一道绑扎须是双股线并绞紧。

(3) 按照设计要求进行相邻网箱组的绑扎。通常相邻网箱组的上下四角各绑扎一道，相邻网箱组的上下框线或折线，每间隔 20cm 绑扎一道，相邻网箱组的网片结合面则每平方米绑扎 2 处。

3. 填充料施工

格宾石笼网填料时须按照设计要求依次均匀分批向各格宾石笼网内投料，严禁一次投满。通常采用人工填充料施工时，控制每批投料厚度在 35cm 以下；以机械化填充料施工时，要控制在1.0m高格宾石笼网分4次均匀投料。装石时结束时，顶部石料应比箱高25mm。

4. 网箱封盖施工

封盖在顶部石料砌垒平整的基础上进行，先使用封盖夹固定每端相邻节点后，再加以绑扎。通常封盖与网箱边框相交线，应每相隔20cm绑扎一道。所有绑扎方式均采用双股绑扎并绞紧。

2.8.4 质量标准

石笼护坡施工检验标准见表2-6。

表2-6　石笼护坡施工检验标准

项次		检验项目	质量要求	检验方法	检验数量
主控项目	1	护坡厚度	允许偏差为±5cm	量测	每50～100m² 检测1处
	2	绑扎点间距	允许偏差为±5cm	量测	每30～60m² 检测1处
	3	坡面平整度	允许偏差为±8cm	量测	每30～100m² 检测1处
一般项目	1	有间隔网的网片间距	允许偏差为±10cm	观察	每幅网材检查2处

2.8.5 成品保护

2.8.5.1 格宾石笼网运输过程中和运抵工地后妥善保存，并将其储存在不受损坏和方便取用的地方，尽量减少装卸次数。

2.8.5.2 任何时候铺放设备均不得直接在石笼上行驶或作业，应保证其铺设时不损坏材料。

2.8.6 应注意的质量问题

2.8.6.1 石笼的铺设应根据铺设高度和材料的受力方向、施工过程中的度汛要求以及尽量减少接缝的数量等因素确定，并应符合施工图纸的要求。

2.8.6.2 对施工过程中遭受损坏的石笼，应及时进行修理并达到设计要求。

2.9 锚喷支护

2.9.1 适用范围

适用于水利水电工程中各种地下洞室的锚杆（通常采用砂浆锚杆或锚固剂锚杆，下面以砂浆锚杆施工为例）、喷射混凝土以及锚杆与喷射混凝土组合的支护工程。锚喷支护的边坡、基础和其他建筑物的加固可参照执行。

2.9.2 施工准备

2.9.2.1 材料质量要求

1. 锚杆施工材料要求

（1）锚杆：按施工图纸的要求。通常锚杆选用Ⅱ级螺纹钢筋，使用前平直、除锈、除油。

（2）水泥和水：同喷射混凝土的原材料要求。

（3）砂：采用最大粒径小于2.5mm的中细砂，使用前过筛。

(4) 水泥砂浆：砂浆标号满足施工图纸的要求，通常其强度等级不低于2.5MPa。

(5) 外加剂：按施工图纸要求，在注浆锚杆水泥砂浆中添加速凝剂和其他外加剂，其品质不含有对锚杆产生腐蚀作用的成分。

2. 钢筋网施工材料要求

钢筋的规格、钢材质量、网格尺寸，应满足设计要求。铺设前做除锈、除污处理。

3. 喷射混凝土施工材料要求

(1) 水泥：按施工图纸要求。通常优先选用新鲜的普通硅酸盐水泥，其标号不宜低于32.5MPa。水泥的性能指标应符合GB 175—2007《通用硅酸盐水泥》的规定。

(2) 细骨料：优先选用天然砂，也可采用人工砂。砂的细度模数宜为2.5～3.0，含水率宜为5%～7%。砂的质量应符合SL 677—2014《水工混凝土施工规范》的规定。

(3) 粗骨料：优先采用坚硬、耐久，磨圆度好的卵石，也可采用机制碎石。卵石或人工碎石质量应符合SL 677—2014的规定。卵石或人工碎石的粒径不宜大于15mm。采用碱性速凝剂时，不得使用碱活性骨料。

(4) 水：使用饮用水。

(5) 混合料的配合比：满足设计和规范要求。

2.9.2.2 主要施工机具

气腿式风钻钻机、强制式搅拌机、混凝土喷射机、空气压缩机等。

2.9.2.3 作业条件

(1) 作业区应有良好的通风和足够的照明以及足够的场所。

(2) 受喷面若有严重漏水、渗水地段，喷射作业之前必须按规定做好排水、治水工作。

(3) 施工前进行喷射混凝土的配合比试验。

2.9.3 施工工艺

2.9.3.1 工艺流程

1. 锚杆施工工艺

锚杆施工工艺流程见图2-5。

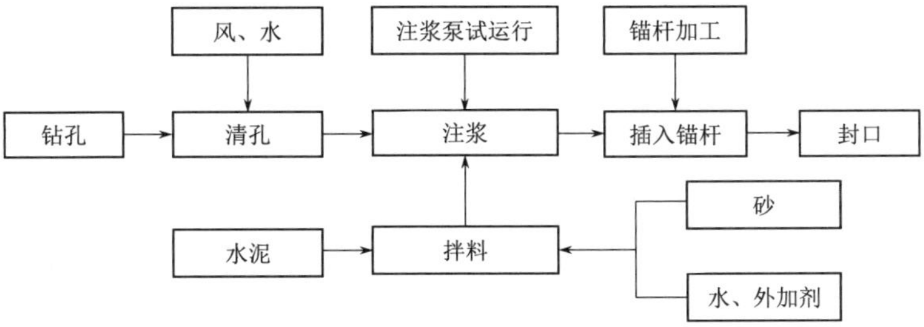

图2-5 锚杆施工工艺流程图

2. 钢筋网制安工艺

钢筋网制安工艺流程见图2-6。

3. 喷射混凝土施工工艺

目前大多采用湿式喷射。即用喷射机压送已加入水的拌和物，在喷嘴处加入速凝剂，其工艺流程见图 2－7。

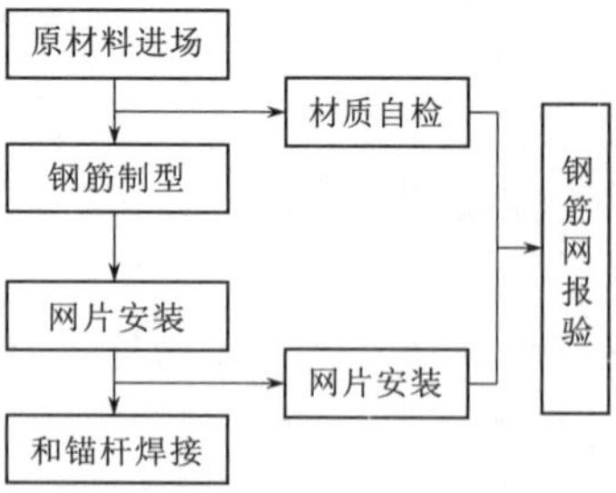

图 2－6 钢筋网施工工艺流程图

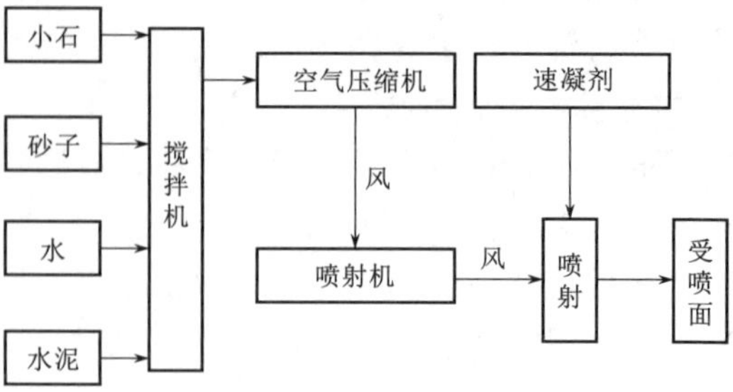

图 2－7 喷射混凝土施工工艺流程图

4. 锚杆、钢筋网喷射混凝土施工工艺

锚杆、钢筋网喷射混凝土施工工艺流程为：搭设脚手架→整修边坡→制作安装排水孔→锚杆钻孔、注浆→挂网→喷混凝土→养护→拆除脚手架。

2.9.3.2 操作工艺

1. 锚杆施工

（1）按设计要求和围岩情况布设孔位并钻孔，水泥砂浆锚杆孔径应大于杆体直径20mm以上。锚杆孔深度应符合设计要求，超深不宜大于100mm。

（2）锚杆孔轴线与设计轴线的偏差角应符合设计要求。施工中如需设置局部锚杆时，其孔轴线方向应按最优锚固角布置。当受施工条件限制时，在不影响锚固效果的前提下可适当调整锚杆轴线方向。

（3）孔内岩粉和积水洗吹干净。

（4）锚杆安装前对锚杆孔进行检查，对不符合要求的锚杆孔进行处理。

（5）通常采用先注浆后插杆施工方法：钻孔在注浆前彻底清洗，再用注浆器在孔内注浆，水泥砂浆注满后予以捣实，杆体插入孔内的长度应符合设计要求。

（6）在水泥砂浆初凝前将锚筋加压插入到要求的深度，在可能的情况下加以振捣或轻敲，确保砂浆密实。在砂浆凝固前，不得敲击、碰撞和拉拔锚杆。当锚杆端部带有螺纹时应注意保护杆体端部的螺纹不被损坏。

（7）同钢筋网联结的锚杆，孔口处必须固定牢固。

（8）单项工程锚杆施工前，应在施工现场进行锚杆安装试验。

2. 喷射混凝土

（1）准备工作。

1）做好作业面的检查和清理：清除开挖面的浮石、松动的岩块、岩粉、岩渣和其他堆积物；检查作业而尺寸，处理欠挖岩体；用高压水冲洗作业面，并对受污染的作业面进行清理；检查上一工序作业情况，做好受喷面的地质描述需要工作平台作业时，检查工作平台的牢固性等。

2）受喷面有滴水、淋水时，喷射前按下列方法做好治水工作：有明显出水点时埋设导管排水。渗透系数小、导水效果不好的含水层设盲沟排水。

3）喷射作业区安设充足的照明设备并具备良好的通风条件。

4）喷射作业前，对机械设备、风、水管路和电线等进行全面检查及试运行。

5）埋设控制喷射混凝土的厚度标志。

6）施工前进行喷射混凝土的配合比试验。

（2）喷射作业。

1）喷射作业分段、分片依次进行，喷射顺序应自下而上。

2）素喷混凝土一次喷射厚度：掺速凝剂时不宜超过100mm；不掺速凝剂时不宜超过70mm。分层喷射时，后一层喷射应在前一次喷射混凝土终凝后进行。若终凝1h后再次喷射时，应用风水清洗前一次喷层表面后再进行后一次喷射作业。

3）喷头与受喷面之间保持垂直，并保持0.6～1.0m的喷射距离。

4）喷射作业时，先送风，后开机，再给料；结束时待料喷完后，再关风。

5）向喷料机连续均匀供料；机器正常运转时，料斗内保持足够的存料。

6）喷射手控制好水灰比，保持混凝土表面平整，呈湿润光泽，无干斑或滑移流淌现象。

7）喷射作业完毕或因故中断喷射时，将喷射机和输料管内的积料清除干净。

8）喷射作业紧跟工作面时，下一工作循环的放炮时间，应在前一循环喷射混凝土终凝3h后进行。两层循环作业的喷射混凝土应有200mm搭接长度，搭接部位的起伏差应控制在允许范围之内。

9）喷射混凝土表面应平整，其平均起伏差应控制在100mm以内。

10）控制喷射混凝土的回弹率边墙不大于15%，顶拱不大于25%。

（3）喷射混凝土养护。

喷射混凝土终凝2h后，喷水养护，养护时间一般性工程不得少于7d，重要工程不少于14d。

3. 锚杆、钢筋网喷射混凝土（联合支护施工）

（1）挂钢筋网。

1）钢筋网可人工在现场铺设，也可在加工厂焊接成一定尺寸的钢筋网片，运至现场成片铺设。

钢筋网应沿开挖面铺设，与岩面距离宜为30～50mm。钢筋网同锚杆连接牢固，相邻铺设的钢筋网应搭接，搭接时纵横钢筋网应对应，搭接长度不小于200mm。

2）采用双层钢筋网时，第二层钢筋网应在第一层钢筋网被第一层喷射混凝土覆盖后再铺设。

（2）钢筋网喷射混凝土。

钢筋网喷射混凝土作业除同喷射混凝土作业内容外，还应遵守下列规定：

1）钢筋网喷射混凝土支护厚度按施工图纸标示执行。

2）应适当减少喷头与受喷面的距离，并调整喷射角度，避免喷头正对钢筋。

3）喷射中有脱落的混凝土被钢筋网架住时，或回弹物散落在钢筋网与岩面之间时，应及时清除后重新喷射。

4）钢筋网的保护层厚度不小于20mm，对于过水的水工隧洞不宜小于50mm。

5）钢筋网与锚杆连接牢固，喷射时钢筋不得晃动。

(3) 钢筋网喷射混凝土养护：同喷射混凝土养护。

2.9.3.3 寒冷地区或冬季喷射混凝土施工时应遵守下列规定：

1. 作业区气温不低于5℃。

2. 混合料进入喷射机时的温度不低于5℃。

3. 当采用普通硅酸盐水泥配制的喷射混凝土，强度低于设计强度等级的30%，采用矿渣水泥配制的喷射混凝土，强度低于设计强度等级40%时，喷射混凝土不得受冻。

4. 气温低于5℃时，不得喷水养护。

2.9.3.4 在高温环境进行喷射混凝土作业时，气温不得高于35℃。

2.9.4 质量标准

2.9.4.1 锚杆施工质量合格条件

1. 同组锚杆的拉拔力平均值应符合设计要求。

2. 任意一根锚杆的拉拔力不低于设计值的90%。

3. 注浆密实度不低于70%。

4. 锚杆的拉拔力不符合要求时，检测再增加一组，如仍不符合要求，可用加密锚杆的方式予以补救。

2.9.4.2 喷施混凝土施工质量检查

1. 喷射混凝土应做抗压强度检查。采用在喷射混凝土作业时喷大板的取样方法进行，有特殊要求时，还应用现场取芯的方法进行检查。

2. 通常对喷射混凝土只检测28d龄期的抗压强度，抗压强度的检测试件在现场施工过程中通过喷大板切割法或现场钻取法取得。

3. 喷射混凝土施工质量检查应按规范和设计要求进行原材料及混合料、抗压强度、喷层厚度以及均匀性的检查。

4. 喷射混凝土的整体性检查应符合下列规定：

(1) 在结构接缝、墙角、洞形成或洞轴急变等部位，喷层应有良好的搭接。

(2) 无漏喷、脱空现象。

(3) 无继续扩展危及使用安全的贯穿性裂缝。

(4) 出现过的漏水点已做了妥善处理。

2.9.4.3 锚喷支护施工质量检验标准参照SL 633—2012《水利水电工程单元工程施工质量验收评定标准——地基处理与基础工程》中锚喷支护施工质量标准，见表2-7。

表2-7　锚喷支护施工质量检验标准

工序	项次		检验项目	质量要求	检验方法	检验数量
锚杆	主控项目	1	锚杆材质和胶结材料性能	符合设计要求	抽检、查看试验资料	按批抽查
		2	孔深偏差	≤50mm	钢尺、测杆量测	抽查10%～15%
		3	锚孔清理	孔内无岩粉、无积水	观察检查	
		4	锚杆抗拔力（或无损检测）	符合设计和规范要求	查看试验记录	每300根抽查3根

续表

工序	项次		检验项目	质量要求	检验方法	检验数量
锚杆	一般项目	1	锚杆孔位偏差	≤150mm	钢尺、仪器量测	抽查 10%～15%
		2	锚杆钻孔方向偏差	符合设计要求	罗盘仪、仪器量测	
		3	锚杆钻孔孔径	符合设计要求	钢尺量测	
		4	锚杆长度偏差	≤35mm	钢尺量测	
		5	锚杆孔注浆	符合设计和规范要求	现场检查	
		6	施工记录	齐全、准确、清晰	查看	抽查
喷混凝土	主控项目	1	喷混凝土性能	符合设计要求	抽检，查看试验资料	每 100m^3 不小于 2 组
		2	喷层均匀性	个别处有夹层、包沙	现场取样	按规范要求抽查
		3	喷层密实性	无滴水、个别点渗水	现场观察	全面检查
		4	喷层厚度	符合设计和规范要求	针探、钻孔	按规范要求抽查
	一般项目	1	喷混凝土配合比	满足规范要求	查看试验资料	每个作业班检查 2 次
		2	受喷面清理	符合设计及规范要求	现场观察	全面检查
		3	喷层表面整体性	个别处有微细裂缝	观察检查	
		4	喷层养护	符合设计及规范要求	观察、查施工记录	
		5	钢筋（丝）网格间距偏差	≤20mm	钢尺量测	按批抽查
		6	钢筋（丝）网安装	符合设计和规范要求	现场检查，钢尺量测	全面检查
		7	施工记录	齐全、准确、清晰	查看	

2.9.5 成品保护

2.9.5.1 喷射混凝土坡面在达到一定强度前防止破坏。

2.9.5.2 锚杆以及坡面加强体免遭外力的破坏。

2.9.6 应注意的质量问题

2.9.6.1 喷射顺序自下而上，及时清理坡脚堆积的弃料。对于水平坑道，喷射顺序为先墙后拱，自下而上。侧墙应自墙基开始，封拱区宜沿轴线由前向后。

2.9.6.2 当喷射混凝土设计厚度大于一次喷射厚度时，应分层进行喷射。待第一层初凝后再喷射第二层，并确保喷射混凝土的厚度满足设计要求。

2.9.6.3 气温低于 5℃时，不得喷水养护。

2.9.6.4 每班作业至少对配合比及拌和质量检查两次，条件变化时及时检查，并详细记录配合比抽查情况。

3 混 凝 土 工 程

3.1 基础面或施工缝处理

3.1.1 适用范围

适用于混凝土建筑物的基础面或施工缝处理施工，其他项目有基础面处理也可参考执行。

3.1.2 施工准备

3.1.2.1 技术准备

1. 熟悉图纸及设计说明书。

2. 根据施工区域的地形与作业条件，选择合理的开挖方式和施工缝预留位置。

3. 详细检查、核对纵横断面图、高程等，发现问题及时复测。

3.1.2.2 主要施工机具

挖掘机、压路机、蛙式打夯机、空压机、风砂枪、排水设施等。

3.1.2.3 作业条件

1. 已按设计图纸对基础开挖，高程达到设计要求。

2. 开挖或混凝土已经完成，测量人员已经测量并标识。各项指标达到规范要求，并经监理工程师同意。

3.1.3 施工工艺

3.1.3.1 工艺流程

1. 基础面

施工准备→测量放线→基础开挖→排水处理→基面清理。

2. 施工缝

混凝土浇筑方案→混凝土浇筑→施工缝留置位置→施工缝面凿毛→缝面清理。

3.1.3.2 操作工艺

基础面或施工缝处理主要工序分为：基础岩面、软基面和施工缝。

1. 基础面开挖符合设计要求，软基面预留的保护层已经挖除。

2. 地表水和地下水已经妥善引排或封堵。

3. 岩石基面清理干净，无积水、无积渣杂物。

4. 施工缝留设位置，应遵守下列规定：

（1）底板、顶板应连续浇筑，不宜留施工缝。

（2）墙体上不得留垂直施工缝，垂直施工缝应与变形缝相结合。

（3）墙体水平施工缝不应留置在剪力最大处或底板与侧墙的交接处，应留在高出底板表面不小于 300mm 的墙体上。

(4) 墙体有预留孔洞时，施工缝距孔洞边缘不应小于 300mm。

(5) 施工缝的留设位置应考虑便于施工。

(6) 承受动力作用的设备基础不应留置施工缝。

5. 混凝土施工缝面处理。

(1) 混凝土施工缝面的处理方法一般包括人工凿毛、高压水冲毛、低压水冲毛、风砂枪冲毛等方法。

(2) 混凝土收仓后的凿（或冲）毛时间一般与混凝土配合比、气候条件、混凝土温度以及凿（或冲）毛方法等有关，具体的凿毛时间结合现场试验确定，以凿除砂浆乳皮但不扰动或破坏混凝土为标准。凿毛过早会对所浇的混凝土造成扰动或表面破坏；过迟则混凝土变硬，不仅增加工作难度，而且不能保证质量，也加大了凿毛、排清和清洗的工作量，影响施工进度。

(3) 浇筑前的缝面处理：首先对漏凿或不达标准部分进行补凿，尤其是钢筋保护层范围的施工缝面也应进行凿毛处理，以免渗水引起钢筋锈蚀等问题。然后是施工缝面的清理和湿润工作，彻底清除施工缝面的浮渣、松动混凝土块、锯末、铁钉等杂物，浇筑前 24h 用高压水冲洗并多次湿润施工缝面，以保证浇筑前仓面湿润但不积水。再有，浇筑前均匀铺 2～3cm 厚同强度等级水泥砂浆，铺浆与混凝土的浇筑速度相适应，以利于上下层新老混凝土之间黏结，避免出现俗称的“烂根”现象。

6. 在施工缝处继续浇筑混凝土时，应符合下列规定：

(1) 已浇筑的混凝土，其抗压强度不应小于 1.2MPa。

(2) 在已硬化的混凝土表面上，应清除水泥薄膜和松动石子以及软弱混凝土层，并加以充分湿润和冲洗干净，且不得积水。即要做到去掉乳皮，微露粗砂，表面粗糙。

(3) 浇筑前，水平施工缝宜先铺上一层 2～3cm 厚的水泥砂浆，其配合比与混凝土内的砂浆成分相同。

3.1.4 质量标准

3.1.4.1 岩石基础建基面无松动岩块，地表水和地下水已经妥善引排或封堵。岩面清洗洁净，无积水、无积渣杂物。

3.1.4.2 软基面预留保护层已经挖除，地基符合设计要求，垫层铺填符合设计要求。基础面无乱石、杂物、坑洞分层回填夯实。

3.1.4.3 施工缝表面无乳皮，成毛面。混凝土表面清洗洁净，无积水、无积渣杂物。

3.1.5 成品保护

基础面或混凝土施工缝处理验收合格后，要有专人负责看管，如有积水、积渣杂物及时清理。

3.1.6 应注意的质量问题

3.1.6.1 施工缝留设位置、缝面处理和细部构造等方面处理不当，将造成建筑物实体质量和外观缺陷。主要特征表现为：

1. 水平施工缝线条不直，两端高差过大或呈波浪形状。

2. 上下层混凝土错台，接茬处漏浆流坠，俗称“挂帘”。

3. 施工缝隙明显，缝内夹有松散混凝土、砂浆层、杂物等。

4. 工程运行期间，混凝土施工缝隙处发生剥落和钢筋锈蚀现象等。

3.1.6.2 施工缝处继续浇筑混凝土时，混凝土应细致振捣密实，以保证新旧混凝土的紧密结合。

3.2 混凝土浇筑

3.2.1 适用范围

适用于水利工程现浇混凝土的施工，其他市政、公路工程现浇混凝土也可参照执行。

3.2.2 施工准备

3.2.2.1 技术准备

1. 混凝土配合比已经论证。

2. 编制混凝土浇筑施工方案，并对班组进行交底。

3. 混凝土浇筑前应做好仓面设计并检查相关准备工作，包括地基处理或缝面处理、模板、钢筋、预埋件及止水设施等验收合格。

3.2.2.2 材料质量要求

配置混凝土的各种原材料品种和技术性能应符合国家现行标准规定和设计要求。水泥、砂、石子、外加剂及掺合料等进行检测，应符合国家现行标准规定和设计要求。

3.2.2.3 主要施工机具

1. 混凝土拌和设备：混凝土拌和楼、装载机、计量设备、手推车等。

2. 混凝土运输设备：混凝土搅拌车、混凝土输送泵、机动翻斗车等。

3. 混凝土浇筑设备：混凝土输送泵、吊斗、混凝土振捣器等。

4. 其他设备：空压机、风镐、发电机、水泵、水车等。

5. 工具：抹子、铁锹、串筒、漏斗、锤子、铁錾等。

3.2.2.4 作业条件

1. 配制混凝土的各组成材料进场并经检验合格，数量能够满足施工要求。

2. 混凝土拌和准备就绪。

3. 现场各类施工人员到位。

4. 混凝土浇筑作业面通水通电，混凝土运输道路畅通。

5. 基础面、模板、钢筋、预埋件等经验收合格，具备混凝土浇筑条件。

6. 混凝土浇筑方案已经有关部门审批。

3.2.3 施工工艺

3.2.3.1 工艺流程

浇筑前准备工作→铺水泥砂浆→混凝土入仓→混凝土平仓振捣→收面。

3.2.3.2 操作工艺

1. 混凝土浇筑前应对基础面或施工缝面处理、模板、钢筋、预埋件等分别进行检查验收，验收合格并取得开仓证后方可进行混凝土浇筑。模板内的杂物、积水和钢筋上的污垢应清理干净；模板内面应刷脱模剂。

2. 基岩面和混凝土施工缝面浇筑第一坯混凝土前，先铺一层2～3cm厚的水泥砂浆，或同等强度的小级配混凝土或富砂浆混凝土。

3. 混凝土自高处倾落的自由高度不宜超过2m，超过时，应采取通过串筒、溜槽等缓降设施或其他措施，防止骨料分离。

4. 混凝土浇筑可采用平铺法或台阶法。浇筑时应按一定厚度、次序、方向、分层进行，且浇筑层面应保持平整。台阶法施工的台阶宽度和高度应根据入仓强度、振捣能力等综合确定，台阶法宽度不应小于2m。浇筑压力管道、竖井、孔道、廊道等周边及顶板混凝土时，应对称均匀上升。

5. 混凝土分层浇筑时应在下层混凝土初凝前浇筑上层混凝土；上下层同时浇筑时，上层与下层前后浇筑距离应保持1.5m以上。

6. 混凝土浇筑层厚度，应根据拌和能力、运输能力、浇筑速度、气温及振捣能力等确定。浇筑层允许最大厚度应符合表3-3的规定。如采用低塑性混凝土及大型强力振捣设备时，其浇筑层厚度应根据试验确定。具体见表3-1。

表3-1　　混凝土浇筑层的允许最大厚度

振捣设备类别		浇筑坯层的最大厚度
插入式	振捣机	振捣棒（头）工作长度的1.0倍
	电动或风动振捣器	振捣棒（头）工作长度的0.8倍
	软轴式振捣器	振捣棒（头）工作长度的1.25倍
平板式振捣器		200mm

7. 入仓混凝土应及时平仓振捣，不应堆积。仓内若有粗骨料堆叠时，应均匀地分散至砂浆较多处，但不应用水泥砂浆覆盖。在倾斜面上浇筑混凝土时，应从低处开始，逐层扩展升高，保持水平。收仓面与倾斜面接触处宜与倾斜面垂直。

8. 混凝土浇筑过程中，不应在仓内加水。如发现混凝土和易性较差时，应采取加强振捣等措施；仓内泌水应及时排除；避免外来水进入仓内；不应在模板上开孔赶水，带走灰浆；黏附在模板、钢筋和预埋件表面的灰浆应及时清除。

9. 不合格的混凝土不应入仓，已入仓的不合格混凝土应彻底清除。清除混凝土时，应对基础、钢筋、模板等进行保护，如扰动应重新处理合格。

10. 混凝土浇筑应保持连续性，并应遵守如下规定。

（1）混凝土浇筑允许间歇时间通过实验确定，无试验资料时按表3-2控制。

表3-2　　混凝土浇筑允许间歇时间

混凝土浇筑时的气温/℃	允许间歇时间/min	
	普通硅酸盐水泥、中热硅酸盐水泥、硅酸盐水泥	低热矿渣硅酸盐水泥、矿渣硅酸盐水泥、火山灰质硅酸盐水泥
20～30	90	120
10～20	135	180
5～10	195	

(2) 因故中断且超过允许间歇时间，但混凝土尚能重塑者，可继续浇筑，否则应按施工缝处理。

11. 浇筑混凝土时，应采用振捣器捣实，边角处可采用人工辅助振捣。

12. 结构混凝土浇筑完成后，对混凝土顶面应及时进行修整、抹平，待定浆后再抹第二遍并压光或拉毛。

13. 混凝土在浇筑过程中，应随时检查模板、支架、钢筋、预埋件和预留孔洞的情况，如发现有变形、移位或沉陷等情况时应立即停止浇筑，查明原因，并在混凝土凝固前修整完好。

14. 浇筑完成的混凝土应在终凝后及时覆盖养护。

3.2.3.3 冬雨期施工

1. 雨季施工

(1) 及时准确了解天气预报信息，避免在雨中进行混凝土浇筑，必须浇筑时，应采取有效措施确保混凝土质量。

(2) 雨期施工中，混凝土模板支架及施工脚手架地基须坚实平整、排水顺畅。

2. 冬季施工

(1) 室外日平均气温连续5d稳定低于5℃时或连续5d最低温度−5℃时，混凝土应采取冬季措施。

(2) 及时准确了解天气预报信息，混凝土浇筑要避开寒流及雪天，必须浇筑时，应采取有效措施确保混凝土质量。

(3) 混凝土浇筑成型后，应及时对其进行保温养护。

3.2.4 质量标准

3.2.4.1 主控项目

1. 结构混凝土的强度等级必须符合设计要求。用于检查结构件混凝土抗压强度的试件，应在混凝土的浇筑地点或拌和点随机抽取，并以标准条件下养护28d龄期的抗压强度进行评定。

2. 对有抗渗要求的混凝土结构，混凝土试件应在浇筑地点随机取样。

同一工程、同一配比的混凝土，取样不应少于一次，留置组数可根据实际需要确定。

3. 混凝土表面应密实、平整。

4. 蜂窝、麻面，其面积不得超过结构同侧面积的0.5%。

5. 裂缝，其宽度不得大于设计规范的有关规定。

3.2.4.2 一般项目

1. 施工缝的位置应在混凝土浇筑前按设计要求和施工技术方案确定。施工缝的处理应符合规定。

2. 混凝土浇筑完毕后，应按施工技术方案及时采取有效的养护措施，并应符合规定。

3. 混凝土和钢筋混凝土结构物位置及外形尺寸允许偏差应符合规定。

3.2.5 成品保护

3.2.5.1 在已浇筑的混凝土未达到1.2MPa以前，不得在其上踩踏或进行施工操作。

3.2.5.2 在拆除模板时不得强力拆除，以免损坏结构棱角或混凝土面。

3.2.5.3 不应在混凝土面上乱涂乱画，以免影响美观。

3.2.5.4 在模板拆除后，对易损部位的结构棱角（如方柱的四角）应采取有效措施予以保护。

3.2.6 应注意的质量问题

3.2.6.1 蜂窝、麻面与孔洞

1. 要求模板拼缝严密不漏浆，以免水泥浆流失而造成麻面甚至蜂窝。

2. 模板表面应光滑，均匀涂刷脱模剂并避免脱模剂流失，以免黏模而造成脱皮麻面。

3. 一次下料厚度不得过大，以免振捣不实或漏振而造成蜂窝甚至孔洞。

4. 钢筋较密时混凝土坍落度不宜过小，骨料粒径不宜过大，以免混凝土被卡而造成蜂窝甚至孔洞。

5. 混凝土振捣应适度，漏振易形成蜂窝甚至孔洞，过振易形成麻面。

3.2.6.2 露筋

1. 按施工方案要求的间距将钢筋保护层垫块绑扎牢固，不得出现漏放及松动位移现象，垫块应具有足够的强度。

2. 混凝土浇筑时应分层振捣密实。

3.2.6.3 缝隙及夹层

施工缝处杂物应清理干净。在浇筑混凝土前，对水平缝宜铺一层厚 2～3cm 厚的水泥砂浆。

3.2.6.4 烂根

1. 墩台、基础及现浇护栏等结构混凝土浇筑前，要认真用高强度等级砂浆将底口封严，并采取措施避免模板上浮。

2. 箱梁混凝土浇筑应先浇底板后浇腹板，浇筑腹板混凝土时，应采取措施防止底板及埂斜处的混凝土上涌。

3. 箱梁、盖梁及预制梁等结构的侧模与底模的拼缝应严密不漏浆。

3.2.6.5 混凝土强度不足

1. 严格控制原材料质量，进场后应按有关规定抽样试验，试验合格方可使用。

2. 按混凝土配合比施工，严格原材料的计量，混凝土应搅拌均匀。

3. 混凝土经运输出现离析等质量问题时不得使用。

4. 混凝土的养护应及时，养护措施得当，养护期满足规范要求。

5. 冬期施工的混凝土应严格控制其入模温度，成型后视气温情况应采取保温措施，确保混凝土在达到临界强度前不受冻。

3.2.6.6 裂缝

1. 首先要求配合比设计合理，水灰比不宜过大，单方石子用量不宜过小。

2. 严格控制石子杂质含量及针片状含量在规范允许范围内，级配应合理，并避免使用细度大的水泥。

3. 混凝土浇筑前，对混凝土的质量进行严格检查，不合格品严禁浇筑。

4. 混凝土要振捣均匀，避免出现过振现象，以防局部塑性收缩裂缝和干缩裂缝，并严禁用振捣棒赶料。

5. 严格控制混凝土表面温差，不得超过 25°，以避免出现表面温差裂缝。

6. 模板拆除不宜过早，以避免混凝土水分大量散失形成收缩裂缝。

3.3 混凝土振捣

3.3.1 适用范围

适用于各种形式的混凝土振捣施工。

3.3.2 施工准备

3.3.2.1 提前对现场情况进行调查，并制定详细的混凝土浇筑、振捣方案，对施工人员进行技术交底。

3.3.2.2 对振捣设备进行调试工作。

3.3.2.3 混凝土浇筑作业面通水通电，具备浇筑条件。

3.3.3 施工工艺

3.3.3.1 工艺流程

施工准备→混凝土浇筑→混凝土振捣→混凝土收仓。

3.3.3.2 操作工艺

1. 浇筑混凝土时，应采用振动器捣实，边角处可采用人工辅助振捣。用振动器振捣混凝土时，应符合下列规定：

(1) 使用插入式振动器时，移动间距不应超过振动器作用半径的 1.5 倍；混凝土分层浇筑，每层厚度不超过 30cm，在振捣上层混凝土时，应插入下层混凝土 5cm，以消除上下层之间的接缝。同时在振捣上层混凝土时，必须在下层混凝土初凝之前。

(2) 每一点要掌握好振捣时间，振捣时间过短，混凝土不宜捣实，时间过长会引起混凝土产生离析。振捣时间控制在 30s 左右，以混凝土粗骨料不再显著下沉，不再出现气泡，并开始泛浆。

(3) 插入式振动器操作要做到“快插慢拔”。快插是为了防止先将表面混凝土密实，而与下面混凝土发生离析、分层；慢拔是为了使混凝土能填满振捣棒提出使所造成的空洞。振捣过程中，要将振动棒上下略抽动，以使上下振动均匀。

(4) 每一处振动完毕后应边振动边徐徐拔出振动棒；振动棒应避免碰撞模板、钢筋、预埋件，如靠近模板处钢筋较密，在使用插入式振动器之前先以人工仔细插捣。顶板、梁采用斜向振捣，振动棒与混凝土表面成 45°。

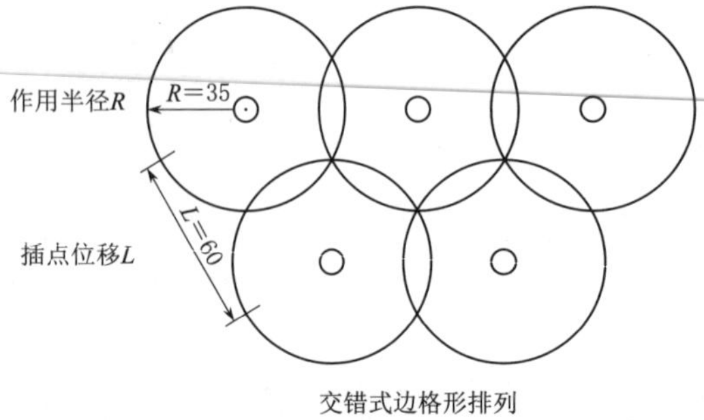

图 3-1 振捣棒交错式振捣图

(5) 振捣棒的插入点要均匀。采用“交错式”的次序进行振捣，不得混振，以免造成次序混乱，发生漏振。每次移动的距离不大于 60cm 具体详见图 3-1。

2. 表面振动器的移动间距，应保

证振动器的平板能覆盖已振实部分 10cm 左右为宜。

3. 附着式振动器的有效半径和振动时间应视结构形状、模板坚固程度及振动器的性能情况，通过实验确定。

4. 振捣设备的振捣能力与入仓强度、仓面大小等相适应，合理选择振捣设备。混凝土入仓后先平仓后振捣，不应以振捣代替平仓。

5. 浇筑块第一层，卸料接触带和台阶边坡混凝土应加强振捣。

6. 操作人员作业时穿绝缘胶鞋和戴绝缘手套。

7. 作业停止需移动振动器时，应先关闭电动机，再切断电源，不得用软管或电缆拖拉电动机。

8. 作业完毕，应将电动机、软管、振动棒清理干净，并应按规定要求进行保养作业，振动器存放时，不得堆压软管，应平直放好，并应对电动机采取防潮措施。

3.3.4 质量标准

混凝土振捣棒垂直插入下层混凝土 5cm，有次序，无漏振或过振现象。

3.3.5 应注意的质量问题

3.5.5.1 混凝土入仓后先平仓后振捣，严禁以振捣代替平仓。

3.5.5.2 混凝土振捣应适度，漏振易形成蜂窝甚至孔洞，过振易形成麻面。

3.5.5.3 对有抗冻要求的引气混凝土，不应采用高频振捣器振捣。

3.4 混凝土养护

3.4.1 适用范围

适用于各种水利工程混凝土构筑物混凝土浇筑完成后的养护。以及其他工业与民用建筑中新建、改建、扩建的建（构）筑物的一般混凝土、大体积混凝土的养护。

3.4.2 施工准备

3.4.2.1 人员准备

水工、电工和普工等各工种具体人数应视工程具体情况，由工程量大小、施工环境确定，必须有专人进行养护。

3.4.2.2 技术准备

视天气、季节、现场的具体情况确定不同的养护方案，编制施工措施。施工作业过程中所涉及的各种外部技术数据的收集，包括水源、水质、电力设施、交通条件等情况，都必须调查清楚。

3.4.2.3 材料准备

1. 提前备好养护所需材料如麻袋、草帘、薄膜、彩条布、塑料水管、脚手管、帆布等，以便在混凝土浇完成后及时进行养护。

2. 场地平整，做好现场排水，并做到水通、电通、道路通。

3.4.2.4 主要机具

主要机具有水泵、测温设备、加热设备等。

3.4.2.5　作业条件

浇筑后视具体情况在3～8h后开始进行养护（混凝土终凝后开始）。

3.4.3　施工工艺

3.4.3.1　工艺流程

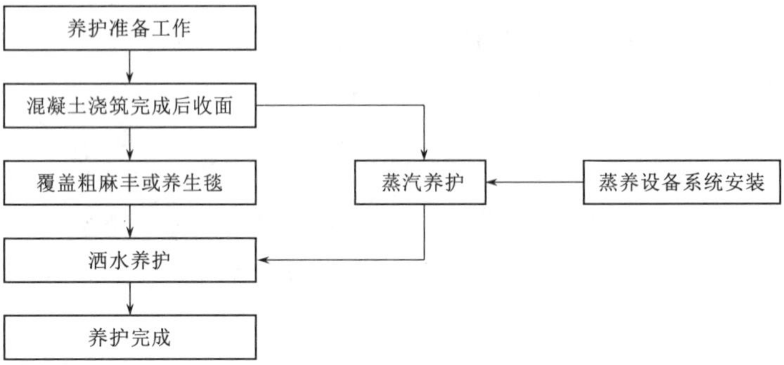

图3-2　混凝土养护流程图

3.4.3.2　操作工艺

1. 自然养护

（1）覆盖浇水养护。

根据外界气温在混凝土浇筑完后3～8h内用草帘、芦席、麻袋等适当材料将混凝土表面予以覆盖，并经常浇水保持湿润，大部分混凝土工程采用该种养护方法。覆盖浇水养护应符合以下规定：

1）混凝土的浇水养护时间，采用硅酸盐水泥、普通硅酸盐水泥或矿渣硅酸盐水泥拌制的混凝土，不得少于7d；掺用缓凝型外加剂或有抗渗性能要求的混凝土，不得少于14d；当采用其他品种水泥时，混凝土的养护时间应根据所采用水泥的技术性能确定。

2）浇水次数应根据能保持混凝土处于湿润的状态来确定。

3）混凝土的养护用水与拌制水相同。

4）当日平均气温低于5℃时，不得浇水。

5）对大面积结构，如底板、挡墙等可采用蓄水养护；对于贮水池一类工程可于拆除内模后，混凝土达到一定强度后注水养护；对于一些地下结构或基础，可在其表面涂刷沥青乳液或用土回填以代替洒水养护。

（2）塑料薄膜养护。

将塑料薄膜直接覆盖在混凝土构件上，使混凝土与空气隔绝，水分不再被蒸发，采用双层薄膜，下层用黑色、上层用透明的，四周必须压严。该法优点是不必浇水，操作方便，能重复使用，能提高混凝土的早期强度，加速模具的周转。

（3）薄膜养生液养护。

将可成膜的溶液喷洒在混凝土表面上，溶液挥发后在混凝土表面凝结成一层薄膜，使混凝土表面与空气隔绝，封闭混凝土中的水分不再被蒸发，而完成水化作用。适用于表面面积大的混凝土施工或浇水养护困难的情况。

2. 暖棚法养护

在构件或建筑物周围搭起大棚，通过人工加热使棚内气温保持正温，混凝土的浇注与养护均在棚内进行。适用于混凝土工程较为集中的区域，尤其适用于混凝土量较多的地下工程。暖棚以脚手管为骨架，用塑料薄膜或帆布围护，宜采用塑料薄膜。加热用的能源为煤或焦炭，一般用生炭炉的方法使棚内的温度保持正温，暖棚内应设置测温点，且应选择具有代表性位置进行布置，在离地面 50cm 高度处必须设点，每昼夜测温不应少于 4 次。养护期间应测量棚内湿度，混凝土不得有失水现象，当有失水现象时，应及时采取增湿措施或在混凝土表面洒水养护。

3. 加热养护

为了加快混凝土预制构件的强度增长速度，提高模具的周转速度，预制构件常采用加热养护方法。现在常用的养护方法为棚罩式、覆盖式等。

（1）棚罩式养护。

棚罩式养护是在混凝土构件上加盖养护棚罩，棚罩的材料可用透明玻璃钢、聚酯薄膜、聚乙烯薄膜等。其中以透明玻璃钢和透明塑料薄膜为佳，棚的形式有单坡、双坡、拱形等，棚内的空腔不易过大，一般略大于混凝土构件即可。

（2）覆盖式养护。

覆盖式养护是在混凝土成型、表面整平后，其上覆盖塑料薄膜进行养护，塑料薄膜为黑色，应采用耐老化的，接缝应采用热黏合；采用搭接时，搭接长度应大于 30cm，覆盖时应紧贴四周，用沙袋或其他重物压紧盖严，防止被风吹干。

4. 大体积混凝土养护

常用的养护方法是覆盖养护，所用的材料最常见的是塑料薄膜、苫布。冬季必须搭棚养护，必要时进行加热养护，同时必须设置测温点，把温差控制在 25℃以内，根据气候条件采取控温措施，并按需要测定浇筑后的混凝土表面和内部温度，将温差控制在设计要求的范围以内。当设计无具体要求时，温差应控制在 25℃以内。根据大体积混凝土的平面尺寸、形状和厚度，确定混凝土的测温方案，合理布置大体积混凝土测温点。易冷却的部位，孔深宜为 10～15m，也可为板厚的 1/2 或墙厚的 1/2。测温时，测温仪应采取与外界气温隔离措施，并留置在测温孔内不少于 3min。

5. 大模板工程混凝土养护

（1）常温养护。

常温施工时，墙体拆模后应及时喷水养护，采用洒水、覆盖、喷涂养护剂等方式。一昼夜至少养护三次以上，连续养护 3d 以上。

（2）冬期养护。

主要采用综合蓄热法和电热法两种养护方法。

6. 综合养护

采用少量防冻剂与蓄热保温相结合，而不进行人工加热的方法称为综合蓄热法。在混凝土拌和物中掺有少量的防冻剂，原材料预先加热，搅拌站和运输工具都要适当保温，拌和物浇筑后的温度一般应达到 10℃以上，当构件的断面尺寸小于 30cm 时应达到 13℃以上。通过蓄热保温或短期人工加热，使混凝土经过 11.5d 后才冷却至 0℃，此时已凝结。

然后逐渐与环境气温相平衡，由于防冻剂的作用，混凝土在负温中继续硬化。与其他加热法相比，可以节约能耗，适用于在日平均气温不低于－10℃或极端最低温度不低于－16℃的条件下施工。

3.4.4 质量标准

3.4.4.1 不同品种、部位混凝土养护

1. 采用硅酸盐水泥、普通硅酸盐水泥或矿渣硅酸盐水泥配制的混凝土，不应少于7d；采用其他品种水泥时，养护时间应根据水泥性能确定。

2. 采用缓凝型外加剂、大掺量矿物掺合料配制的混凝土，不应少于14d。

3. 抗渗混凝土、强度等级C60及以上的混凝土，不应少于14d。

4. 后浇带混凝土的养护时间不应少于14d。

5. 基础大体积混凝土养护时间应根据施工方案确定。

3.4.4.2 洒水养护

1. 洒水养护宜在混凝土裸露表面覆盖麻袋或草帘后进行，也可采用直接洒水、蓄水等养护方式；洒水养护应保证混凝土处于湿润状态。

2. 当日最低温度低于5℃时，不应采用洒水养护。

3.4.4.3 覆盖养护

1. 覆盖养护宜在混凝土裸露表面覆盖塑料薄膜、塑料薄膜加麻袋、塑料薄膜加草帘进行。

2. 塑料薄膜应紧贴混凝土裸露表面，塑料薄膜内应保持有凝结水。

3. 覆盖物应严密，覆盖物的层数应按施工方案确定。

3.4.4.4 喷涂养护剂养护

1. 混凝土表面不便浇水或使用塑料布时，宜喷涂养护剂。

2. 养护剂应均匀喷涂在结构构件表面，不得漏喷；养护剂应具有可靠的保湿效果，保湿效果可通过试验检验。

3. 养护剂使用方法应符合产品说明书的有关要求。

3.4.4.5 大体积混凝土养护

大体积混凝土养护裸露表面应采用覆盖养护方式；当混凝土表面以内40～80mm位置的温度与环境温度的差值小于25℃时，可结束覆盖养护。

覆盖养护结束，但尚未到达养护时间要求时，可采用洒水养护方式直至养护结束。

3.4.4.6 柱、墙混凝土养护

1. 地下室底层和上部结构首层柱、墙混凝土带模养护时间，不宜少于3d；带模养护结束后可采用洒水养护方式继续养护，必要时也可采用覆盖养护或喷涂养护剂养护方式继续养护。

2. 其他部位柱、墙混凝土可采用洒水养护；必要时也可采用覆盖养护或喷涂养护剂养护。

3.4.5 成品保护

3.4.5.1 对框架结构的梁、柱用薄膜包裹，拐角采用木线条或角钢等包裹。

3.4.5.2 对于小块混凝土工程，其周围用薄膜或彩条布覆盖，做好标志或设防护区域。

3.4.5.3 对所覆盖的重要隐蔽工程，其棱角必须用∠30×3的角钢包裹，防止因回填土造成破坏。

3.4.5.4 混凝土完工后在养护过程中应进行遮盖和拦挡，避免受侵害。

3.4.5.5 成品保护必须设专人看护，养护用的材料如薄膜、彩条布等不得被破坏，其他工器具也应注意保护。

3.4.6 应注意的质量问题

3.4.6.1 混凝土浇筑完毕初凝前，应避免仓面积水、阳光曝晒。

3.4.6.2 混凝土养护应连续进行，养护期间混凝土表面所有侧面始终保持湿润。

3.4.6.3 特种混凝土的养护，按有关规定执行。

3.4.6.4 混凝土养护剂在混凝土表面湿润且无水迹时开始喷涂，夏季使用应避开阳光直晒。

3.4.6.5 混凝土的养护应及时，养护措施得当，养护期满足规范要求。

3.4.6.6 混凝土强度达到1.2N/mm^{2}前，不得在其上踩踏、堆放荷载、安装模板及支架。

3.4.6.7 同条件养护试件的养护条件应与实体结构部位养护条件相同，并应采取措施妥善保管。

3.4.6.8 施工现场应具备混凝土标准试件制作条件，并应设置标准试件养护室或养护箱。标准试件养护应符合国家现行有关标准的规定。

3.4.6.9 混凝土养护应有专人负责，并认真详细记录。

3.5 聚苯乙烯泡沫保温板（简称保温板）

3.5.1 适用范围

适用于过水断面形式为梯形的渠道混凝土衬砌工程的保温板铺设的施工。

3.5.2 施工准备

3.5.2.1 在施工前详细审核施工图纸，严格按图纸施工。

3.5.2.2 聚苯乙烯泡沫保温板按设计尺寸要求购买。

3.5.3 施工工艺

3.5.3.1 工艺流程

工程放样→坡面修整→保温板铺设→渠道混凝土模板支立。

3.5.3.2 操作工艺

1. 保温板运输与现场存放

（1）装卸保温板要轻搬轻放，防止碰撞。装车不高，平层整齐码放。保温板与绳索接触的边角部位采取防护措施，防止绳索损坏保温板。随车人员严禁吸烟，注意防火。

（2）保温板到达施工现场后，选择地势相对较高、平整干燥处平层码放整齐。及时用苫布苫盖，并挂标识牌，标明产品名称、产地、规格、指标、使用部位等。

（3）施工现场不存放过多保温板，根据保温板铺设进度领用。

2. 设置控制线

利用高程控制桩，根据保温板铺设高程，挂设保温板铺设高程控制线，作为渠坡（渠底）复测和保温板铺设高程的控制标准。

3. 保温板铺设

（1）保温板沿渠道轴线方向有序错缝铺设。渠坡保温板可自下向上或自上而下顺序铺设，严禁直接踩踏铺设完毕的保温板。遇到墩、柱、墙等建筑物时，根据与建筑物交界面的形状尺寸划线裁剪保温板，使保温板与建筑物交界面接缝紧密。每块保温板铺设完毕后，要及时固定。

（2）为使渠坡和齿槽中的保温板密贴，裁剪时，根据设计尺寸，将坡脚处保温板与齿槽保温板的接触面切成适宜角度。

（3）在砂质土上铺设保温板时，为防止扰动基面，在基面上铺设脚手板或采取其他防护措施，严禁直接踩踏基面。

4. 保温板固定

（1）固定保温板选用长度适宜的木楔子、竹签等材料。任何一种材料和方法都应保证保温板紧贴基面，无架空、不下滑。

（2）固定保温板时，固定材料宜梅花状布置，每块保温板的固定点不少于 3 个。

（3）固定时，将固定材料通过保温板面钉入基面内，为防止破坏上层土工膜，固定材料顶部嵌入保温板内。

（4）齿槽保温板固定，可根据齿槽的横断面尺寸制作临时支撑，用支撑固定齿槽保温板。

3.5.4 质量标准

3.5.4.1 保温板性能指标化工材料满足规范要求。

3.5.4.2 保温板的性能、结构尺寸满足设计要求。

3.5.4.3 铺设前的基层表面要做到必须干净、坚固、无油污、无杂物。

3.5.5 成品保护

3.5.5.1 保温板铺设完成后，要专人看护，严禁烟火，电气焊应远离保温板作业。严禁踩踏和堆放重物。

3.5.5.2 保温板按设计厚度切割成片，厚度偏差不大于 3mm。切割后的保温板要求平整，接缝连接紧密。大风天、雨天不宜施工。

3.5.6 应注意的质量问题

3.5.6.1 在保温板铺设时，应避免保温板折断，如果出现折断现象，用密齿锯或壁纸刀结合钢板尺裁剪边缘，使保温板符合使用要求。

3.5.6.2 注意大风及雨天不宜施工，施工中严禁烟火。

3.6 预制钢筋混凝土梁

3.6.1 适用范围

适用于水工建筑物、桥梁工程预制钢筋混凝土梁的施工，现浇钢筋混凝土梁的施工也可参照执行。

3.6.2 施工准备

3.6.2.1 技术准备

1. 认真审核设计图纸。

2. 进行钢筋的取样试验、钢筋放样及配料单编制工作。

3. 对混凝土各种原材料进行取样试验及混凝土配合比设计。

4. 进行预应力张拉设备的检定校验及预应力材料的取样试验。

5. 对操作人员进行培训，向施工班组进行交底。

3.6.2.2 材料质量要求

1. 钢筋：出厂时，应具有出厂质量证明和检验报告单。品种、级别、规格和性能应符合设计要求。进场时，应抽取试件做力学性能复试。

2. 电焊条：电焊条应有产品合格证，品种、规格、性能等应符合国家现行标准 GB/T 5117—2012《非合金钢及细晶粒钢焊条》的规定。选用的焊条型号应与母材强度相适应。

3. 混凝土原材料质量及规格要求应满足相关设计要求。

4. 钢绞线：应根据设计规定的规格、型号和技术指标来选用。钢绞线每批重量不大于 60t，出厂时应有材料性能检验证书或产品质量合格证，进场时除应对其质量证明书、包装、标志和规格等进行检查外，还应抽样进行表面质量、直径偏差和力学性能复试，其质量应符合国家现行标准 GB/T 5224—2014《预应力混凝土用钢绞线》的规定。

5. 波纹管：进场时除按出厂合格证和质量保证书核对其类型、型号、规格及数量外，还应对其外观、尺寸、集中荷载下的径向刚度、荷载作用后的抗渗及抗弯曲渗漏等进行检验。

6. 锚具、夹具和连接器：应具有可靠的锚固性能、足够的承载能力和良好的适应性。进场时按出厂合格证和质量保证书核查其锚固性能类别、型号、规格及数量，无误后分批进行外观、硬度及静载锚固性能检验，确认合格后使用。

3.6.2.3 主要施工机具

1. 钢筋施工机具：钢筋弯曲机、钢筋调直机、钢筋切断机、电焊机、砂轮切割机等。

2. 混凝土施工工具：混凝土搅拌机、混凝土运输车、混凝土输送泵、汽车吊、混凝土振捣器等。

3. 预应力施工工具：千斤顶（压力表）油泵、注浆机、手提砂轮切割机、卷扬机等。

4. 其他机具设备：空压机、发电机、水车、水泵等。

5. 工具：气焊割枪、扳手、直尺、铁錾、铁锹、铁抹子、木抹子、斧子、钉锤、缆风绳、对拉螺杆及 PVC 管、钉子、铁丝、钢丝刷、限位板、工具锚等。

3.6.2.4 作业条件

1. 作业面已具备“三通一平”，满足施工要求。

2. 材料按需要已分批进场，并经检验合格，机械设备状况良好。

3. 预制场地表面要进行平整处理，并经压实，以防沉陷。做 20cm 厚的石灰土，然后做 25cm 厚 C25 混凝土台座。在预制场内设置纵向与横向排水系统，便于排水。

3.6.3 施工工艺

3.6.3.1 工艺流程

预制混凝土箱梁工艺流程见图 3-3。预制混凝土 T 梁工艺流程见图 3-4。

3.6.3.2 预制混凝土箱梁操作工艺

1. 模板工程

（1）底模。

首先在预制场碾压过的基面上做 10cm 混凝土垫层，垫层的宽度包含箱梁及相应工作面的宽度，之后在垫层上精确放线，定位出箱梁的具体位置，砌砖做胎模，宽度与箱梁底面宽度相同。砌砖 30cm 厚、顶面抹 M10 砂浆 10mm、强度满足要求后铺 2mm 厚钢板，刷新鲜脱模剂，如图 3-5 所示。

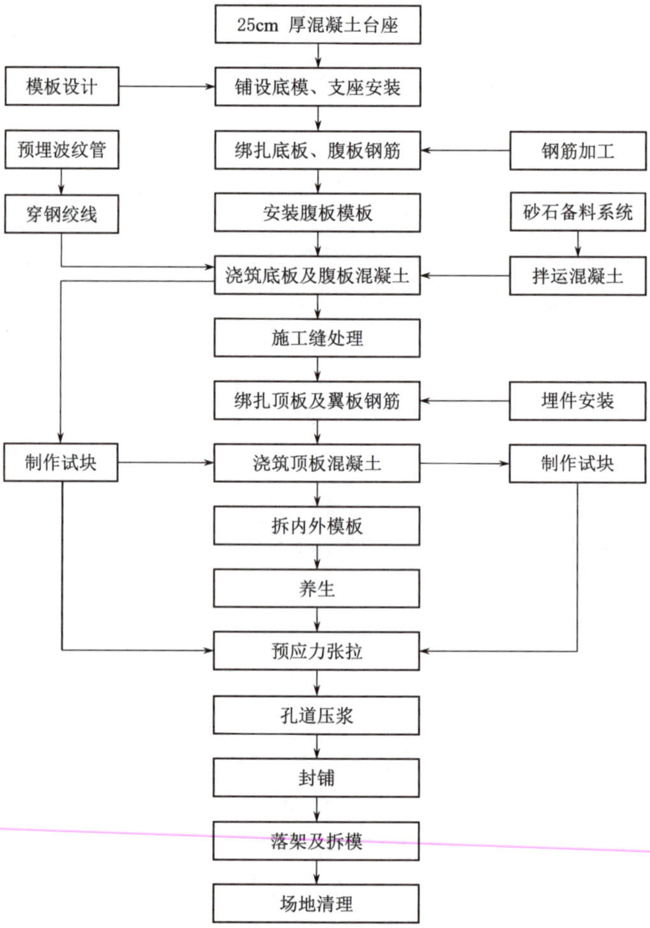

图 3-3 预制混凝土箱梁工艺流程图

（2）侧模。

侧模采用组合式定型钢模板，边角部分采用异模。侧模位于梁体的两侧，由紧贴于混凝土表面的侧板、支承侧板的水平围檩、竖向站筋、支托竖向肋的支撑、斜撑、紧固侧模板的拉杆及安装于侧模板上的振捣架等构件组拼成一个整体。

侧模板采用定做的异型钢模板，腹板内外同时支立，对拉螺栓加固，内侧模采用悬空模板。

模板支撑体系竖向使用［10 槽钢，横向围檩使用 ϕ45mm 钢管，ϕ16mm 对拉螺栓连接内外模板加固。

（3）端模。

端模位于梁体的两端头，安装时连接在侧模上。后张法预应力混凝土梁需要用两套端模。第一套是与梁体模板同时支立的端模（根据设计图在钢模板上将钢筋位置和锚垫板位置各预留孔洞）。第二套是封端用端模，此端模在预施应力，管道压浆后支立，目的是封闭锚头保证梁体外形符合设计要求。两套端模板均采用定型钢模板，其结构形式与端部锚具的角度相同。支立时与侧模板相连接，外部采用［10 槽钢加固。

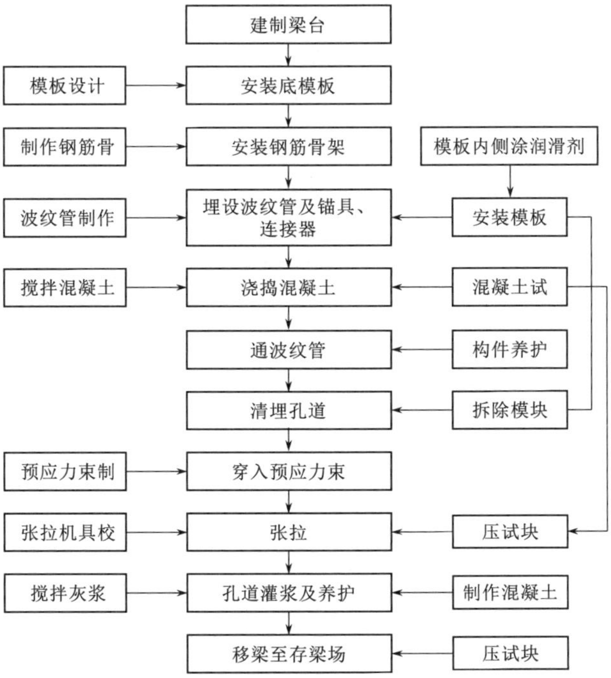

图 3-4　预制混凝土 T 梁工艺流程图

（4）内模。

内模是预制梁的关键，内模要考虑立模和拆模方便，又不易损坏。内模采用异型钢模板。内模板在钢筋完成验收后支立，底部采用 ϕ20mm 钢筋焊支架托起，对拉螺栓与外模连接成一个整体。

（5）模板的制作、安装、拆除。

除了要满足“4 模板工程”中的要求外，还应满足以下要求。

模板制作要求截面、长度尺寸准确，和预应力预留孔相对位置准确，模板要平直，转角光滑，焊缝平顺，材料质地优良。模板加工的尺寸应符合表 3-3 的要求。

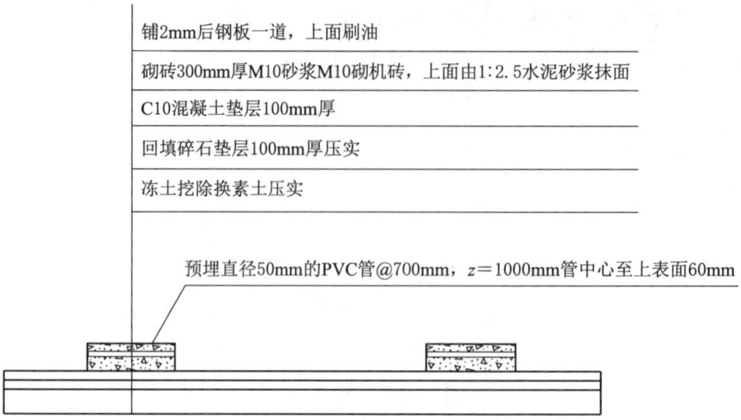

图 3-5 箱梁底模示意图

表 3-3 **模板制作时的允许偏差**

项　次	项　目		允许偏差/mm
钢模板制作	（1）外形尺寸	长和高	+0，-1
		肋 高	±5
	（2）面板端偏斜		0.5
	（3）连接配件（螺栓、卡子等）的孔眼位置	孔中心与板面的间距	±0.3
		板端中心与板端的间距	+0，-0.5
		沿板长、宽方向的孔	±0.6
	（4）板面局部不平		1
	（5）板面和板侧挠度		±1

注　板面局部不平用 2m 靠尺、塞尺检测。

模板安装要与钢筋安装配合进行，不妨碍钢筋施工。模板安装的精度要高于预制梁的精度要求。模板安装前清除表面污物、砂浆及其他杂物。与模板有关的工作完成后，待浇混凝土构件中所有预埋件亦安装完毕检查合格后，才能浇筑混凝土。模板、支架和拱架安装的允许偏差，应符合表 3-4 的规定，用钢尺测量仪器检查。

表 3-4 **模板安装的允许偏差**

项　目		允许偏差/mm	项　目		允许偏差/mm
模板高程	基础	±15	轴线偏位	梁	10
	柱、梁	±10		墩台	10
	墩台	±10	装配式构件支承面的标高		+2，-5
模板尺寸	上部结构的所有构件	±5，0	模板相邻两板表面高低差		2
	基础	±30	模板表面平整		5
	墩台	±20	预埋件中心线位置		3
轴线偏位	基础	15	预留孔洞中心线位置		10
	柱	8	预留孔洞截面内部尺寸		+10，0

模板拆除时，不承重的侧模，应在混凝土强度能保证混凝土表面及棱角不损坏的情况下方可拆除，一般在混凝土抗压强度达到2.5MPa时方可拆除侧模。承重模板、拱架和支架，应在混凝土强度能承受自重时方可拆除，一般跨径不超过4m的梁和板应达到混凝土设计等级的50%，跨径超过4m的梁、板应达到混凝土设计等级的75%时，方可拆除。

2. 钢筋工程

梁内钢筋预先在加工场制成平面或立体骨架，当梁的跨径较大时，分段制成骨架；制作钢筋骨架时，应焊接牢固，以防在焊接和吊装过程中变形。具体见“5 钢筋工程”中的相关内容。

（1）钢筋骨架拼装。

用焊接方法拼接骨架时，应用样板严格控制骨架位置。骨架的施焊顺序，由骨架的中间到两边，对称地向两端进行，并应先焊下部后焊上部，每条焊缝要一次成活。相邻的焊缝分区对称跳焊，不可顺方向连续施焊。

（2）钢筋骨架运输与吊装。

采用钢筋平板车运输，履带式起重机吊装预制钢筋骨架，为防止骨架弯曲变形，加设扁担梁。

3. 钢绞线、锚具及波纹管

（1）钢绞线的下料。

1）预应力筋下料长度计算时，考虑预应力筋钢材品种、锚具形式、焊接接头、墩粗头、冷拉伸长率、弹性回缩率、张拉伸长值、台座长度、构件孔道长度、张拉设备与施工方法等因素。下料时使用钢尺丈量。

2）钢绞线切割时，用手提式砂轮切割机切割，不采用电弧切割。下料时用的砂轮锯片为加强型，防止锯片碎裂飞出伤人，要求切口平齐，无毛刺，切口两侧用20号钢丝将钢绞线绑扎，以免切断后钢绞线散股。

3）钢绞线下料长度计算：采用群锚体系时，其下料长度等于孔道净长加箱梁两端的预留长度。钢绞线采用夹片锚具，其下料长度L，如图3-6所示，采用两端张拉时，下料长度：$L=L_3+2(L_2+L_4)$。

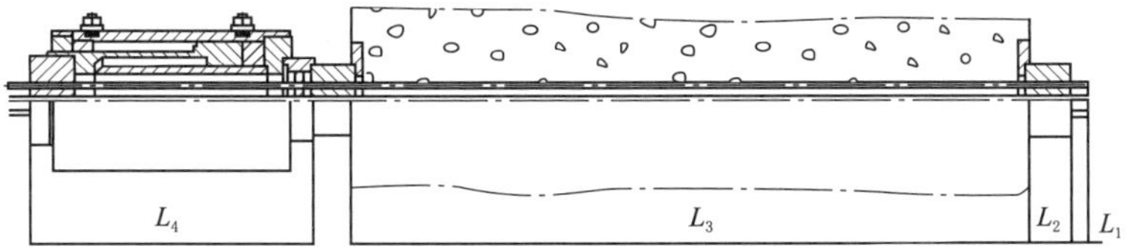

图3-6 钢绞线下料长度

L_1—固定端钢绞线露出锚具的长度，一般取100～200mm；L_2—工作锚厚度；
L_3—应力筋孔道长度；L_4—张拉端千斤顶的工作长度

（2）钢绞线的编束、穿束。

1）钢绞线的编束用20号铁丝绑扎，间距1～1.5m。编束时先将钢绞线理顺，并尽量使各根钢绞线松紧一致，无扭曲弯折，绑好的钢丝束编号挂牌堆放。

2）穿束前应全面检查锚垫板和孔道，锚垫板应位置准确，若锚垫板移位，造成垫板平面和孔道中轴线不垂直时，应用楔块加以纠正；孔道内应畅通、无水分和杂物，孔道应完整无缺。制好的钢绞线束应检查其绑扎是否牢固、端头有无弯折现象；钢绞线束按长度和孔位编号，穿束时核对长度，人工对号整束穿入孔道，直至两端露出所需长度。

（3）预应力波纹管及钢绞线安装。

箱梁预应力钢绞线的孔道采用预埋波纹管的方法成形，对孔道成形的基本要求是：孔道的尺寸与位置正确，孔道应平顺，接头不漏浆，端部预埋钢板应垂直于孔道中心。波纹管安装成形及钢绞线穿束施工要点如下：

1）波纹管在安装前应通过 1kN 径向力的作用，且不变形，同时做灌水试验，以检查有无渗漏现象，确无变形、渗漏现象时方可使用。

2）波纹管连接采用大一号波纹管作为接头管，接头管长 200mm。波纹管连接后用密封胶带封口如图 3－7 所示，避免混凝土浇筑时水泥浆渗入管内造成管道堵塞。

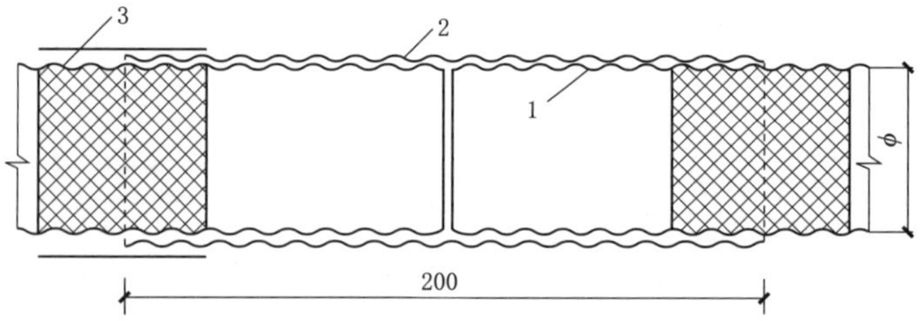

图 3－7　波纹管的连接

1—波纹管；2—接头管；3—密封胶带

3）波纹管安装时，应事先按设计图中预应力筋的曲线坐标在梁侧模或箍筋上定出曲线位置。波纹管的固定采用钢筋马蹬支托，马蹬间距 600～800mm。波纹管与支托钢筋用细铁丝绑牢，或用 ϕ6mm 倒 U 形筋点焊在托筋上卡住孔道，以防止浇筑混凝土时波纹管位置偏移或上浮。

4）波纹管安装就位过程中，应尽量避免反复弯曲。以防管壁开裂。同时应防止电焊火花烧伤管壁。

5）波纹管安装后，应检查其位置、曲线形状是否符合设计要求，波纹管的固定是否牢靠，接头是否完好，管壁有无破损等。如有破损，应及时用粘胶带修补。

（4）灌浆孔、排气孔、与泌水孔。

在构件两端及跨中设置灌浆孔或排气孔，孔距不宜大于 12m。灌浆孔或排气孔也可设置在锚具或铸铁喇叭处，灌浆孔用于进水泥浆，其直径不小于 16mm，排气孔是为了保证孔道内气流通畅，不形成封闭死角，保证水泥浆充满孔道，对直径要求不严，一般施工中将灌浆孔与排气孔统一都做成灌浆孔，灌浆孔（或排气孔）在跨内高点处应设在孔道上方侧，在跨内低点处应设在下方侧。

（5）穿束。

为便于穿钢绞线，在浇筑之前，当顶板底层钢筋绑扎结束后，就先将钢绞线用人工穿入管道内，钢绞线在孔道内应能自由移动，并定位固定。此时检查波纹管在穿束过程中有无碰破的地方，如有，应先做好防水措施，方可浇筑混凝土，在浇完混凝土后，及时用高压水冲洗管道。同时钢绞线束外露部分采取保护措施。

在穿钢束以前，所有孔道端部均应密封并加以保护。

4. 箱梁混凝土浇筑

(1) 混凝土浇筑采用一次性连续浇筑至箱梁顶面高程。

(2) 浇筑混凝土前，全部支架、模板和钢筋预埋件应按图纸要求进行检查，检查项目包括模板标高、梁体位置及截面尺寸、支架及支撑稳定性、钢筋规格数量型号、预埋件及波纹管的位置等，并清理干净模板内杂物，使之不得有积水、冰雪、锯末、施工碎屑和其他附着物质。

(3) 混凝土采用龙门吊吊斗入仓，吊斗每罐 $1m^3$。混凝土搅拌运输车到现场后卸料至吊斗后入仓。

(4) 根据现场施工条件，可采用混凝土泵车入仓。

(5) 混凝土浇筑采用台阶法浇筑。

(6) 浇筑混凝土期间，设专人检查支架、模板、钢筋和预埋件等稳固情况，当发现有松动、变形、移位时及时处理。

(7) 混凝土振捣见 3.3 混凝土振捣。

(8) 混凝土保温养护。

低温季节时，采用蒸汽养护方式，蒸汽养护采用养护罩封闭梁体，并输入蒸汽控制梁体周围的湿度和温度。其与通常采用的蒸汽养护不同之处是养护罩内的温度控制在 40℃±5℃，气温较低时输入蒸汽升温，气温较高时则不输入蒸汽，混凝土初凝后梁面和箱内均蓄水保湿。为防止梁体裂纹及损失强度，通汽升温前先静养 8h±2h，即混凝土初凝后再升温。升温速度不超过 10℃/h；恒温控制在 40℃±5℃，保持 20h 左右，然后降温，降温速度不超过 5℃/h；当降温至梁体表面温度与环境温度之差不超过 15℃时，撤除养护罩。采取覆盖保温，进入自然养护。养护期间，混凝土强度达到 2.5MPa 之前，不得使其承受行人、运输工具、模板、支架及脚手架等荷载。

5. 钢绞线预应力张拉

(1) 施工准备。

1) 混凝土强度已达到设计要求的强度，箱梁的几何尺寸、外观质量、预留孔道已经通过检查和验收。

2) 施工加预应力所用的机具设备及仪表已指定了专人进行使用和保管，千斤顶与压力表配套检验，并确定出张拉力与压力表之间的关系曲线，压力表精度不低于 1.5 级。锚具、连接器、钢绞线经过检查验收。

3) 张拉部位的脚手架及防护栏搭设已完成，已按设计要求对张拉顺序、张拉值、伸长值以及操作、质量标准做了交底。

(2) 预应力设备的安装。

1) 安装工作锚板和工作夹片。

锚板安装与锚垫板（喇叭口）应尽可能同心。HVM 夹片为两片式，厚端有 O 形圈连接，安装钢绞线较多时，带 O 形圈安装较为顺利，夹片安装时应平整，如图 3－8

所示。

2）安装限位板。

限位板有正反两面，可适用于两种相近直径的钢绞线，如张拉 ϕ15.2mm 钢绞线时，则将限位板端面打有“152”印记的一面扣装在锚板上。限位板有止口与锚板定位，如图 3-9 所示。

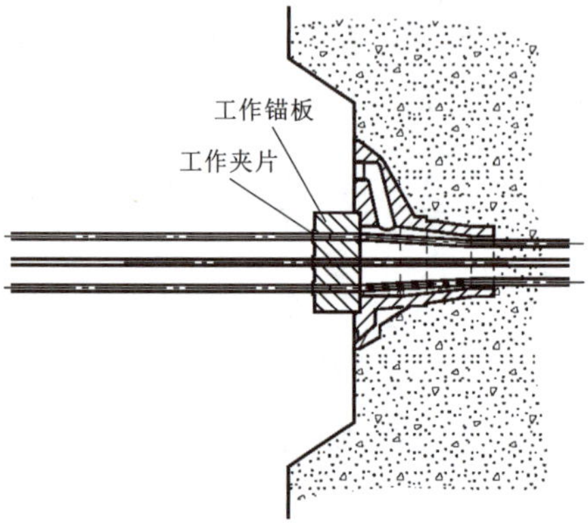

图 3-8　安装工作锚板及工作夹片

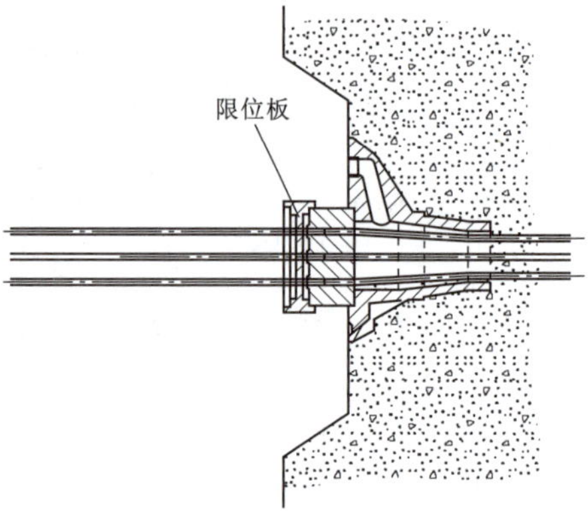

图 3-9　安装限位板

3）安装千斤顶。

张拉设备采用 YDC240Q 千斤顶，由于千斤顶较重，用三脚架和 0.5t 倒链提升至需要高度，其方向与实际张拉工作状态一致。安装千斤顶时，对直线筋应使张拉力的作用线与孔道中心线重合；对曲线筋应使张拉力的作用线与孔道中心线末端的切线重合，如图 3-10 所示。

（3）张拉程序。

普通松弛钢绞线束采用自锚性能的夹片式锚具的张拉程序为：0→初应力（$0.1\sigma_k$）→$1.03\sigma_k$（持荷 2min 锚固）。

1）σ_k 为张拉时的控制应力（包括预应力损失在内）。

2）两端同时张拉时，两端千斤顶顶升降压、画线、测伸长值、插垫等工作应一致。

3）梁的竖向预应力筋可一次张拉到控制应力，然后持荷 5min 后测伸长和锚固。

4）预应力的张拉控制应符合设计要求，需要超张拉时，可比设计要求增高 5%，但钢绞线不得超过最大张拉应力值 0.8Ryb（Ryb 为钢绞线的极限抗拉强度标准值）。

5）初始应力（一般为张拉力的 10%～15%）是把松弛的预应力筋拉紧，此时将千斤顶充分固定。在把松弛的预应力拉紧以后，在预应力筋的两端精确的标以记号，预应力筋的延伸量或回缩量即从记号起量。张拉力和延伸量的读数应在张拉过程中分阶段读出。当预应力筋有多根组成时，每根做出记号，以便观测任何滑移。预应力筋实际伸长值 ΔL，除上述测量伸长值外，应加上初应力时的推算伸长值，即：

$$\Delta L = \Delta L_1 + \Delta L_2 \tag{3-1}$$

式中　ΔL_1——从初始拉力到最大张拉力之间的实测伸长值；

ΔL_2——初始应力时推算伸长值（可采用相邻级的伸长度）。

（4）张拉工艺。

1）加应力张拉。

当钢绞线束较长且为曲线时，在安装限位板后用 YDC2400Q 千斤顶进行逐根预紧，预紧油压 4～6MPa 为宜；千斤顶及工作锚具安装到位后，给张拉缸供油张拉，当张拉到 $0.1\sigma_k$（σ_k 为控制应力），测量并记录活塞（或钢绞线测量点）位置读数；继续给千斤顶供油加载至设计油压值；测量活塞（或钢绞线测量点）位置读数并记录；千斤顶持荷稳压，如图 3－11 所示。

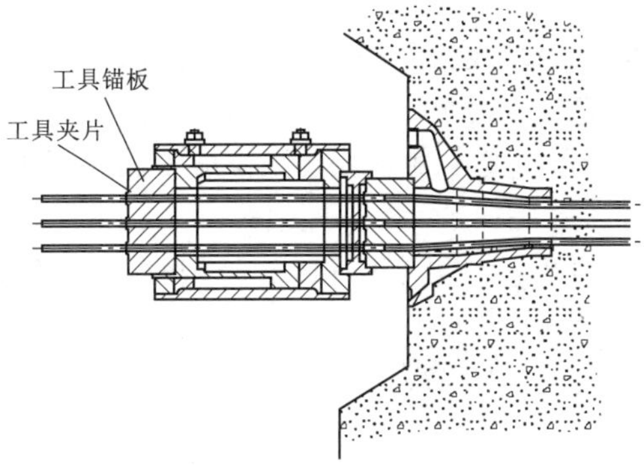

图 3－10　安装工具锚及工具夹片

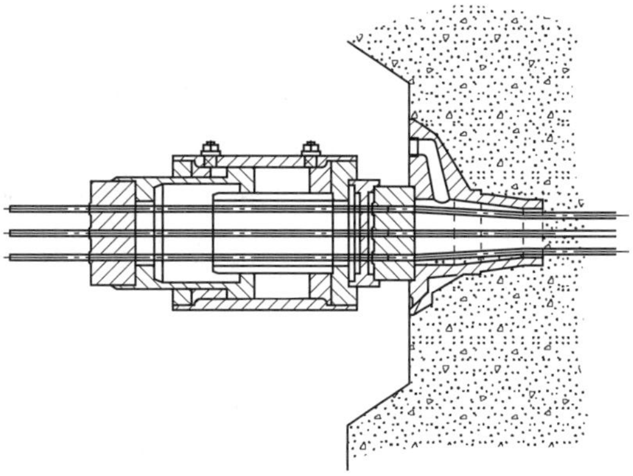

图 3－11　施加应力张拉

2）锚固。

千斤顶持荷 2min 后打开高压油泵截止阀，张拉缸油压缓慢降为零；活塞回程，如图 3－12 所示。

3）封锚。

卸下工具锚、千斤顶、限位板；切除多余钢绞线，封锚；灌浆；用混凝土将端部封平，如图 3－13 所示。

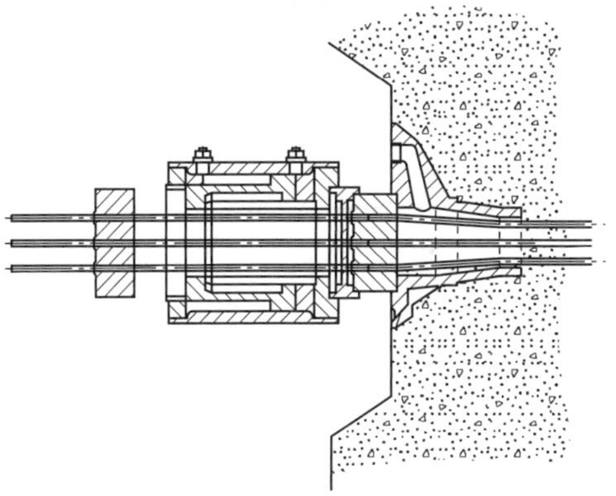

图 3－12　锚固及活塞回程

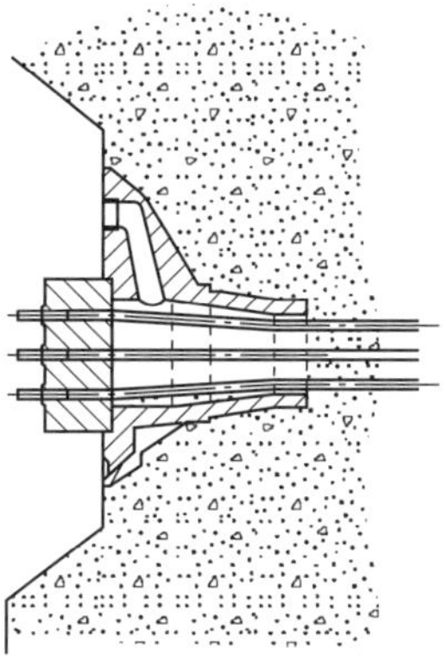

图 3－13　拆除张拉设备并切除多余钢绞线

（5）张拉要点。

1）应尽量减小钢绞线与孔道的摩阻力，以免造成过大的应力损失或使构件出现裂缝、翘曲变形。

2）预应力钢绞线的张拉顺序按设计规定进行，若无规定时，应综合以下两个方面因素核算确定：其一，避免张拉时构件截面呈过大的偏心受力状态，应使张拉的合力线处在受压区，边缘不产生拉应力；其二，要计算分批张拉的预应力损失值，分别加到先张拉的钢绞线控制应力值 σ_k 内，但 σ_k 不能超过有关规定，否则应在全部张拉后进行第二次张拉，补足预应力损失。

3）箱梁采用两端张拉，张拉时，两端千斤顶顶升降速度应大致相等，测量伸长的原始空隙、伸长值、夹片等工作应在两端同时进行，千斤顶就位后，应先将主油缸少许充油，使之充分受力，让预应力钢绞线绷直，在预应力钢绞线拉到规定的初应力时，停车测原始空隙或划线做标记；为减少预应力损失，夹片应尽量增加厚度，并将插口对齐，实测 σ_k 值时的空隙量减去放松后的夹片厚度不应大于 1mm，夹片测量可在张拉应力大于 σ_k 时进行。

4）任何情况下钢绞线的 σ_k 不得大于最大张拉应力值 0.8Ryb（Ryb 为钢绞线的极限抗拉强度标准值）。

5）两端同时张拉成束预应力钢绞线时，为减少预应力损失，应先压紧一端锚塞，并在另一端补足至 σ_k 值后，再压紧锚塞。

6）预应力钢绞线张拉后，测定预应力钢绞线的回缩与锚具变形量，其值不得大于 6mm；如果大于上述允许值，应重新张拉。

7）预应力钢绞线的断丝、滑丝，不得超过表 3-5 的规定，如超过限制数，应进行更换，如不能更换时，在许可条件下，可提高其他束的控制张应力，作为补救措施，但应满足设计上各阶段极限状态的要求。

表 3-5　后张预应力筋断丝、滑丝限制数

类　别	检　查　项　目	控制数
钢丝束、钢绞线束	每束钢丝断丝或滑丝	1 根
	每束钢绞线断丝或滑丝	1 丝
	每个断面断丝之和不超过该断面钢丝总数的百分比	1%
螺纹钢筋	断丝或滑丝	不允许

8）在张拉完成以后，测得的延伸量与计算延伸量之差应控制在±6%以内，否则要采取以下若干步骤或全部步骤：

a. 重新校准设备。

b. 对预应力材料作弹性模量试验。

c. 放松预应力筋重新张拉。

d. 预应力筋用水溶性油剂的润滑剂以减少摩擦损失，且在灌浆前清洗。

e. 原先如仅 1 台千斤顶张拉，改为两端用 2 台千斤顶张拉。

9）做好张拉记录及报告，其内容包括：

a. 每测力计、压力表、油泵及千斤顶的鉴定号。

b. 测量预应力筋延伸量时的初始拉力。

c. 在张拉完成时的最后拉力及测得的延伸量。

d. 千斤顶施松以后的回缩量。

e. 在张拉中间阶段测量的延伸量及相应的应力。

（6）张拉安全操作注意事项。

1）张拉现场要有明显标志，与该工作无关的人员禁止入内。

2）张拉或退楔时，千斤顶后面严禁站人，以防预应力钢绞线拉断或锚具、楔块弹出伤人。

3）油泵有运装不正常情况时，应立即停车检查。在有压情况下，不得随意拧动油泵或千斤顶各部位的螺丝。

4）作业应有专人负责指挥，操作时严禁摸踩及碰撞钢绞线，在测量伸长及拧螺母时，应停止开动千斤顶或卷扬机。

5）冷拉或张拉时，螺丝端杆、套筒螺丝及螺母必须有足够长度，夹具应有足够的夹紧能力，防止锚具夹具不牢而滑出。

6）千斤顶支架必须与梁端垫板接触良好，位置正直对称，严禁多加垫板，以防支架不稳或受力不均倾倒伤人。

7）在高压油管的接头应加防护套，以防喷油伤人。

8）已张拉完而尚未压浆的梁，严禁剧烈振动，以防预应力钢绞线断裂而酿成重大事故。

6. 孔道压浆及封端

（1）压浆前的准备工作。

1）割切多余钢绞线，割除后的余留长度不得超过 2cm。

2）锚具外面的预应力钢绞线间隙用环氧树脂浆或棉花和水泥浆填塞，以免冒浆而损失灌浆压力。

3）孔道在压浆前应用压力水冲洗，以排除孔内粉渣等杂物，保证孔道畅通。冲洗后用空压机吹去孔内积水，但应保持孔道润湿，而使水泥浆与孔壁的结合良好。在冲洗过程中，如发现有冒水、漏水现象，应及时堵塞漏洞。

（2）水泥浆拌制。

1）配合比。

配合比根据孔道的形式，压浆方式，材料性能及压浆设备等因素通过试验决定。孔道压浆采用纯水泥浆，水灰比一般为 0.4～0.45，在水泥浆混合料中掺入经监理工程师同意的减水剂，其掺量百分比以试验确定，且应经监理工程师同意。掺入减水剂的水泥浆水灰比可减少到 0.35。不使用含有氯化物和硝酸盐的掺料。

2）水泥浆的主要技术指标。

a. 水泥：采用强度等级不低于 42.5 的普通硅酸盐水泥。

b. 强度：符合设计要求，设计无规定时，一般不低于 30MPa。

c. 泌水率：水泥浆的泌水率最大不应超过 3%，拌和后 3h 泌水率以控制在 2%，3h 后泌水应全部被浆吸回。

d. 流动性：在流动性测定仪上进行试验，水泥浆自仪器内流出时间不超过 6s。

e. 膨胀率：水泥浆中（通过试验）可掺入适当膨胀剂，膨胀剂性能及使用方法要符合 GB 50119—2003《混凝土外加剂应用技术规范》规定，但不得掺入铝粉等锈蚀预应力筋的膨胀剂。掺入膨胀剂后，水泥浆不受约束的自由程度要小于 10%。

f. 收缩率：不大于 2%。

3）水泥浆拌和。

水泥浆采用 UJZ200A 型灰浆搅拌机拌和，先加水再加水泥，拌和时间不小于 1min，灰浆过筛后存放于储浆筒内。此时桶内灰浆仍要低速搅拌，并经常保持足够的数量以保证每根管道的压浆能一次连续完成。

（3）压浆工艺。

1）采用 BW－180/2 电动柱塞式灰浆泵压浆，压浆的压力以保证入孔内的水泥浆密实为准，开始压力应小，逐步增加，一般为 0.5～0.7MPa；当输浆管道较长或采用一次压浆时，应适当增加压力。梁体竖向预应力钢绞线孔道的压浆最大压力可控制在 0.3～0.4MPa。每个孔道压浆至最大压力后，应有一定的稳压时间。压浆要达到孔道另一端饱满和出浆，并应达到出气孔排出与规定稠度相同的水泥浆为止。

2）孔道压浆的顺序是先下后上，应将集中在一处的孔一次压完。若中间因故停歇时，应立即将孔道内的水泥浆冲洗干净，以便重新压浆时孔道畅通无阻。对曲线和竖向孔道应由最低点的压浆孔压入，由最高点的排气孔排气和泌水。

3）压浆管路长度不宜超过 25m，当超过 30m 时，应提高压力 0.1～0.2MPa。每个压浆孔道两端的锚塞进、出浆口均应安装一节带阀门的短管，以备压注完毕时封闭，保持孔道内的水泥浆在有压状态下凝结。整个压注系统及胶管各阀门处内径不得小于 10mm，以防堵塞。

4）水泥浆自调制到压入管道的间隔时间不得超过 30～45min，水泥浆在使用前和压注过程中经常搅动。

5）出气孔要在水泥浆的流动方向一个接一个地封闭，注入管在压力下封闭直到水泥浆凝固。压满浆的管道应进行保护，使在 1d 内不受振动，管道内水泥浆在注入 48h 内，结构混凝土温度不得低于 5℃，否则应采取保温措施。在压浆后 2d，检查注入端及出气孔的水泥浆密实情况，需要时及时处理。

6）预应力钢绞线张拉后，孔道应尽早压浆。

7）压浆时，每一工作班留取不少于 3 组试样，标准养护 28d，检查其抗压强度作为水泥浆质量评定的评定依据。

8）为检查孔道内水泥浆的实际密度，压浆后应从检查孔抽查压浆的密实情况，如有不实，应立即及时处理和纠正。应在拌制水泥浆同时，制作标准试块，经与构件同等条件养护到 20MPa 后可撤销养护，方可进行移用和吊装。

9）孔道压浆时，工人应戴好防护眼镜，以免水泥浆喷伤眼睛。

10）压浆完毕后应认真填写施工记录。

（4）封端。

孔道压浆后立即将梁端水泥浆冲洗干净，同时清除支承垫板、锚具及端部混凝土的污垢，并将端面混凝土凿毛，以备浇筑封端混凝土。封端混凝土的浇筑程序如下：

1）设置端部钢筋网。为固定钢筋网的位置，可将部分箍筋点焊在支承垫板上。

2）妥善固定封端模板，以免在浇筑混凝土时模板走动而影响梁长。立模后校核梁体全长，其长度应符合允许偏差的规定。

3）封端混凝土强度，应符合设计规定，若无设计规定时，不宜低于梁体混凝土强度标准值的80％。

4）浇筑封端混凝土时，应仔细操作并认真插捣，务使锚具处的混凝土密实。

5）封端混凝土浇筑后，静置1～2h，带模洒水养护。脱模后在常温下一般养护时间不少于7d，冬天气温低于5℃时不得洒水，养护时间增长，同时还应采取保温措施，以防冻害。

7．落架及拆模

待混凝土强度达到设计要求、压浆的水泥浆达到一定的强度后，即可落架。落架时先将落梁楔块放松拆除，再抽出垫木，使底模脱空，抽出底模。拆模顺序由跨中向两端缓慢松开扣件，然后依次拆除支撑或钢管支架。多跨时由中跨开始向两侧拆除。

3.6.3.3　预制混凝土T梁操作工艺

1．基础、梁底模制作

在预制场地范围内，首先填筑预制场，然后用推土机平整后，用振动压路机进行碾压，压实整平后，做20cm厚石灰土，然后用15cm厚C25混凝土进行硬化处理。在预制场内设置纵向与横向排水系统，便于排水。

T梁底模采用混凝土底模，在预制场地整体硬化后，浇筑30cm厚C25混凝土底模，并在底模周边埋设7.5cm×7.5cm角钢，底模顶铺16mm厚竹胶板，并按设计要求设置预拱度。另外，在T梁底模设计时，除考虑刚度、平整度及一般构造要求外，还应考虑预制梁张拉后，底模两端支点处将承受预制梁的全部重量，故该范围内的底模需采取加强处理。

2．模板支立

（1）模板设计。

1）底模。

在预制台座顶铺设16mm厚竹胶板作为T梁预制底模，采用高标号砂浆将底模竹胶板与张拉台座进行固定。台座两侧各设一道∠75mm×75mm护边角钢，在底模两端预制梁吊点处预留50cm宽槽口，安放2cm厚活动钢板便于T梁吊装。

2）侧模。

采用定型钢模板，侧模设计时，选用大块钢模，减少模板接缝。按T梁节间长度设计，分为标准节、异型节（包括边梁两端异型节及中梁两端异型节）。考虑到拼拆方便，设计时，节与节之间做成斜面。为防止模板错台，拼接不严等现象的发生，接缝处填塞海绵垫等弹性材料，防止漏浆，如图3－14所示。

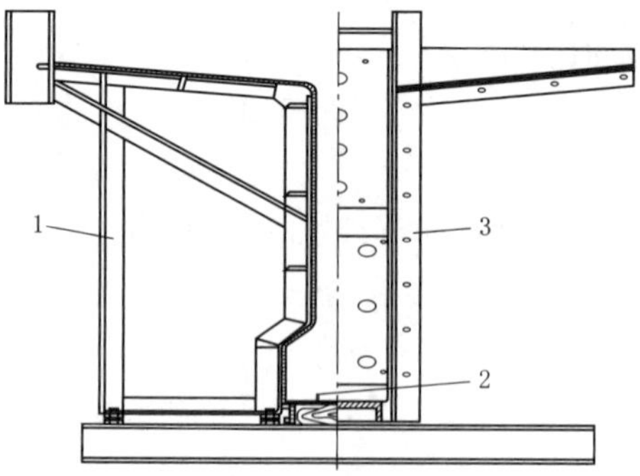

图 3-14 T梁模板组装图

1—侧模；2—底模；3—端模

3）端模。

端模采用 6mm 钢板加工制成。端模预留锚垫板孔（位置应保证准确无误），支立模板时，用螺丝将锚垫板固定在端模上，如图 3-13 所示。

（2）模板支立。

1）底模使用前，应用磨光机进行彻底打磨，并涂刷脱模剂。侧模在第一次使用前，应进行试拼，并按照顺序编号。所有模板在使用前，必须严格打磨并涂刷脱模剂。

2）钢筋与波纹管施工完成且经检验合格后，进行侧模施工，用龙门吊移位安装。侧模支立并加固完成后，进行面层钢筋绑扎，待全部钢筋施工完成后，进行模板校核与加固。加固方法：模板下口采用对拉螺栓穿过底模预留孔与模板预留槽钢进行对拉加固。上口同样设置对拉杆，进行加固。地面预埋地锚，采用导链连接模板与地锚，以防止模板位移。并通过导链进行模板细部调整。用经纬仪来调整模板的顺直度。模板施工完成后报监理工程师验收，严格按设计及规范要求检查模板的竖直度、顺直度及模内尺寸。

表 3-6　　模板安装的允许偏差

编号	项　目	允许偏差/mm	编号	项　目	允许偏差/mm
1	梁	±10	4	模板相邻两板表面高差	2
2	模板内部尺寸	+5，-0	5	模板表面平整度	5
3	轴线偏位	10	—	—	—

（3）接缝处理。

底板与侧板的接缝采用对接形式，用双面胶黏结于底模的侧面上。侧模、横隔板接缝用螺栓连接，中间夹止水胶垫（5mm 厚）。

脱模剂采用新脱模剂兑柴油，按 1∶1 的比例配制，应涂刷均匀、薄层，避免采用黏滞性较强的油剂，以防污染混凝土表面。

3. 钢筋、预应力筋及孔道施工

（1）钢筋加工与绑扎。

1）进场钢筋提供质量保证书或检验合格证，并按照规范要求进行原材料力学性能试验，对直径大于 12mm 的钢筋应进行可焊性性能试验。各项试验合格后方可用于工程。

2）进场钢筋应进行分类分规格存放，存放区应高于地面 20cm，同时应覆盖以防雨、防锈蚀。

3）钢筋表面应清洁，平顺无局部弯折。钢筋加工配料时，应准确计算钢筋长度，减少断头废料和焊接量。钢筋的弯制和末端弯钩应符合设计要求，设计无规定时，按规范办理。

4）通常受力主筋的连接采用对焊。接头处的钢筋轴线偏移不大于 0.1d，并不得大于

2mm，接头处不得有横向裂纹，弯折不得大于4°。构造钢筋的连接可采用绑扎，绑扎长度不小于35d，且不小于500mm。从事对焊、电焊操作人员应有上岗证。电焊时应根据钢筋的材质选用相应的焊条，不得随意滥用。

5）受力主筋焊接或构造钢筋的绑扎接头应设置在内力较小处，绑扎接头间距不小于1.3倍搭接长度，接头50%错开。

6）钢筋骨架在底模上绑扎就位，按施工图纸要求将钢筋排列标记做好，以保证成型钢筋绑扎规则、美观。钢筋绑扎过程中对规格、数量、间距、尺寸、标高、绑扎方式、保护层厚度进行严格检查，确保符合规范要求。

7）按设计要求设置预埋件时，若个别预埋件与钢筋有干扰，可适当调整钢筋间距，但不得随意截断钢筋。

8）验收后绑扎好垫块，底模及外侧模处均采用同标号砂浆垫块，确保保护层厚度和梁体美观。

9）安装内模后绑扎顶板钢筋和预埋钢筋（护栏、伸缩缝处）。

10）钢筋加工允许偏差：受力钢筋顺长度方向加工后的全长±10mm；弯起钢筋各部分尺寸±20mm；箍筋各部分尺寸±10mm。

11）钢筋安装允许偏差：受力钢筋间距±10mm；箍筋、横向水平钢筋间距±10mm；钢筋骨架尺寸长±10mm，宽、高±5mm；弯起钢筋位置±20mm；保护层厚度偏差±5mm。

（2）预应力孔道制作。

1）根据要求，T梁预应力管道压浆采用真空压浆工艺，钢束成孔采用金属波纹管，且钢带厚度不得小于0.3mm。管道制作时，在波纹管接头处锯齐后，穿入连接套管内，接缝处用防水胶带缠绕粘贴。预留孔道应根据需要适当设置压浆孔及排气孔。波纹管管道制作时，预防发生波纹管、钢筋电焊打火，施工时仔细检查波纹管是否有损坏。

2）波纹管定位安装。绑扎钢筋的同时，要注意波纹管定位钢筋的安装。波纹管的固定采用ϕ8mmⅠ级钢筋，制作成“#”形定位架，与梁体钢筋焊接定位，在直线段每隔0.8m间距设一个定位架，曲线段起止点、中心点各设一个，其余部分间距0.5m设一定位架。具体固定办法见箱梁波纹管安装工艺。

3）应严格按照设计提供的波纹管坐标位置进行控制，调整好的波纹管应固定牢固，防止松动。管道位置的容许偏差平面为±5mm、竖向不得大于5mm。

4）安装锚垫板时，压浆孔或出气孔的位置应朝上，避免水泥浆流入堵塞孔道。管道成孔制作时，波纹管应穿出两端锚垫板，并用防水胶带将波纹管与锚垫板缠绕粘贴，以防漏浆，堵塞压浆孔，影响后续施工。锚垫板附近混凝土应加强振捣，确保密实。

5）波纹管的安装验收合格后，即可穿入钢绞线束。

（3）钢束制作、孔道穿束。

1）钢束制作。

a. 钢绞线进场时必须提供生产厂家的合格证书，并分批验收，检验其质量证明书、包装方法、标志内容是否齐全、正确，钢材表面质量及规格是否符合要求，经运输、存放后有无损伤、锈蚀或影响与水泥粘结的油污，同时检查预应力钢绞线的外观不得有裂纹、鳞落或断裂现象。并按照规范对每批钢绞线的强度、弹性模量、截面积、延伸率、硬度进行抽检，对不合格的产品严禁使用，同时就实测的弹性模量和截面积对计算引伸量进行修正。

引伸量修正公式 $$\Delta'=\frac{EA}{E'A'}\times\Delta \tag{3-2}$$

式中 E'、A'——实测弹性模量及截面积；

E、A——计算弹性模量及截面积，$E=1.95\times10^{5}$MPa，$A=140\text{mm}^{2}$；

Δ——计算引伸量。

b. 钢绞线到工地并经检验合格后，在钢绞线系上标签存放在棚内，堆放台应离地面30cm，以防受潮生锈。

c. 钢绞线开盘：将钢绞线盘竖放入由型钢制成的开盘架内，钢绞线头自盘中心部取出，钢绞线下料只准用砂轮锯切割，严禁采用乙炔或电弧焊切割。

d. 下料与编束。

两端张拉下料长度＝钢束通过的孔长度＋2（工作锚高度＋限位板高度＋千斤顶长度＋工具锚高度＋便于操作的预留长度）。

注：便于操作的预留长度一般采用10～15cm。

钢绞线编束时首先将一端理直、平顺，穿入锚环孔内，自一端开始向另一端梳理使其平顺松紧一致，自端头开始每间隔一米用20号钢丝绑扎一道，绑扎牢固，防止互相缠绞，钢丝扣插入钢束内侧不得外露，以防将预应力管道刺破。编好的钢束应挂牌存放以免出错，钢束不得互相挤压在一起，以防钢绞线损伤或压扁。

2）孔道穿束。

预应力钢束在T梁混凝土浇筑前穿入，用人工自一端穿入，穿入时钢束端头采用锥形钢管包裹，以防止钢铰线头刺破管道，同时减小穿入阻力。穿钢绞线过程中，如遇到穿入困难时，不得猛烈撞击以免刺破管道。负弯矩预应力钢束应根据管道坐标准确定位，其管道用钢筋定位架严格定位，定位间距为50cm，防止在混凝土浇筑过程中发生上浮。

3）注意事项。

a. 施工过程中对钢束应有专人保护、检查、维修。

b. 保护两端的外露钢束不锈蚀、不油污、不破损，应用套管来保护。

c. 保证钢束锚固端位置准确、牢固、严加检查，发现问题及时处理。

d. 钢束施工过程中及封锚前的期间内一律禁止电弧焊切割钢绞线，而应用切割机或砂轮锯，切割时浇水冷却，避免因过热烧坏切割机而伤人，同时避免因切割钢绞线时产生的热量，而损坏锚固夹片上的橡胶圈。

4. 混凝土施工

（1）原材料进场、混凝土拌和、混凝土运输、见3.1混凝土拌和和3.3混凝土运输。

（2）混凝土入模与振捣。

1）在钢筋和模板检查合格后，开始混凝土浇筑，混凝土拌和好后，用混凝土搅拌车运至待浇梁处，混凝土入模采用小型龙门吊（或采用混凝土泵车）浇筑的方法。混凝土入模前应保证混凝土不发生离析现象。浇筑前应准确控制混凝土的坍落度为9～11cm，混凝土入模温度在10℃以上。混凝土采用水平分段（5～10m）、竖向分层（8～9层），每层浇筑厚度不超过30cm，从大梁一端向另一端推进，在距另一端5～7m时采用从端头向中间汇拢的方法浇筑，第一层混凝土厚度不得超过马蹄部位上部，保证该部位混凝土振捣密实。

2）混凝土振捣以机械振捣为主、人工振捣为辅相互结合的方法，腹板以附着式振动器为主。插入式振动器不得振动钢束、锚垫板，不得碰撞模板钢筋、振捣时不得损伤预应力管道等。浇筑过程中要经常检查模板、管道、锚固垫板及支座预埋件以保证其位置及尺寸符合设计要求。

3）钢束靠近模板的地方和锚垫板处钢筋密集处下料振捣困难，应采取随下料随振捣的方法，除使用30型插入式振动器振捣外，还应由人工辅助插捣，但应防止损伤预应力管道。

4）严格控制混凝土的拌和、振捣质量，提高预制T梁的内在和外观质量。混凝土浇筑过程中应安排专人分片负责对混凝土振捣质量进行检查，以防漏振，发现问题及时解决。

5）现场在侧模上每2m设置一道标高控制点，保证梁面横向坡度符合要求，表面平整。

6）混凝土浇筑完成后及时用木抹对表面收浆抹平，采用二次收浆，并在第二次收浆时对梁顶混凝土进行拉毛处理。

7）当混凝土强度达到规范要求后，进行外模拆除，并及时按要求对大梁进行编号。

（3）养护。

养护方法同预制混凝土箱梁保温养护工艺。

（4）注意事项。

1）浇筑混凝土前应将模板内的污物洗、吹干净，但表面不得有积水。

2）边梁浇筑混凝土时，翼板的顶面尽量避免水泥浆溅在模板上，影响混凝土的质量和美观。

3）不合格的混凝土严禁入模。浇筑时，派专人负责检查模板的加固情况，并检查是否有漏浆现象，及时采取措施。

4）混凝土浇筑振捣时，注意对模板加固、预应力管道、各种埋件、吊环等进行保护，避免移位或松动。

5）注意预留通气孔、排水孔（外边缘）、吊梁孔、伸缩缝预留槽等。

5. 钢绞线预应力张拉

（1）预应力设备及锚具。

1）千斤顶：采用250t油压千斤顶或类似穿心式油压千斤顶。

2）限位板：与锚具配套的限位板，限位60mm。

3）张拉油泵：采用ZF60型高压油泵。

4）油表：应具有不小于150mm直径的刻度盘，精度不低于1.5级，表面最大读数为 60MPa 以上的压力表，读数精确度在 2%以内，一般千斤顶配两块表。

5）高压油管：油管用高压橡胶管，其工作压力不小于 40MPa，同油泵千斤顶相匹配。

6）配备 YCW270 型千斤顶两台，处理单根钢绞线滑丝用。

（2）预应力施工前的准备工作。

1）千斤顶与液压油表的标定：千斤顶和油表在使用前，应在监理工程师的监督下，在国家认定的实验机构对其精度进行标定。张拉机具应由专人使用和管理，并应经常维护，定期校验。张拉机具长期不使用时，应在使用前全面进行校验。使用时的校验期限应视千斤顶情况确定，一般使用 6 个月或 200 次，以及在使用过程中出现不正常现象时，应重新校核。

2）检查梁体质量有无蜂窝、麻面、孔洞、露筋、露钢束，锚垫板处有无空洞等情况。必要时应进行处理后方可张拉。

3）混凝土强度已达设计强度，即 50MPa。

4）清除锚垫板表面和钢绞线上面的污物和油脂，擦洗锚具上面的油污，清除夹片上的毛刺。

5）凿除锚垫板孔内的波纹管，以防在张拉过程中损伤钢绞线。

6）锚具和夹具的类型应符合设计规定和预应力钢筋张拉的需要。

7）锚具和夹具应经过认可检定机构进行技术鉴定和产品鉴定，出厂前应由供方按规定进行检验并提交质量证明书。

8）预应力钢绞线用应力控制方法张拉时，采用伸长量和张拉力双控，以应力控制为主，伸长量做校核，伸长量的实际值与理论值相比较应保持在 6%以内，否则应暂停张拉，待查明原因并采取措施加以调整后方可继续张拉。

（3）张拉工艺流程。

1）施加预应力前，应对混凝土 T 梁进行检验，外观和尺寸符合质量标准要求，根据设计要求，张拉时强度应达设计强度的 100%。

2）将每束的多根钢绞线理顺、平行，严禁相互交叉、挤压。

3）制作张拉施工平台，以便上下、左右活动千斤顶。

4）装工作锚环和夹片：将钢绞线穿入锚环上相对应的小孔，调整钢绞线平行顺直后，将工作锚环贴紧锚垫板。在每小孔中的钢绞线外周插入两块夹片，夹片缝隙大小应调整均匀，用直径 20mm 的橡胶圈套在夹片尾上的凹槽内。

5）装限位板：使限位板上的小孔对准相应的钢绞线和锚环小孔后，使限位板紧贴锚环、无缝。

6）装千斤顶：钢束穿过千斤顶的穿心孔道，千斤顶紧贴限位板，务必使千斤顶、限位板、锚环、锚垫板都在同一中心线上（即四对中）。注意：钢绞线在千斤顶内应理顺平行，千万不能交错。

7）装工具锚环和夹片：按上述步骤操作，工具锚夹片的光面先抹少许石腊或用透明胶带缠裹 3～5 圈后再装入，便于张拉完后夹片退出。

8）开动油泵少许打油，千斤顶张拉缸保持适量油压后稍松千斤顶吊索，调整千斤顶使千斤顶、锚具、锚垫板在同一中心线上，否则应进行调整，以防造成较大的预应力损失或张拉过程中出现断丝。

9）分级进行张拉：0→20%σ_k（测延伸量）→40%σ_k（测延伸量）→100%σ_k（测延伸量）→103%σ_k（测延伸量并核对）→（持荷 2min，以消除夹片锚固回缩时的预应力损失）→锚固（观测回缩）。张拉缸继续进油，两端同时分级进行张拉，两端随时进行联系（对讲机）张拉力和延伸量情况并做记录，张拉缸初进油（20%σ_k）记录行程并作计算伸长值的起点。达到设计张拉力后持荷 2min，核对延伸量符合规范要求后做好记录，否则应停止张拉分析原因，采取措施后再进行张拉。

在分级张拉过程中，应使油泵上升速度稳定同步，钢束受力均匀，摩阻损失较小，分级调整两端张拉的延伸量，逐步达到接近或相同，调整延伸量时，延伸量大的一端稍稍慢拉，延伸量小的一端稍稍快点拉，以此逐步进行调整。

张拉缸回油即进行锚固，锚固时伸长值大的一端先锚固，另一端补足张拉力后再进行锚固。

10）油压表全部回零，卸工具锚。千斤顶全部回程，卸除千斤顶，检查钢绞线回缩值，并划线标志，以检查是否会出现滑丝现象。当张拉中发生滑丝、夹片破碎时，可用 YCW270 千斤顶进行单根钢绞线张拉，取下旧夹片后，换用新夹片重新张拉锚固，操作时应两端同时进行。

11）张拉完成后先稳定 2h，待仔细检查无异常情况后用砂轮机割除多余钢绞线，用无收缩水泥砂浆封闭锚头，以准备压浆施工。及时记录 T 梁起拱情况，并注意观察张拉完成后 1d、3d、7d、14d、28d 的上拱值，分析原因后根据实际情况调整底模预拱度。

（4）张拉安全。

张拉施工现场的周围应有明显警告标志，严禁非工作人员进入，箱梁两端设有安全防护措施，张拉千斤顶对面严禁站人，以防意外。张拉操作人员，由熟悉本专业的人员参加，或经培训合格后方准上岗，并有技术熟练的人员负责指挥，锚固后，严禁摸、踏、踩、撞击钢绞线或夹片以免滑丝。

工具锚：工具锚的夹片应分别存放使用。拆卸油管时，先放松管内油压，以免油压大，喷出伤人。当千斤顶需支垫时应用三角形铁片支垫牢固，以防支垫不稳倾斜伤人。张拉时应如实及时地填写张拉记录，报监理工程师审查签字。

6. 孔道灌浆、封端

预应力孔道压浆主要作用是保护预应力钢绞线，防止锈蚀，形成有粘结，减轻锚具负担，保证预应力筋与混凝土共同作用。施工中应高度重视，确保压浆饱满、密实。本工程采用真空压浆施工工艺，压浆应连续操作。

（1）水泥浆制备。

1）用砂浆将张拉两端夹片进行封堵，封堵要严密，不得漏气，以防漏浆。压浆前，检查封锚砂浆强度，清理锚垫板上的压浆孔，保证压浆通道畅通。备足压浆管及三通球阀接头，压浆前将压浆管与压浆孔进行连接，确保密封。

2）浆体拌制采用高速搅拌机，根据配比拌制水泥浆，搅拌时间在 1.5～3min。水泥颗粒应细，并通过 1.5mm 筛网过滤到压浆筒内，压浆筒容量应大于 1.5 倍一条管道的浆体体积。

（2）孔道压浆。

压浆程序及操作方法：

1）确定抽真空端及压浆端，认真检查压浆管、球阀和三通接头是否通畅，然后安装真空泵和管浆泵，并检查其工作性能是否良好。

2）启动真空泵抽真空，使真空度（负压）达到－0.08MPa以上并保持稳定。

3）启动压浆泵，开始压浆，压浆泵压力控制在0.7～1.2MPa，当压浆泵输送管输出浆体达到要求稠度时，将压浆泵上的输送管接到锚垫板上的压浆管上，开始压浆。压浆过程中，真空泵应保持连续工作。

4）待抽真空端的空气滤清器中有浆体经过时，关闭空气滤清器前端的阀门，稍后打开排气阀，当水泥浆从排气阀顺畅流出，且稠度与灌入的水泥浆相当时（注意要进行充分的跑浆，一般控制在10～20s，以确保压浆质量），关闭抽真空端所有的阀。

5）压浆泵仍需继续工作，压力达到0.8MPa左右，持压2min以上，关闭压浆泵及压浆端所有阀门，完成压浆。

6）拆卸外接管路、附件，清洗空气滤清器及阀门等。

循环以上作业，完成其他管道的压浆施工。

7）安装在压浆端和出浆端的球阀，应在压浆后24h内（以管道内浆体不再流动为准），及时拆除并进行清理，确保压浆管循环使用。

当班作业全部完成后，必须将所有沾有水泥浆的设备清洗干净。

（3）压浆注意事项。

1）当封端砂浆的抗压强度不足10MPa时，不得进行压浆作业。

2）压浆的顺序为：压浆顺序从下往上，由低到高进行。

3）每个孔道的压浆作业必须一次完成，不得中途停顿，如因故障而使压浆作业中断，而停顿又超过20min，则应用清水将已灌入孔道内的水泥浆全部冲去，然后再重新压浆。

4）水泥浆从拌制到压入孔道的间隔时间不得超过40min，在这个时间内，应不断地低速搅拌水泥浆。

5）压浆后48h内，必须保证构件温度不低于5℃，如气温过低，则应采取保温措施以防冻害。

6）压浆时，每一工作班应制作7.07cm立方体标准水泥浆试件3组，要求标准养护7d强度不小于35MPa，28d强度不小于50MPa。

（4）封锚及起拱值控制。

1）对应埋置在梁体内的锚具，压浆后应先将其周围冲洗干净并凿毛，然后设置钢筋网、浇筑封锚混凝土。封锚混凝土的标号应符合设计规定。封锚混凝土必须严格控制梁体长度。长期外露的锚具，应采取防锈措施。

2）预制混凝土T梁在孔道水泥浆强度达到设计规定后方可进行移运和吊装。

3）控制张拉时T梁混凝土强度达到设计强度，并控制每片T梁张拉强度基本一致，保证T梁起拱度值基本一致。张拉压浆后，在60d内及时吊装，并焊接横隔板和翼缘板钢板，使之形成整体。T梁安装后，及时安排湿接缝施工，并在最短时间内安排桥面板施工，控制T梁的进一步起拱。

3.6.4 质量标准

3.6.4.1 基本要求

1. 钢绞线及锚、夹具等预应力材料的各项技术性能必须符合国家现行标准规定和设计要求，经检验合格后方可使用。

2. 钢绞线应梳理顺直，不得有缠纹、扭麻花现象。

3. 张拉时，单根钢绞线不允许有断丝的现象。

4. 千斤顶与压力表必须配对校验。

5. 钢筋、电焊条及混凝土的各种组成材料的各项技术性能必须符合国家现行有关标准要求。

6. 预制混凝土梁及孔道灌浆的配合比必须按有关标准经过计算、试配，施工时按规定配合进行，使用预拌混凝土需有合格证明。

7. 预制混凝土梁在浇筑前，必须先检查预埋件、锚固螺栓、支座等，须保证位置准确。

8. 预制混凝土梁应振捣密实，混凝土及孔道水泥浆强度必须满足设计要求。

3.6.4.2 外观鉴定

1. 钢绞线锈蚀严重时不得使用，轻微锈蚀的在使用前应进行除锈。

2. 混凝土表面应光滑、平整、颜色一致，施工缝平刷。

3. 混凝土蜂窝麻面面积不得超过总面积的0.5%，深度不超过10mm。

4. 混凝土表面不应出现非受力裂缝，缝宽超过0.15mm时必须处理。

3.6.5 成品保护

3.6.5.1 拆侧模应在混凝土强度达到2.5MPa后进行，不得强力拆除，以免损伤混凝土棱角。

3.6.5.2 注浆完毕后，及时将喷洒到箱梁上的水泥浆冲洗干净。

3.6.5.3 严禁在预制好的梁上集中堆放施工材料或施工机械设备。

3.6.6 应注意的质量问题

3.6.6.1 波纹管堵塞：混凝土浇筑前，对波纹管进行全面检查，在振捣过程中加强监督管理，防止振捣棒破坏波纹管。另外，在混凝土浇筑过程中应反复拉通，以防堵管。

3.6.6.2 混凝土裂缝：应采取合理设计配合比、严格控制原材料质量、加强养护及控制混凝土表面温差等措施控制裂缝出现。

3.6.6.3 梁体出现冷缝：应保证混凝土供应连续且分层浇筑，覆盖上层混凝土时间不得超过下层混凝土初凝时间。振捣时，振捣棒应插入下层混凝土深度50～100mm。

3.6.6.4 张拉时锚垫板陷入混凝土中：因锚区钢筋较密，振捣时应人工用钢筋棒配合机械振捣密实。处理时可剔除不密实的混凝土，重新浇筑高强度等级混凝土，达到张拉强度时再行张拉。

3.6.6.5 蜂窝、麻面：要求脱模剂涂刷均匀并避免流失，施工时振捣适宜，避免漏振或过振。

3.7 预制梁、板安装

3.7.1 适用范围

适用于使用吊车进行生产桥及交通桥预制梁、板的安装施工。

3.7.2 施工准备

3.7.2.1 技术准备

1. 根据图纸熟悉预制梁、板安装部位，并绘制梁、板安装图，注明安装顺序。

2. 召开吊装梁、板和现场施工人员配合会，并进行吊装梁、板交底。

3. 进行测量放线工作。

3.7.2.2 材料质量要求

桥梁预制梁、板和支座应符合设计要求并验收合格。

3.7.2.3 主要施工机具

1. 运输车辆主要采用拖车，其载重能力及技术性能必须满足运输梁、板的要求。

2. 吊车主要采用汽车吊和履带吊两大类，其吊重及技术性能必须满足吊装梁、板的要求。

3.7.2.4 作业条件

1. 预制梁、板混凝土强度符合设计吊装要求，并验收合格。

2. 墩台、盖梁等支承结构施工完毕，强度符合吊装要求，并验收合格。

3. 支座安装完毕并验收合格。

4. 运输车辆、吊车经检查运转正常。

3.7.3 施工工艺

3.7.3.1 工艺流程

吊装方案论证、审批→测量放线→梁、板运输→梁、板吊装→现场处理→验收。

3.7.3.2 操作工艺

1. 吊装方案论证、审批

(1) 吊装方案编制完成后，应会同有关人员对方案进行论证，对有关数据进行计算复核、优化，确定施工方案。

(2) 根据现场情况，复核吊车在吊装最不利梁、板时，吊车的工作幅度、起重力矩和提升高度是否满足施工要求。如果采用两台吊车同时吊装一块梁、板时，对每台吊车的参数和型号选择应单独进行计算复核，起重力矩核算时应考虑吊车配合时的降效，降效系数为 80%。25m 以上的预应力简支梁还应验算裸梁的稳定性。

(3) 根据梁板的重量、长度和角度，参考运距和道路情况，复核运输车辆的载重能力和技术性能是否满足运输梁板的要求。

(4) 根据吊装方案中各种机械车辆运行的线路、工作的位置和车辆的工作重量，对照现场的地质情况，复核现场的场地处理方案，判断其能否满足施工要求。对吊车的支点位置应重点考虑。

(5) 将编制的梁、板吊装方案报监理审批，批准后方可实施。

(6) 如采用非常规起重设备、方法，且单件起吊重量在 100kN 及以上的起重吊装工程，应编制专项施工方案并经专家论证通过后方可实施。

2. 测量放线

吊装前，测量人员放出高程线、结构的中心线、支座的中心十字线、每块梁、板的端线和边线，并标识清楚。

3. 场地处理

根据吊装方案中的场地处理要求，在吊装前对现场和运输道路进行处理和加固。

4. 梁、板运输

(1) 梁、板运输前对车辆型号、车辆状况进行检查，有安全隐患的车辆不得进行运输。

(2) 预制现场应有专人根据吊装方案安排梁、板的发车顺序。

(3) 梁板装车后应进行固定，并对固定情况进行检查，符合安全运输要求后方可发车。

(4) 重要路段、路口派专人临时维持交通秩序。

(5) 车辆进入吊装现场应有专人指挥，安排车辆的进出线路、临时停车地点和卸车顺序。

5. 梁、板吊装

(1) 按照吊装方案进行吊装，吊装过程中应有专人负责指挥。

(2) 吊装中，梁、板靠近桥梁时应慢起慢放，梁、板每端应有 2～4 人对梁、板吊装中的方向进行调整。墩台、盖梁上应有专人根据测量所标注的端、边线检查梁、板就位情况。就位不准时应吊起重放，不允许在就位后用撬棍移动梁、板。

(3) 每片梁板就位后，应立即检查支座情况，如果出现个别支座悬空的现象，应将梁板吊起，采用直径大于橡胶支座的不锈钢板，选用适当的厚度垫在支座顶部，再重新将梁、板就位。

(4) 吊装 T 梁时，第一片梁就位后应立即设置保险垛或支撑将梁固定，固定好后吊车再摘钩。以后每片梁就位后应立即用钢筋或钢板与前一片梁的横向预埋钢筋或钢板焊接牢固再摘钩，防止 T 梁倾倒。

6. 验收

梁、板安装完成后，根据质量标准进行验收。

3.7.4 质量标准

3.7.4.1 基本要求

1. 安装前，墩台支座垫板必须稳固。

2. 梁板就位后，梁两端支座应对位，梁板与支座须密合。

3.7.4.2 实测项目

梁、板安装实测项目见表 3-7。

表 3-7　梁、板安装实测项目

项次	检查项目		规定值或允许偏差	检查方法和频率
1	支座中心偏位/mm	梁	5	尺量：每孔抽查 4～6 个支座
		板	10	

续表

项次	检　查　项　目	规定值或允许偏差	检查方法和频率
2	竖直度/%	1.2	吊垂线：每孔2片梁
3	梁板顶面纵向高程/mm	+8，−5	水准仪：抽查，每孔2片，每片3点

3.7.5 成品保护

3.7.5.1 梁、板在运输车上应用方木在设计支承位置支垫好，固定牢固。车辆应慢速行驶，穿越桥涵通道时应有专人照看、慢速通过，防止磕碰。

3.7.5.2 吊装中应防止梁、板碰撞桥梁结构。

3.7.5.3 支座安装后，应安排专人看护，防止支座丢失。

3.7.5.4 梁、板就位后应有专人看护，防止梁板上的预埋钢筋和预埋件出现丢失、损坏。

3.7.6 应注意的质量问题

3.7.6.1 严格检查每片梁、板的起拱度，对于可调换顺序的梁板，应将起拱度相近的梁板安排在相邻的位置，确保吊装后梁、板顶面的高程符合设计要求，梁、板底面大致在同一平面。

3.7.6.2 为预防梁、板安装完毕后板缝间距不一、个别板缝过大的现象，安装时严格按照测量标注位置放置梁板，保证梁、板间距基本均匀。

4 模板工程

4.1 普通模板

4.1.1 适用范围

适用于水利水电工程中水工建筑物的模板制作、安装与拆除的施工。

4.1.2 施工准备

4.1.2.1 模板设计

1. 模板的选用与混凝土的结构特征、施工条件和浇筑方法相适应。模板的面板材料可选用钢材、胶合板，支架材料选用钢材。钢材采用Q235，质量符合GB/T 700—2006《碳素结构钢》规定。胶合板质量遵守GB/T 17656—2018《混凝土模板用胶合板》的规定。

2. 模板设计满足建筑物的体型、构造、尺寸及混凝土浇筑分层的需要。

3. 模板设计应提出对材料、制作、安装、使用及拆除的具体要求。模板拉杆、锚固件及吊耳进行力学验算，安全系数分别满足2.0、3.0、4.0的要求。

4. 根据建筑物浇筑部位的具体结构及尺寸，绘制建筑物模板配模图。提出各种模板及支架、对拉螺栓等的数量。在配模中尽量采用符合建筑模数的模板，对于不符合建筑模数的模板，加工制作。

5. 对于达到一定规模的危险性较大的模板工程及支撑体系，应编制专项施工方案；对于超过一定规模的危险性较大的模板工程及支撑体系，应组织专家对专项施工方案进行审查论证。

6. 对作业班组进行技术交底，并对其进行培训，做到熟练掌握模板的拼装，临时支撑以及模板的拆除等工序。

4.1.2.2 主要施工工具

羊角榔头、扳手、电锯、电刨、手电钻、手工锯、滑轮、吊车等。

4.1.2.3 作业条件

1. 模板及支架已经制作完毕。

2. 现场达到或具备模板安装条件。垫层已经浇筑完毕且强度满足规范要求、浇筑分层混凝土已经凿毛处理、钢筋通过验收等。

4.1.3 施工工艺

4.1.3.1 工艺流程

制作→安装→拆除。

4.1.3.2 操作工艺

1. 模板制作

(1) 模板制作允许偏差应符合表4-1的规定。

表4-1 模板制作允许偏差

项　　次	偏　差　名　称	允许偏差/mm
一、钢模、胶合模板及竹胶合模板		
1	小型模板：长和宽	±2
2	大型模板（长、宽大于3m）：长和宽	+1，-2
3	大型模板对角线	±3
4	相邻两模板面高差	1
5	两块模板间拼缝宽度	1
6	模板侧面不平整度	1.5
7	模板面局部不平（2m直尺检查）	2
8	连接配件的孔眼位置	±1
二、木模板		
1	小型模板：长和宽	±3
2	大型模板（长、宽大于3m）：长和宽	±5
3	大型模板对角线	±5
4	相邻两模板面高差	1
5	模板面局部不平（2m直尺检查）	5
6	板面缝隙	2

（2）钢模面板及活动部分涂刷防锈油脂，但面板油脂不应影响混凝土表面颜色。其他部门涂刷防锈漆。

2. 安装

（1）模板安装前，按照设计图纸进行测量放样，重要结构及部位多设控制点，以利检查校正。且经常保持足够的固定设施，以防止模板倾覆。在基础混凝土上安装的模板应放出立模边线或该构筑物的中心线作为控制线，该控制线用来控制模板的安装位置。对于在支架上搭设的底模，模板控制线应放置于方木或其他固定牢固的材料上，放好水平控制标高。

（2）支架必须支承在稳固的土基或已凝固的混凝土上，并且有足够的支承面积，斜撑防止滑动。支架的立柱必须在两个互相垂直的方向上，用支撑拉杆固定，确保稳定。

（3）竖向模板及支架安装在基土上时底部加设垫板，基土坚实且有良好的排水设施。

（4）现浇混凝土梁、板和孔洞模板，跨度不小于4m时，模板应设置预拱；设计无要求时，预拱高度应为全跨长的1/1000～3/1000。

（5）模板与混凝土接触的面板，以及各模板的接缝处，应平整、密合，粘贴双面止水胶条，防止漏浆，保证混凝土的平整度及密实性。

（6）根据结构的特性，需混凝土分层施工时，应逐层校正上下层模板偏差，模板下端紧贴混凝土面，下部拉杆锁紧牢固，防止涨模或漏浆。

（7）与混凝土接触的模板面涂刷脱模剂，并避免脱模剂侵蚀或污染钢筋和混凝土。

（8）模板安装的允许偏差应符合表 4-2～表 4-4 的规定。

表 4-2　大体积混凝土模板安装允许偏差

项次	偏差项目		混凝土结构部位/mm	
			外露表面	隐蔽内面
1	面板平整度	相邻两板面高差	钢模：2	5
			木模：3	
		局部不平	钢模：3	10
			木模：5	
2	结构物与设计边线		内模板：－10～0	15
			外模板：0～＋10	
3	结构物水平截面内部尺寸		±20	
4	承重模板标高		0～＋5	
5	预留孔洞	中心线位置	±10	
		截面内部尺寸	－10	

注　外露表面、隐蔽内面指相应模板的混凝土表面最终所处的位置。

表 4-3　现浇结构模板安装允许偏差

项次	偏差项目		允许偏差/mm
1	轴线位置		5
	模板上表面标高		＋5～0
2	截面内部尺寸	基础	±10
		柱、梁、墙	＋4～－5
3	局部垂直	全高≤5m	6
		全高＞5m	8
4	相邻两板面高差		±2
5	表面局部不平（2m 直尺检查）		5

表 4-4　预制构件模板安装允许偏差

项次	偏差项目		允许偏差/mm
1	长度	板、梁	±5
		柱	0～－10
		墙板	0～－5
2	宽度	板、墙板	0～－5
		梁、柱	＋2～－5
3	高度	板	＋2～－3
		墙板	0～－5
		梁、柱	＋2～－5

续表

项次	偏差项目		允许偏差/mm
4	板的对角线差		7
	墙板的对角线差		5
	相邻两板面高差		1
	板的表面平整度		3
5	侧向弯曲	梁、板、柱	$L/1000$ 且≤15
		墙板	$L/1000$ 且≤15

注 L 为构件。

3. 模板拆除

(1) 拆除模板的期限根据设计要求、气温及混凝土强度增长情况而定。

(2) 对于不承重的侧面模板，混凝土强度达到 2.5MPa 以上，其表面和棱角不因拆模而损坏时，方可拆除。

(3) 对于承重模板，混凝土达到下列强度后（按混凝土设计强度标准值的百分率）方可拆除。

悬臂板、梁：跨度≤2m，75%；跨度>2m，100%。

其他梁、板、拱：跨度≤2m，50%；2m<跨度≤8m，75%；跨度>8m，100%。

(4) 拆模时，应根据锚固情况，分批拆除锚固件，防止大面积坠落。拆模时使用专用工具，以减少对模板及混凝土的损伤。

(5) 拆模的顺序按照先支的后拆、后支的先拆，先拆非承重模板、后拆承重模板的顺序，由上自下拆除。

(6) 拆下的模板和支架及时进行清理、维修，并分类堆存，妥善保管。

4.1.4 质量标准

4.1.4.1 一般要求

1. 保证混凝土浇筑后结构及建筑物各部分形状、尺寸及相互位置满足设计要求。
2. 具有足够的稳定性、刚度和强度。
3. 宜做到标准化、系列化，拆装方便，周转次数高。
4. 模板面光洁、平整，接缝严密，不漏浆。

4.1.4.2 模板制作与安装工序施工质量验收评定

1. 质量标准

(1) 合格标准：主控项目检查结果全部符合质量标准，一般项目逐项应有 70%及以上的检查点合格，且不合格点不应集中。

(2) 优良标准：主控项目检查结果全部符合质量标准，一般项目逐项应有 90%及以上检查合格，且不合格点不应集中。

2. 主控项目：稳定性、刚度和强度、承重模板底面高程、结构断面尺寸、轴线位置、垂直度、结构物边线与设计边线、预留孔、洞尺寸及位置。

3. 一般项目：模板平整度、相邻两板面错台、局部平整度、板面缝隙、结构物水平断面内部尺寸、脱模剂涂刷、模板外观。

4.1.5 应注意的质量问题

4.1.5.1 模板上不应堆放超过设计荷载的材料和设备。

4.1.5.2 混凝土浇筑时，按照模板设计荷载控制浇筑顺序、浇筑速度及施工荷载，及时清除模板上的杂物，防止荷载超过设计荷载，导致模板倾覆，发生质量安全事故。

4.1.5.3 在混凝土浇筑过程中，安排专门的模板工负责对模板进行检查。对承重模板，加强检查、维护。模板如有变形、位移，及时采取措施，必要时停止混凝土浇筑。

4.1.5.4 模板拆除后对模板的对拉螺栓孔进行封堵。

4.2 钢模台车

4.2.1 适用范围

适用于箱涵混凝土构筑物的钢模台车的施工。

4.2.2 施工准备

4.2.2.1 钢模台车的制作、安装及验收

1. 钢模台车一般由钢模面板、伸缩机构（千斤顶）、台车架、行走机构等四部分组成。根据构筑物的断面尺寸，综合考虑施工通道等因素，合理确定内模台车结构尺寸（宽度、高度、长度）。钢模面板部分采用定型大模板拼装成型。各部分设计完成后由工厂加工制作。

2. 钢模台车制作完毕后在浇筑仓面组装并调试的顺序为：底模→门形架→两边侧模及其支撑（斜支撑及水平支撑）→顶模及其支撑→其他附件。

3. 进行各部分试运行，验收通过后进行施工作业。

4.2.2.2 主要施工机具

水准仪、全站仪、斧子、电锯、刨子、扳手、打眼电钻、线坠、靠尺板、方尺、铁锤、撬棍等。

4.2.2.3 作业条件

1. 钢模台车调试完成，各部分运行良好，模板涂刷脱模剂。

2. 模板安装前，应根据设计图纸要求，测放纵横轴线（或中心线）和模板边线，定好水平控制标高。

3. 模板施工前，应办理前一工序的验收手续。

4. 钢模台车作业前，必须编制详细的作业指导书或技术交底和安全技术交底，制定操作规程，对作业人员进行技术培训，作业人员经培训合格后持证上岗。

4.2.3 施工工艺

4.2.3.1 工艺流程

测放支模控制线→台车就位→模板就位→测量复测→模板支立→混凝土浇筑→模板脱模→行驶下一仓位。

4.2.3.2 操作工艺

箱涵模板安装宜采用两次支模施工，第一次安装底板及下贴角以上不小于 20cm 模板，第二次安装涵身模板（墙体和顶板模板）。涵身内外墙体和顶板模板宜采用整体式钢模台车，贴角模板、端头模板宜采用定型模板，异型、弧型输水箱涵和特殊部位模板可采用组合钢模板组装。模板的制作和安装应满足施工图纸要求的建筑物结构外形尺寸，其制作和安装允许偏差不应超过有关规范和合同要求规定。

1. 底板模板支立（一次支模）

外模采用组装式定型模板。围檩采用槽钢，围檩型号、间距应经计算确定，并应满足

规范要求，模板固定采用外撑（或外拉）与内拉结合的方法。

内模根据结构尺寸悬空支立，贴角水平部位用钢筋架立固定，内模竖向围檩和横向围檩与外模相对布置。内外模板采用对拉螺栓拉紧固定。底板模板加固参见图 4－1。

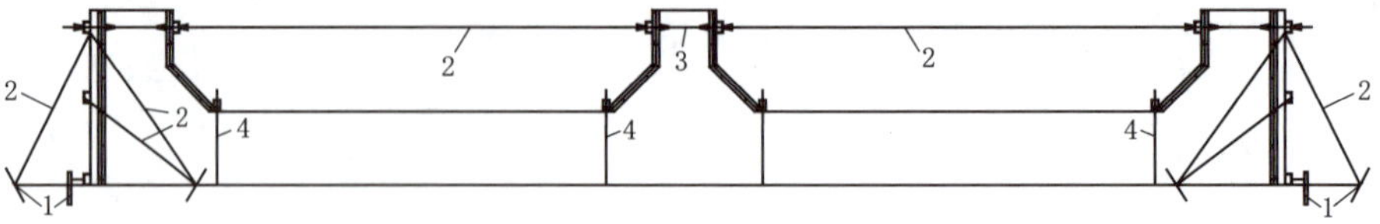

图 4－1　箱涵底板外模及内模安装示意图

1—地锚；2—钢拉杆；3—对拉螺栓；4—钢筋站杆

2. 墙体模板及顶板模板支立（二次支模）

箱涵外模采用外模台车进行支立。台车由桁架和钢面板组成，面板与台车桁架用水平千斤顶连接，由千斤顶调整就位。外模台车加固时，底部采用对拉螺栓加固，顶部由拉杆进行加固。拆模时借助台车上的千斤顶脱模，平移至下一仓面。箱涵外模台车结构示意图详见图 4－2。箱涵内模台车结构示意图详见图 4－3。

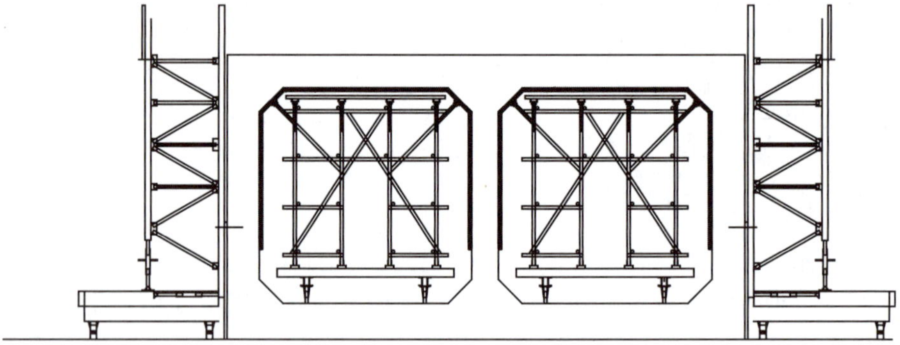

图 4－2　箱涵外模台车示意图

3. 箱涵端头模板支立

由于箱涵伸缩缝处设有橡胶止水带，制作端头模板时采用分区分块制作方式。为确保橡胶止水带安装位置和混凝土浇筑时橡胶止水带不发生位移，安装模板时，在模板边肋与橡胶止水带接触面上设置橡胶止水带限位条。模板纵、横向围檩支立加固时不得损坏橡胶止水带。端头模板配模布置示意图详见图 4－4。

4. 模板拆除

模板的拆除时限按照定型组合钢模板的要求进行拆除。在拆除的过程中，严格按照操作规程进行操作。先拆除顶板模板，再拆除墙体模板。首先利用可调丝杠将模板收缩 8°左右，其次再慢慢下调千斤顶，使模板在重力作用下脱离混凝土。在拆除过程中，必须保持模板台车平衡，依次均匀下降。

4.2.4　质量标准

钢模台车的制作、安装质量标准参见表 4－1～表 4－4。

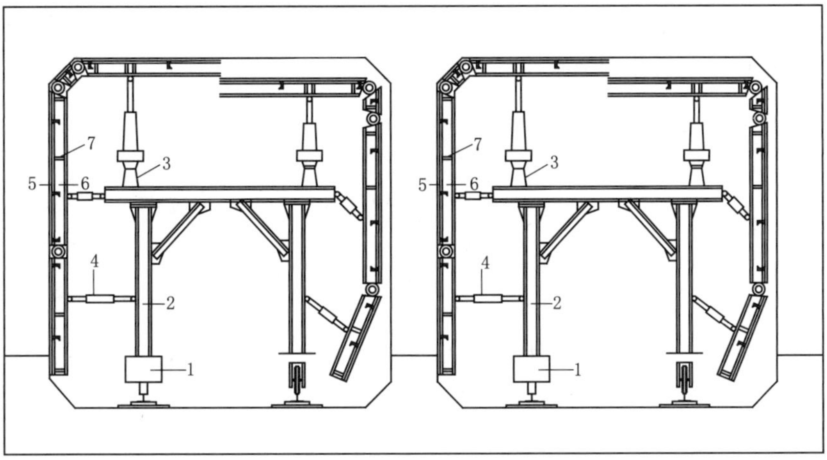

图 4-3 箱涵内模台车结构示意图

1—驱动装置；2—台车架；3—垂直千斤顶；4—水平千斤顶；5—钢模；6—钢围檩；7—钢站杆

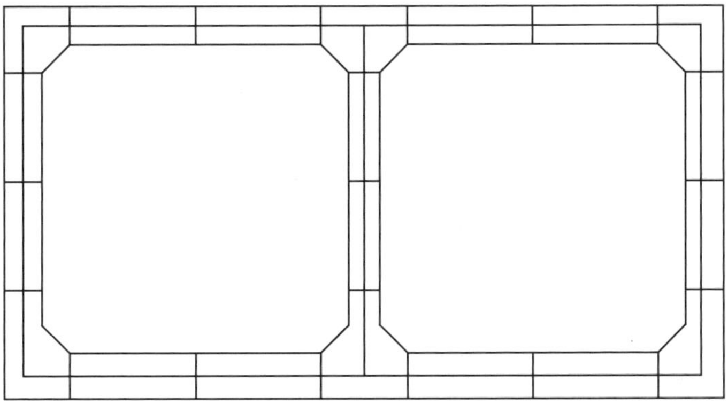

图 4-4 端头模板配模布置示意图

4.2.5 成品保护

4.2.5.1 已经安装好的模板，及时进行验收。

4.2.5.2 在浇筑过程中，设置专人对钢模台车进行巡视检查，发现异常及时进行处理。

4.2.5.3 对浇筑完成后的钢模台车，应进行全面检查维修。对千斤顶、模板及行走系统做重点检查，防止在作业过程中出现质量安全问题。

4.2.6 应注意的质量问题

4.2.6.1 分层处上层模板要紧贴下层已浇筑的混凝土，并且加固紧密，防止跑浆。

4.2.6.2 保持模板本身的整洁及配套设备零件的齐全，模板及零配件应设专人保管和维修，并应按规格、种类分别存放或装箱。

4.2.6.3 模板吊运就位时应平稳、准确，不等碰撞其他已施工完毕的部位。

4.2.6.4 安装和拆除模板时不得抛扔，以免损坏板面或造成模板变形。

4.2.6.5 振捣混凝土时，振捣棒不得触动模板面。

4.2.6.6 拆下的模板应及时清除灰浆。难以清除时，可采用模板除垢剂清除，不准敲砸。清除好的模板必须及时涂刷脱模剂。

4.3 木模板施工

4.3.1 适用范围

适用于一般民用建筑、厂房、水利等工程的木模板施工。

4.3.2 施工准备

施工图纸会审已完成。根据工程结构形式、特点及现场条件，合理确定模板工程施工的流水段，以减少模板投入，增加周转次数，均衡工序工程（钢筋、模板、混凝土）的作业量。

4.3.2.1 材料质量要求

1. 模板类型采用木板。所使用的木材宜为Ⅱ等、Ⅲ等木材，木材湿度宜为18%～23%。

2. 方木。50mm×100mm，100mm×100mm方木，要求规格统一，尺寸规矩。

3. 对拉螺栓。采用12mm、14mm的Ⅰ级钢筋，双边套丝扣。

4. 脱模剂。严禁使用油性脱模剂，必须使用水性脱模剂。

5. 模板支撑用料。采用钢管及碗扣架支撑。

4.3.2.2 主要施工机具

水准仪、全站仪、斧子、电锯、刨子、扳手、打眼电钻、线坠、靠尺板、方尺、铁锤、撬棍等。

4.3.2.3 作业条件

1. 模板结构选型。模板及支模板顶架的结构应根据工程结构特点，平面几何形状、施工机具设备、模板及顶架料供应等条件综合比较后，选定最佳的结构形式与施工方案。

2. 木模板备料。模板数量应根据模板设计方案，并结合方案中施工流水段的划分，进行综合考虑，合理确定模板的配置数量。

3. 模板涂刷脱模剂，并按施工平面布置图中指定的位置分规格堆放整齐。

4. 模板安装前，应根据设计图纸要求，放好纵横轴线（或中心线）和模板边线，定好水平控制标高。

5. 模板施工前，应办完前一工序的分部或分项工程隐蔽验收手续。

6. 模板安装前，根据模板、图纸要求和操作工艺标准向班组进行安全、技术交底。

4.3.3 施工工艺

4.3.3.1 工艺流程

复查模板的安装位置，模板编号→在模板上安装预埋件→一侧模板吊装就位→安装支撑→绑扎钢筋→插入对拉螺栓及套管→安装另一侧模板及支撑→安装对拉螺栓，两块模板连在一起→调整模板位置、垂直→紧固对拉螺栓→固定支撑→全面检查。

4.3.3.2 操作工艺

1. 组装模板时，对拉螺栓做如下设置：采用组合式对拉螺栓，内拉杆拧入锥形套筒7～

8个丝扣，对拉螺栓的间距符合下面的要求：混凝土侧压力$<20kN/m^2$，螺栓横向间距为1500mm，竖向间距为750mm；混凝土侧压力$<40kN/m^2$，螺栓横向间距为900mm，竖向间距为750mm；混凝土侧压力$<60kN/m^2$，螺栓横向间距为600mm，竖向间距为750mm。

2. 接缝模板，采用整装整拆时，在下层混凝土表面200mm左右处设置水平螺栓，紧固一道通长的角钢，作为上层模板的支承；采用单块就位时，可在下层模板上端设一道对拉螺栓，拆模时，该层模板暂不拆除，在支上层模板时，作为上层模板的支承面。

3. 单块组合安装时，应随时拆换支撑或增加支撑，以保证模板随时处于稳定状态，当钢楞长度不够需要接长时，接头处应增加同样数量的钢楞。

4. 预拼装安装，边就位、边校正和安装连接件或加设临时支撑，待模板支撑稳固后，方可脱钩。当模板较大，分几块预拼安装时，模板间按技术要求增加纵横附加钢楞。连接处的钢楞数量和位置与预拼的模板的钢楞数量和位置等同。附加钢楞在接缝两边与预拼模板钢楞的搭接长度，为预拼模板全长的15%～20%。

5. 对拉螺栓与模板保持垂直，松紧要适度，设在内外钢楞交接部位。

6. U形卡反正交替安装，预拼模板接缝处上全U形卡。

7. 模板安装到端头时，不得硬打硬塞，不足模数部分可镶嵌异形模板。

8. 模板的支撑牢固可靠，保证混凝土浇筑不变形。

4.3.4 质量标准

4.3.4.1 主控项目

1. 模板及其支顶必须有足够的强度、刚度和稳定性，其支顶的支承部分必须有足够的支承面积。如安装在基土上，基土必须坚实并有排水措施。

2. 安装现浇结构的上层模板及支架时，下层楼板应具有承受上层荷载的承受能力或加设支架；上下层支架的立柱应对准，并铺设垫板。

3. 在涂刷模板隔离剂时不得玷污钢筋与混凝土接茬处。

4.3.4.2 一般项目

1. 模板的接缝不应漏浆，在浇筑混凝土前，木模板应浇水湿润，但模板内部不应有积水。

2. 模板与混凝土的接触面应清理干净并涂刷隔离剂，但不得采用影响结构性能的隔离剂。浇筑混凝土前，模板内的杂物应清理干净。

3. 固定在模板上的预埋件、预留孔和预留洞口均不得有遗漏，且应安装牢固，且偏差应符合表4-4的规定。

4.3.5 成品保护

4.3.5.1 保持模板本身的整洁及配套设备零件的齐全，模板及零配件应设专人保管和维修，并要按规格、种类分别存放或装箱。

4.3.5.2 模板吊运就位时要平稳、准确，不得碰撞其他已施工完毕的部位，不得兜挂钢筋。

4.3.5.3 安装和拆除模板时不得抛扔，以免损坏板面或造成模板变形。

4.3.5.4 工作面已安装完毕的模板，不得在预组拼模板就位前作为临时倚靠，防止模板变形产生垂直偏差。工作面已完成的平面模板不得作为临时堆料和作业平台，以保证支架的稳定，防止平面模板标高和平整度产生偏差。

4.3.5.5 振捣混凝土时，不得用振捣棒触动板面。绑扎焊接钢筋时，不得砸坏或烧坏胶合板。

4.3.5.6 拆下的模板应及时清除灰浆。难以清除时，可采用模板除垢剂清除，不准敲砸。清除好的模板必须及时涂刷脱模剂，开孔部位涂封边剂。

4.3.5.7 模板应存放在室内或敞棚内干燥通风处，露天堆放时要加以覆盖。模板底层应设垫木，使空气流通，防止受潮。

4.3.6 应注意的质量问题

4.3.6.1 模板制作选材时，同一块模板上的背楞厚度、胶合板厚度应分别一致，以保证混凝土成型质量。

4.3.6.2 应根据混凝土侧压力选用模板背楞截面及背楞间距，以保证模板的整体刚度，防止涨模。

4.3.6.3 模板校正、加固时，每块模板应设两根斜撑（或拉锚），并对相邻两片模板上口往下分别吊线，找垂直、找垂直。

4.3.6.4 模板制作时，应精心选材，分别保证龙骨、面板材料厚度一致。

4.3.6.5 梁底模板安装时应拉通线，防止模板位移，以保证各开间梁在一条直线上。

4.3.6.6 相邻模板应拼缝严密顺直，防止漏浆。

4.3.6.7 模板与墙交接处用刨平直的方木，粘结海绵条后于墙面顶紧，以防止漏浆。

4.4 脚手架搭设

4.4.1 适用范围

适用于脚手架工程搭设的施工。

4.4.2 施工准备

4.4.2.1 材料质量要求

1. 脚手架采用扣件式钢管脚手架，直径 48mm、壁厚 3.0mm，无严重锈蚀、弯曲、压扁或裂纹。

2. 扣件必须符合国家质量标准，不得有裂纹、气孔，不宜有缩松、砂眼或其他性能的缺陷。

3. 扣件与钢管的贴合面必须严格整形，以保证与钢管扣紧时接触良好，当夹紧钢管时，开口处的最小距离不小于 5mm，活动部位能灵活转动，旋转面间隙应小于 1mm。

4. 凡是腐朽、扭纹、破裂、有较大的横向透节的木板都不得使用。

5. 扣件不得有脆裂、变形、砂眼、螺丝不正、滑牙等情况，并根据管径大小选用，不准乱用。

4.4.2.2 主要施工机具

安全带、扳手、安全帽、工具袋等。

4.4.2.3 作业条件

1. 搭设脚手架前，仔细检查工作环境、防护用品和工具，做好准备工作。

2. 脚手架基础夯实完毕且验收合格。

3. 作业工人必须经过安全培训。

4.4.3 施工工艺

4.4.3.1 工艺流程

基层处理→放置纵向扫地杆→逐根竖立柱→安放横向扫地杆→安装第一步纵向水平杆和横向水平杆→安装第二步纵向水平杆和横向水平杆→加设临时抛撑→安装第三步、第四步纵向水平杆和横向水平杆→安装横向斜撑→接立杆→加设剪刀撑；铺脚手板→安装护身栏杆和扫脚板→挂立网。

4.4.3.2 操作工艺

1. 基底处理：脚手架基础必须分层回填夯实（分层厚度 300mm，蛙式打夯夯实 3 遍），上面加垫板，垫板长 4m，宽度 200mm，厚度 5cm 的木板，垫板应铺平放稳，不得悬空。

2. 脚手片及脚手板的铺设脚手片应用 18 铅丝双股并联绑扎，不少于 4 点，要求绑扎牢固，交接处平整，铺设时应选用完好无损的脚手片，发现有破损的要及时更换。满铺层脚手片必须垂直墙面横向铺设，满铺到位，不留空位，不能满铺处必须采取有效的防护措施。

3. 横杆和扫地杆

（1）大横杆在脚手架高度方向的间距 1.80m，以便立网挂设，大横杆置于立杆里面，每侧外伸长度为 150mm。

（2）外架子按立杆与大横杆交点处设置小横杆，两端固定在立杆，以形成空间结构整体受力。

（3）安放横向扫地杆，扫地杆不得高于地面 30cm。纵向扫地杆应用直角扣件固定在竖向立杆上，并相互紧靠，将脚手架连接成为一个整体，距地不得大于 300mm。

4. 剪刀撑

脚手架外侧立面的两端各设置一道剪刀撑，并应由底至顶连续设置；中间各道剪刀撑之间的净距离不应大于 9m。剪刀撑斜杆的接长宜采用搭接，搭接长度不小于 1m，应采用不少于 2 个旋转扣件固定。剪刀撑斜杆应用旋转扣件固定在与之相交的横向水平杆的伸出端或立上，旋转扣件中心线离主节点的距离不宜大于 150mm。

5. 防护栏杆

（1）脚手架外侧使用建设主管部门认证的合格绿色密目式安全网封闭，且将安全网固定在脚手架外立杆里侧。选用 18 铅丝张挂安全网，要求严密、平整。

（2）脚手架外侧必须设 1.2m 高的防护栏杆和 30cm 高踢脚杆，顶排防护栏杆不少于 2 道，高度分别为 0.9m 和 1.3m。

（3）脚手架内侧形成临边的（如遇大开间门窗洞等），在脚手架内侧设 1.2m 的防护栏杆 30cm 高踢脚杆。

6. 拆除脚手架时，应符合下列规定：

(1) 拆除顺序应遵守由上到下，先搭后拆、后搭先拆的原则。即先拆栏杆、脚手架、剪刀撑、斜撑、而后小横杆、大横杆、立杆等，并按一步一清原则依次进行，严禁上下同时进行拆除工作。拆架子的高空作业人员必须戴安全帽，系安全带，穿软底鞋上架作业，同时，周围设置警戒线并有专人指挥，以免发生伤亡事故。

(2) 拆除作业必须由上而下逐层进行，严禁上下同时作业。

(3) 当脚手架采取分段、分立面拆除时，对不拆除的脚手架两端，按规定设置横向斜撑加固。

(4) 运至地面的构配件应按规范要求及时检查、整修与保养，并按品种、规格随时码堆存放。

4.4.3.3 冬雨期施工

当有6级及6级以上大风和雾、雨、雪天气时必须停止脚手架搭设与拆除作业。雨、雪后上架作业应有防滑措施，并应扫除积雪。

4.4.4 质量标准

4.4.4.1 基础平整、夯实，设排水沟。

4.4.4.2 架体下方铺设通长垫板。

4.4.4.3 扫地纵杆距地面不大于20cm，扫地横杆放在纵杆下方。

4.4.4.4 横杆、立杆接头相互错开，同一平面内接头不大于50%。

4.4.4.5 剪刀撑4～6跨（5～7根立杆）设一组，从下到上连续设置。

4.4.4.6 剪刀撑采用搭接，搭接长度不小于1m，不少于3个旋转扣件。

4.4.4.7 剪刀撑与地面夹角为30°～60°。

4.4.4.8 操作层脚手板应满铺，并且要固定。脚手板可以搭接或对接，小横杆距脚手板端头不大于15cm。

4.4.4.9 操作层外侧应做两道护身栏杆，栏杆间距60cm，总高为1.2m。

4.4.4.10 操作层外侧应设一道挡脚板，并且与架体固定。

4.4.4.11 脚手架首层应张挂大眼水平网，脚手板下应挂水平网。

4.4.4.12 脚手架搭设高度超35m时，在架体高度2/3处采用钢丝绳卸荷措施。

4.4.4.13 脚手架高度大于30m应设防雷接地装置，接地电阻不大于30Ω。

5 钢 筋 工 程

5.1 钢筋制作

5.1.1 适用范围

适用于水利水电工程各种建筑物钢筋制作的施工。

5.1.2 施工准备

5.1.2.1 技术准备

1. 组织项目部工程、质检等部门认真审核结构图纸，详细复核钢筋料表中每种规格钢筋的根数、设计长度及重量，审核无误后根据施工进度计划编制钢筋采购计划。

2. 对钢筋加工作业人员进行技术培训并进行安全、技术交底，培训合格后持证上岗。

5.1.2.2 材料质量要求

用于水工混凝土结构的钢筋应符合 GB/T 701—2008《低碳钢热轧圆盘条》、GB 1499.1—2017《钢筋混凝土用钢　第 1 部分：热轧光圆钢筋》、GB 1499.2—2018《钢筋混凝土用钢　第 2 部分：热轧带肋钢筋》、JGJ 107—2016《钢筋机械连接技术规程》、GB 13788—2017《冷轧带肋钢筋》、GB 13104—2013《钢筋混凝土用余热处理钢筋》的要求，并有出厂质量证明书。钢筋进场后对每一品种、规格的钢筋进行见证取样，检测合格后方可使用。

5.1.2.3 主要施工机具

1. 主要施工机具：钢筋弯曲机、钢筋切断机、电焊机、对焊机、钢筋调直机、砂轮切割机等。

2. 主要工具：气割焊枪、钢筋扳手、钢筋钩、钢筋平台、钢丝刷、尺子、粉笔、钢筋运输车等。

5.1.2.4 作业条件

1. 所需材料及机具已经进场，加工机具状况良好。

2. 钢筋加工场地平整、道路畅通，供电等条件满足施工需要。

5.1.3 施工工艺

5.1.3.1 工艺流程

钢筋进场检查→钢筋存储→钢筋见证取样→钢筋加工。

5.1.3.2 操作工艺

1. 钢筋进场检查

（1）外观质量检查：查看钢筋锈蚀程度及有无裂缝、结疤、麻坑、气泡、砸碰伤痕，并应测量钢筋直径。

1）直径偏差范围：公称直径 6mm，允许偏差±0.3mm；公称直径 8～18mm，允许偏差±0.4mm；公称直径 20～25mm，允许偏差±0.5mm；公称直径 28～36mm，允许偏差±0.6mm；公称直径 40mm，允许偏差±0.7mm；公称直径 50mm，允许偏差±0.8mm。

2）当以定尺交货时，长度允许偏差±25mm。当要求最小长度时，允许偏差+50mm；当要求最大长度时，允许偏差－50mm。

3）按重量交货时，重量偏差应符合表 5－1 规定。

表 5－1　　重量偏差表

公称直径/mm	实际重量与理论重量偏差/%
6～12	±7
14～20	±5
22～50	±4

（2）核查每捆或每盘钢筋上的钢筋标牌注明的生产厂家、生产日期、牌号、产品批号、规格、尺寸等标记，是否与出厂质量证明书相符。

2. 钢筋存储

（1）钢筋外观检查合格后，按照钢筋品种、等级、牌号、规格及生产厂家分类堆放，不得混放，并分别设立识别标志。

（2）钢筋在存储过程中，避免锈蚀和污染。露天堆置时，架空存放，场地应有良好的排水设施，离地面距离不宜小于 200mm，钢筋堆放高度以下层钢筋不变形为宜，并加以遮盖。

3. 钢筋见证取样

（1）按照不同批号和直径，按照表 5－2 规定取样做力学性能试验。

表 5－2　　钢筋力学性能试验

钢筋种类	验收批钢筋组成	每批数量	取样方法及数量
热轧钢筋	同一厂家、同一炉号、同一规格、同一交货状态	≤60t	每一验收批中用砂轮切断机去掉端头 50cm 截取一组试件，拉伸、弯曲各 2 个
热处理钢筋	1. 同一厂家、同一炉号、同一规格、同一交货状态； 2. 同一厂家、同一冶炼方法、同一浇筑方法的不同炉号组成混合批，每批不多于 6 个炉号	≤60t	任选 2 根钢筋切断，数量 2 根
冷拉钢筋	同级别、同直径	≤20t	从每批冷拉钢筋中抽取 2 根钢筋，每根取 2 个试件，分别进行拉力和冷弯试验

（2）检验合格的判定标准：如有一个试件一项指标检测不合格，则另取双倍数量的试件进行复检，如仍有一个试件不合格，则判定该批钢筋为不合格。

4. 钢筋加工

（1）钢筋配料单。

1）钢筋下料长度应根据结构尺寸、混凝土保护层厚度、弯钩长度、料长综合进行计算，以钢筋接头最少和节约钢筋为原则；下料长度还应考虑钢筋弯曲时的弯曲伸长量以及钢筋焊接、绑扎需要的长度，在允许偏差范围内宜小不宜大，以保证保护层厚度及施工方便。

2）下料长度＝构件图示尺寸＋钢筋弯钩长度＋搭接长度—混凝土保护层厚度—量度差（钢筋弯曲调整值）。

3）每种规格、型号的钢筋计算复核无误后，填写钢筋加工料牌，内容包括型式、长度、根数及使用的部位等。

（2）钢筋清污除锈。

1）钢筋在使用前将表面油渍、漆污、锈皮、鳞锈等清除干净，对钢筋表面的浮锈可不做专门处理。钢筋清污除锈过程中或除锈后，若发现钢筋表面有严重锈蚀、麻坑、斑点等现象时，应进行鉴定，根据鉴定结果确定降级使用或剔除不用。

2）钢筋除锈采用除锈机除锈为主，少量钢筋采用人工除锈。除锈后的钢筋，尽快使用，避免二次锈蚀。

3）对成盘的钢筋或弯曲的钢筋进行调直，达到钢筋平直、无局部弯折，钢筋中心线同直线的偏差不超过其全长1%。调直后出现死弯的钢筋剔除不用。钢筋调直后如发现钢筋有劈裂现象，将该钢筋作为废品，并重新鉴定该批钢筋的质量。

（3）钢筋调直。

1）钢筋的调直采用机械调直或冷拉调直。

2）调直机调直后，其表面伤痕不得使钢筋截面面积减少5%。

3）对于HRB335、HRB400、HRB500级钢筋其调直冷拉率控制在1%以内，对于HPB235、HPB300级钢筋冷拉率控制在4%以内。

4）严禁使用卷扬机冷拉调直工艺，因为拉伸后钢筋直径变小，现场难以控制，不能保证钢筋受力。

（4）钢筋下料切断。

1）下料前认真核对配料单中的钢筋规格、级别及加工数量，无误后按照配料单下料。

2）钢筋切断宜采用钢筋切断机切断；在切断前，先在钢筋上用粉笔按配料单标注长度，将切断位置做明显标示，切断时，切断标记对准刀刃将钢筋放入切断槽内将其切断；较细钢筋可采用砂轮切割机切断。

（5）钢筋加工及弯制。

1）钢筋弯制采用钢筋弯曲机完成。

2）HPB235级光圆钢筋端头应符合设计要求。当设计未做规定时，所有受拉光圆的末端应做180°的半圆弯钩。其弯弧内径不小于2.5倍的钢筋直径；手工弯钩时，弯钩的弯后平直部分长度不小于3倍的钢筋直径。

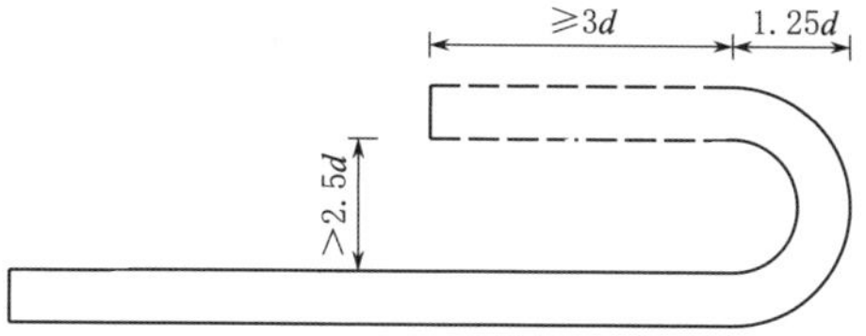

图5－1　HPB235级光圆钢筋端头弯钩示意图

3）HRB335级及以上钢筋端头，当设计要求弯转90°时，其最小弯弧内径符合下列规定：钢筋直径小于16mm时，最小弯弧内径不小于5倍的钢筋直径；钢筋直径大于等于16mm时，最小弯弧内径为7倍的钢筋直径，平直部分长度按照设计要求不小于10倍的钢筋直径。

4）各类钢筋中部弯折90°以上时，弯起钢筋处圆弧内半径宜大于12.5倍的钢筋直径。

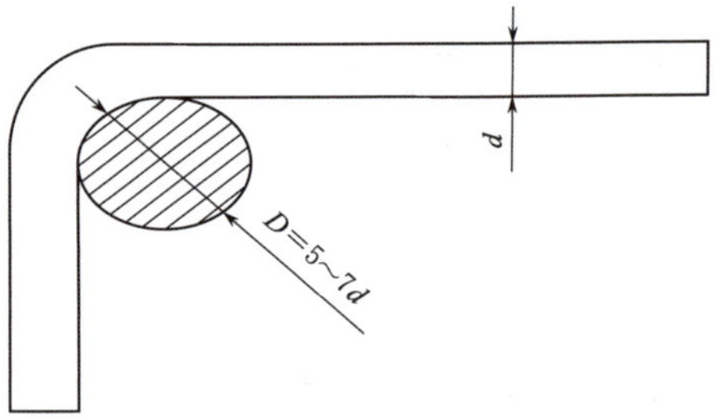

图 5－2　HRB335 级光圆钢筋端头弯钩示意图

5）箍筋加工按照设计要求的形式进行。设计无具体要求时，应符合下列要求：箍筋弯钩弯折角度：对一般结构不小于 90°，对有抗震要求结构为 135°。箍筋弯后平直部分长度：对于一般结构不宜小于 5 倍箍筋直径；对有抗震要求的结构不应小于 10 倍箍筋直径。参见图 5－3 箍筋末端弯钩示意图。所有钢筋弯折宜在气温＋5℃上进行，当环境温度低于－20℃，不应对低合金钢筋进行弯折加工。

结构类别	弯曲角度	图示
一般结构	90°/180°	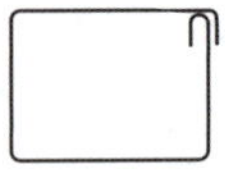
	90°/90°	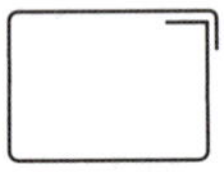
抗震结构	135°/135°	

图 5－3　箍筋末端弯钩示意图

6）钢筋端部加工有弯曲的，予以矫直或割除（绑扎接头除外）。端部轴线偏移不得大于 0.1 倍的钢筋直径，并不得大于 2mm。端头面整齐，并与轴线垂直。

5. 钢筋接头加工及连接

钢筋接头连接一般有三种方式：绑扎接头、焊接接头及机械连接。优先采用焊接和机械连接。焊接接头包括搭接焊、帮条焊、对焊、坡口焊、窄间隙焊和熔槽帮条焊等六种形式，常用搭接焊、帮条焊、对焊。

（1）钢筋接头的切割。

采用绑扎接头、帮条焊、搭接焊的接头采用钢筋切断机切割。采用电渣压力焊的接头，采用砂轮切割机或气焊切割。采用冷挤压连接或螺纹连接的机械连接钢筋端头采用砂轮锯或钢锯片切割，不得采用电气焊切割，如切割后钢筋端头有毛边、弯折或纵肋尺寸过大着，可采用砂轮机修磨。冷挤压接头不得打磨钢筋横肋。采用融槽焊、窄间隙焊和气压焊连接的钢筋端头采用砂轮锯切割。

（2）钢筋接头连接。

1）绑扎连接。

a. 受拉钢筋直径小于等于 22mm、受压钢筋小于等于 32mm、其他钢筋小于等于 25mm 时，可以采用绑扎接头。

b. 对轴心受拉、承受振动荷载、小偏心受拉构件中的纵向受力不得采用绑扎接头。

c. 钢筋搭接处，在中心和两端用绑丝扎牢，绑扎不少于三道。纵向受拉钢筋的接头搭接长度按受拉钢筋最小锚固长度控制见表 5-3 纵向受拉钢筋绑扎接头最小搭接长度表。

表 5-3　　纵向受拉钢筋绑扎接头最小搭接长度表

项次	钢筋牌号	混凝土强度等级									
		C15		C20		C25		C30、C35		≥C40	
		受拉	受压	受拉	受压	受拉	受压	受拉	受压	受拉	受压
1	HPB235	50*d*	35*d*	40*d*	25*d*	30*d*	20*d*	25*d*	20*d*	25*d*	20*d*
2	HRB335	60*d*	45*d*	50*d*	35*d*	40*d*	30*d*	40*d*	25*d*	30*d*	20*d*
3	HRB400	—	—	55*d*	40*d*	50*d*	35*d*	40*d*	30*d*	35*d*	25*d*
4	CRB550	—	—	50*d*	35*d*	40*d*	30*d*	35*d*	25*d*	30*d*	20*d*

注　月牙纹钢筋直径 $d \geqslant 25$mm 时，最小搭接长度增加 5*d*。

d. 表中 HPB235 级光圆钢筋最小锚固长度不包括端部弯钩长度。当受压钢筋为 HPB235 级钢筋，末端又无弯钩时，其搭接长度不小于 30*d*。

e. 施工中钢筋受力分不清受拉区、受压区，按受拉区处理。

2）搭接焊。

a. 接头焊缝宜采用双面焊，当不能进行双面焊时，可采用单面焊，其搭接长度应符合表 5-4 的规定。

表 5-4　　钢 筋 帮 条 长 度

钢筋牌号	焊接型式	帮条长度
HPB 235	单面焊	≥8*d*
	双面焊	≥4*d*
HRB 335 HRB 400	单面焊	≥10*d*
	双面焊	≥5*d*

b. 焊工必须经过考试合格后持证上岗。

c. 钢筋焊接前，必须根据施工条件进行试焊，试样数量应与检查验收每批抽样数量要求相同，并应符合 DL/T 5169—2013《水工混凝土钢筋施工规范》的有关规定。

d. 钢筋电弧焊所用焊条牌号应符合设计要求，其性能应符合国家现行标准 GB/T 5117—2012《非合金钢及细晶粒钢焊条》或 GB/T 5118—2012《热强钢焊条》。若设计无规定时，可按表 5-5 选用。

3）帮条焊。

a. 帮条钢筋宜与接头钢筋同牌号、同直径；帮条钢筋牌号与接头钢筋相同时，帮条钢筋直径可允许小一个规格；帮条钢筋直径与接头钢筋相同时，帮条钢筋牌号可低于一个牌号。

b. 帮条焊的焊缝高度不应小于主筋直径的 0.3 倍；焊缝宽度不应小于主筋直径的 0.8 倍，两主筋之间间隙 2～5mm。

参见图 5-4 帮条焊示意图。

c. 当主筋为 HPB235 时，帮条总截面面积不得小于主筋截面面积的 1.25 倍；当主筋为 HRB335、HRB400 时，帮条总截面面积不得小于主筋截面面积的 1.5 倍。

表 5－5　　钢筋电弧焊焊接材料匹配表

钢筋牌号	电弧焊接头形式			
	帮条焊搭接焊	坡口焊 融槽焊 预埋件穿孔塞焊	窄间隙焊	钢筋与钢板搭接焊 预埋件 T 型角焊
HPR235	GB/T 5117	GB/T 5117	GB/T 5117	GB/T 5117
	E43XX	E43XX	E43XX	E43XX
	GB/T 8110	GB/T 8110	GB/T 8110	GB/T 8110
	ER49、50－X	ER49、50－X	ER49、50－X	ER49、50－X
HPB300	GB/T 5117	GB/T 5117	GB/T 5117	GB/T 5117
	E43XX	E43XX	E43XX	E43XX
	GB/T 8110	GB/T 8110	GB/T 8110	GB/T 8110
	ER49、50－X	ER49、50－X	ER49、50－X	ER49、50－X
HRB335 HRBF335	GB/T 5117	GB/T 5117	GB/T 5117	GB/T 5117
	E43XX、E50XX	E50XX	E45015、16	E43XX、E50XX
	GB/T 5118	GB/T 5118	GB/T 5118	GB/T 5118
	E50XX－X	E50XX－X	E5015、16－X	E50XX－X
	GB/T 8110	GB/T 8110	GB/T 8110	GB/T 8110
	ER49、50－X	ER49、50－X	ER49、50－X	ER49、50－X
HRB400 HRBF400	GB/T 5117	GB/T 5118 E55XX－X GB/T 8110 ER50、55－X	GB/T 5118 E5515、16－X GB/T 8110 ER50、55－X	GB/T 5117
	E50XX			E50XX
	GB/T 5118			GB/T 5118
	E50XX－X			E50XX－X
	GB/T 8110			GB/T 8110
	ER50－X			ER50－X
HRB500 HRBF500	GB/T 5118	GB/T 5118 E60XX－X	GB/T 5118 E6015、16－X	GB/T 5118
	E55、60XX－X			E55、60XX－X
	GB/T 8110			GB/T 8110
	ER55－X			ER55－X
KL400	GB/T 5118	GB/T 5118 E55XX－X	GB/T 5118 E6015、16－X	GB/T 5118
	E55XX－X			E55XX－X
	GB/T 8110			GB/T 8110
	ER55－X			ER55－X

d. 帮条焊宜采用双面焊，当不能进行双面焊时，可采用单面焊，帮条钢筋长度符合表 5－4 规定。

e. 焊接时，在帮条焊形成的焊缝中引弧；在端头收弧前填满弧坑，并应使主焊缝与定位焊缝的始端与终端熔合。

4）手工电弧焊施焊准备。

a. 检查电源、焊机及工具。焊把接地线应与钢筋接触良好，防止引弧而烧伤钢筋。

b. 选择焊接参数。根据钢筋级别、直径、接头型式和焊接位置选择焊条、焊接工艺和焊接参数。

c. 试焊、做模拟试件。在每批钢筋正式焊接前，应焊接 3 个模拟试件做拉力试验，经试验合格后，方可按确定的焊接参数成批生产。

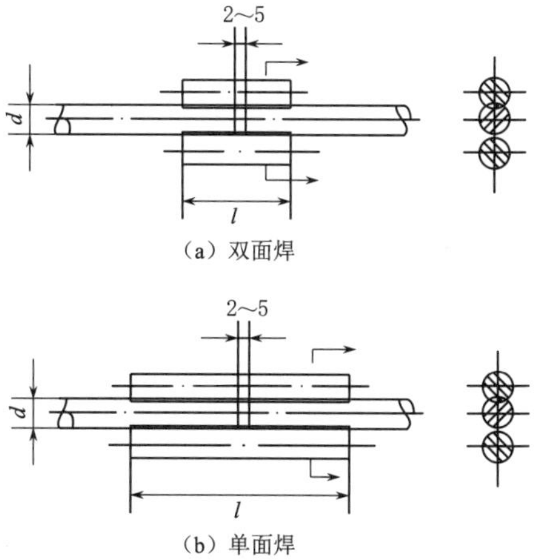

图 5-4　帮条焊示意图

d—钢筋直径；l—帮条长度

5）手工电弧焊试焊操作。

a. 引弧：带有垫板或帮条的接头，引弧应在垫板、帮条或形成焊缝部位进行，不得烧伤主筋。

b. 定位：焊接时应先焊定位点再施焊。

c. 运条：运条时的直线前进、横向摆动和送进焊条 3 个动作应协调平稳。

d. 收弧：收弧及拉灭电弧时，应将熔池填满，注意不要在表面造成电弧擦伤。

e. 多层焊：如钢筋直径较大，需要进行多层施焊时，应分层间断施焊，每焊一层后，应清渣再焊接下一层；应保证焊缝的长度和高度。

f. 熔合：焊接过程中应有足够的熔深。主焊缝与定位焊缝应结合良好，避免气孔、夹渣和烧伤缺陷，并防止产生裂纹。

g. 平焊：平焊时应注意熔渣和铁水混合不清的现象，防止熔渣流到铁水前面，熔池也应控制成椭圆形，一般采用右焊法，焊条与工作表面成 70°夹角。

h. 立焊：立焊时，铁水与熔渣易分离，要防止熔池温度过高使铁水下坠形成焊瘤，操作时焊条应与垂直面成 60°～80°，使电弧略向上，吹向熔池中心；焊第一道时，应压住电弧向上运条，同时做较小的横向摆动，其余各层用半圆形横向摆动加挑弧法向上焊接。

i. 横焊：焊条倾斜 70°～80°，防止铁水在自重作用下坠到下坡口上，运条到上坡口处不做运弧停顿，迅速带到下破口根部做微小横拉稳弧动作，依次匀速进行焊接。

j. 仰焊：仰焊时宜用小电流短弧焊接，熔池宜薄，且应确保与母材融合良好；第一层焊缝用短电弧做前后推拉动作，焊条与焊接方向成 80°～90°；其余各层焊条横摆，并在坡口侧略停顿稳弧，保证两侧融合。

k. 焊接过程中应及时清渣，焊缝表面应光滑，焊缝余高应平缓过渡，弧坑应填满。

6）闪光对焊。

a. 采用不同直径的钢筋进行闪光对焊时，直径相差宜为一级，且不大于 4mm。采用闪光对焊时，钢筋端头如有弯曲，应予以矫直或切除。

b. 连续闪光焊所能焊接的钢筋上限直径，应根据焊机容量、钢筋牌号等具体情况而定，并应符合表 5-6 的规定。

表 5-6　　连续闪光焊钢筋上限直径

焊接容量/kVA	钢筋牌号	钢筋直径/mm
160（150）	HPB300	22
	HRB335、HRBF335	22
	HRB400、HRBF400	20
	HRB500、HRBF500	20
100	HPB300	20
	HRB335、HRBF335	20
	HRB400、HRBF400	18
	HRB500、HRBF500	16
80（75）	HPB300	16
	HRB335、HRBF335	14
	HRB400、HRBF400	12

c. 闪光对焊时，应选择合适的调伸长度、烧化留量、顶锻留量等焊接参数。连续闪光焊时的留量应包括烧化留量、有电顶锻留量和无电顶锻留量；闪光一预热闪光焊时的留量应包括一次烧化留量、预热留量、二次烧化留量、有电顶锻留量和无电顶锻留量。

a）调伸长度的选择，应随着钢筋牌号的提高和钢筋直径的加大而增长，主要是减缓接头的温度梯度，防止在热影响区产生淬硬组织。当焊接 HRB400、HRB500 等级别钢筋时，调伸长度宜在 40～60mm 内选用。

b）烧化留量的选择，应根据焊接工艺方法确定。当进行连续闪光焊焊接时，闪光过程应较长。烧化留量应等于两根钢筋在断料时切断机刀口严重压伤部分（包括端面的不平整度）再加 8mm。

c）需要预热时，宜采用电阻预热法。预热留量应为 1～2mm，预热次数应为 1～4 次；每次预热时间应为 1.5～2s；间歇时间应为 3～4s。

d）顶锻留量应为 4～10mm，并应随钢筋直径的增大和钢筋牌号的提高而增加。其中，有电顶锻留量约占 1/3，无电顶锻留量约占 2/3，焊接时必须控制得当。

e）变压器级数应根据钢筋牌号、直径、焊机容量以及焊接工艺方法等具体情况选择。

d. HRB400 级钢筋闪光对焊时，与热轧钢筋比较，应减小调伸长度，提高焊接变压器级数，缩短加热时间，快速顶锻，形成快热、快冷条件，使热影响区长度控制在钢筋直径的 0.6 倍范围之内。

e. HRB500 级钢筋焊接时，应采用预热闪光焊或闪光一预热闪光焊工艺。当接头拉伸试验结果发生脆性断裂，尚应在焊机上进行焊后热处理。

f. 当螺栓端杆与预应力钢筋对焊时，轴线应一致，宜事先对螺栓端杆进行预热，并减小调伸长度。

g. 大直径钢筋焊接时，宜首先采取锯割或气割方式对钢筋端面进行平整处理，然后采取预热闪光焊工艺。

h. 在闪光对焊生产中，当出现异常现象或焊接缺陷时，应查找原因，采取措施，及时消除。

7）机械连接。

a. 机械连接方式：套筒挤压连接、锥螺纹连接、直螺纹连接（墩粗直螺纹、滚压直螺纹）。适用于钢筋直径 16～40mm 范围。机械连接的方式及适用范围见表 5－7。

表 5－7　　机械连接的方式及适用范围

<table>
<tr><th colspan="3">连 接 方 式</th><th>适 用 范 围</th><th>钢筋直径/mm</th></tr>
<tr><td colspan="3">套筒挤压连接</td><td>HRB 335、HRB 400、RRB 400</td><td>16～40</td></tr>
<tr><td colspan="3">锥螺纹连接</td><td>HRB 335、HRB 400、RRB 400</td><td>16～40</td></tr>
<tr><td rowspan="4">直螺纹连接</td><td colspan="2">墩粗直螺纹连接</td><td rowspan="4">HRB 335、HRB 400</td><td rowspan="4">16～40</td></tr>
<tr><td rowspan="3">滚压直螺纹连接</td><td>直接滚压直螺纹连接</td></tr>
<tr><td>挤肋滚压直螺纹连接</td></tr>
<tr><td>剥肋滚压直螺纹连接</td></tr>
</table>

b. 钢筋套筒挤压连接应符合下列要求。

a）钢筋的外形应符合钢筋标准的要求。

b）套筒材质应采用低碳钢制作，厚度、长度应满足设计要求。

c）连接用的模具形状、挤压道次、挤压变形量控制均应符合设计要求。

d）接头部位的混凝土保护层可比混凝土设计规定的最小厚度小 5mm，但不小于 15mm，钢筋间距不小于 50mm。

e）轴线倾斜应小于或等于±3mm，X、Y、Z 三向位置偏差应小于等于 15mm。

c. 钢筋锥（直）螺纹连接应符合下列要求。

a）接头的设计应满足强度及变形性能的要求。

b）接头连接件的屈服承载力和受拉承载力的标准值不应小于被连接钢筋的屈服承载力和受拉承载力标准值的 1.10 倍。

c）接头应根据其性能等级和应用场合，对单向拉伸性能、高应力反复拉压、大变形反复拉压、抗疲劳等各项性能确定相应的检验项目。

d）接头应根据抗拉强度、残余变形以及高应力和大变形条件下反复拉压性能的差异，分为 A、B、C 三个性能等级。各级接头的抗拉强度应符合接头的抗拉强度表 5－8 的规定，变形性能应符合接头的变形性能表 5－9 的规定。

6. 钢筋接头分布要求

（1）接头位置应分散布置，设置在受力较小处。同一构件纵向受力钢筋相互错开。结构构件的纵向受力钢筋相互错开 $35d$（d 为纵向受力钢筋较大直径），且不小于 500mm。

（2）配置在同一截面的受力钢筋，其绑扎和焊接接头的截面面积占受力钢筋总截面面积百分率，符合下列规定：

1）绑扎接头，在构件的受拉区不得超过 25%，受压区不得超过 50%。

2）闪光对焊、融槽焊、电渣压力焊、气压焊、窄间隙焊、接头在受弯构件的受拉区不得超过 50%，在受压区不受限制；焊接和绑扎接头距离钢筋弯头起点不小于 10d，并不得位于最大弯矩处。

表 5-8　　接头的抗拉强度

接头等级	A	B	C
抗拉强度	$f^0_{mst} \geqslant f_{stk}$ 断于钢筋 $f^0_{mst} \geqslant 1.10 f_{stk}$ 断于接头	$f^0_{mst} \geqslant f_{stk}$	$f^0_{mst} \geqslant f_{yk}$

表 5-9　　接头的变形性能

接头等级		A	B	C
单向拉伸	残余变形/mm	$U_0 \leqslant 0.10$ ($d \leqslant 32$) $U_0 \leqslant 0.14$ ($d > 32$)	$U_0 \leqslant 0.14$ ($d \leqslant 32$) $U_0 \leqslant 0.16$ ($d > 32$)	$U_0 \leqslant 0.14$ ($d \leqslant 32$) $U_0 \leqslant 0.16$ ($d > 32$)
	最大力总伸长/mm	$A_{sgt} \geqslant 0.6$	$A_{sgt} \geqslant 0.6$	$A_{sgt} \geqslant 0.6$
高应力反复拉压	残余变形/mm	$A_{20} \leqslant 0.3$	$A_{20} \leqslant 0.3$	$A_{20} \leqslant 0.3$

注　当频遇荷载组合下，构件中钢筋应力明显高于 $0.6 f_{yk}$ 时，设计部门可对单向拉伸残余变形 U_0 的加载峰值提出调整要求。

3）机械连接接头宜避开有抗振要求的框架梁端、柱端箍筋加密区；当无法避开时，采用 B 级接头或 A 级接头，且接头不得超过 50%；接头宜设置在结构构件受拉钢筋应力较小部位，当需要在高应力设置时，C 级接头不得大于 25%，B 级接头不得大于 50%。受拉钢筋应力较小部位或纵向受压钢筋，接头百分百不受限制。

4）施工中分不清受拉区或受压区时，接头分布按照受拉区处理。

5.1.3.3　冬雨期施工

1. 雨期施工

（1）雨期施工应采取有效防雨、防潮措施，避免钢筋锈蚀及电焊条受潮。

（2）雨天不得露天进行焊接作业，并避免未冷却的接头与雨水接触。

2. 冬期施工

（1）焊接钢筋宜在室内进行，当必须在室外进行时，最低温度不宜低于－20℃，并应采取防雪挡风措施，以减小焊件温度差，严禁未冷却的接头与冰雪接触。

（2）冷拉钢筋时的温度不宜低于－15℃，当采取可靠的安全措施时可不低于－20℃；当采用冷拉率和控制应力方法冷拉钢筋时，冷拉控制应力宜较常温时适当予以提高，提高值应经试验确定，但不得超过 30MPa。

5.1.4　质量标准

5.1.4.1　一般规定

1. 钢筋应按不同品种、型号、规格及检验状态分别标识存放。在运输、加工储存过程中应防止锈蚀、污染和变形。

2. 当钢筋的品种、级别或规格需做变更时，应办理设计变更文件。

5.1.4.2　质量检验

1. 钢筋工程质量检查应按照钢筋施工工艺的相关设计要求，采取直观检查、实测检查、仪器测试等。

2. 钢筋工序质量评定。合格标准：主控项目全部符合质量标准，一般项目不少于

70%的检查点符合质量标准为合格。优良标准：主控项目全部符合质量标准，一般项目不少于 90%的检查点符合质量标准为优良。

3. 钢筋制作及安装工序施工质量验收评定表见表 5-10。

表 5-10　　筋制作及安装工序施工质量验收项目及质量标准

<table>
<tr><th colspan="2">项次</th><th colspan="4">检 验 项 目</th><th>质 量 要 求</th></tr>
<tr><td rowspan="26">主控项目</td><td>1</td><td colspan="4">钢筋的数量、规格尺寸、安装位置</td><td>符合质量标准和设计的要求</td></tr>
<tr><td>2</td><td colspan="4">钢筋接头的力学性能</td><td>符合规范要求和国家及行业有关规定</td></tr>
<tr><td>3</td><td colspan="4">焊接接头和焊缝外观</td><td>不允许有裂缝、脱焊点、漏焊点，表面平顺，没有明显的咬边、凹陷、气孔等，钢筋不应有明显烧伤</td></tr>
<tr><td rowspan="21">4</td><td rowspan="21">钢筋连接</td><td rowspan="6">电弧焊</td><td colspan="2">帮条对焊接头中心</td><td>纵向偏移差不大于 0.5d</td></tr>
<tr><td colspan="2">接头处钢筋轴线的曲折</td><td>≤4°</td></tr>
<tr><td rowspan="4">焊缝</td><td>长度</td><td>允许偏差-0.5d</td></tr>
<tr><td>宽度</td><td>允许偏差-0.1d</td></tr>
<tr><td>高度</td><td>允许偏差-0.05d</td></tr>
<tr><td>表面气孔夹渣</td><td>在 2d 长度上数量不多于 2 个；气孔、夹渣的直径不大于 3mm</td></tr>
<tr><td rowspan="4">对焊及熔槽焊</td><td rowspan="2">焊接接头根部未焊透深度</td><td>ϕ25～40mm 钢筋</td><td>≤0.15d</td></tr>
<tr><td>ϕ40～70mm 钢筋</td><td>≤0.10d</td></tr>
<tr><td colspan="2">接头处钢筋中心线的位移</td><td>0.10d 且不大于 2mm</td></tr>
<tr><td colspan="2">蜂窝、气孔、非金属杂质</td><td>焊缝表面（长为 2d）和焊缝截面上不多于 3 个，且每个直径不大于 1.5mm</td></tr>
<tr><td rowspan="3">绑扎连</td><td colspan="2">缺扣、松扣</td><td>≤20%，且不集中</td></tr>
<tr><td colspan="2">弯钩朝向正确</td><td>符合设计图纸</td></tr>
<tr><td colspan="2">搭接长度</td><td>允许偏差-0.05mm 设计值</td></tr>
<tr><td rowspan="8">机械连接</td><td rowspan="4">带肋钢筋冷挤压连接接头</td><td>压痕处套筒外形尺寸</td><td>挤压后套筒长度应为原套筒长度的 1.10～1.15 倍，或压痕处套筒的外径波动范围为原套筒外径的 0.8～0.9 倍</td></tr>
<tr><td>挤压道次</td><td>符合型式检验结果</td></tr>
<tr><td>接头弯折</td><td>≤4°</td></tr>
<tr><td>裂缝检查</td><td>挤压后肉眼观察无裂缝</td></tr>
<tr><td rowspan="4">直（锥）螺纹连接接头</td><td>丝头外观质量</td><td>保护良好，无锈蚀和油污，牙形饱满光滑</td></tr>
<tr><td>套头外观质量</td><td>无裂纹或其他肉眼可见缺陷</td></tr>
<tr><td>外露丝扣</td><td>无 1 扣以上完整丝扣外露</td></tr>
<tr><td>螺纹匹配</td><td>丝头螺纹与套筒螺纹满足连接要求，螺纹结合紧密，无明显松动，以及相应处理方法得当</td></tr>
<tr><td>5</td><td colspan="4">钢筋间距</td><td>无明显过大过小的现象</td></tr>
<tr><td>6</td><td colspan="4">保护层厚度</td><td>允许偏差±1/4 净保护层厚</td></tr>
</table>

续表

项次		检 验 项 目		质 量 要 求
一般项目	1	钢筋长度方向		允许偏差±1/2 净保护层厚
	2	同一排受力钢筋间距	排架、柱、梁	允许偏差±0.5d
			板、墙	允许偏差±0.1 倍间距
	3	双排钢筋，其排与排间距		允许偏差±0.1 倍排距
	4	梁与柱中箍筋间距		允许偏差±0.1 倍箍筋间距

5.1.5 成品保护

5.1.5.1 焊接作业时，严禁在主筋上打火引弧，以防烧伤主筋。

5.1.5.2 绑扎好的钢筋不得随意变更位置或进行切割，当其与预埋件或预应力孔道发生冲突时，应按设计要求处理，设计未规定时，应适当调整钢筋位置，不得不切断时应予以恢复。

5.1.5.3 应尽量避免踩踏钢筋，当不得不在已绑好的钢筋（如箱梁顶板及底板）上作业且骨架刚度较小时，应在作业面铺设木板；绑扎墩台等较高结构钢筋时，应搭设临时架子，不得踩踏钢筋。

5.1.5.4 应采取措施避免钢筋被脱模剂等污物污染。

5.1.6 应注意的质量问题

5.1.6.1 绑扎接头搭接长度不够。绑扎时应对每个接头进行尺量，检查搭接长度是否符合设计和规范要求。

5.1.6.2 钢筋接头位置错误。放样配料加工时，应根据图纸预先画出施工放样图，注明各号钢筋搭配顺序，并避开受力钢筋的最大弯矩处。

5.1.6.3 绑扎接头与焊接接头未错开。在钢筋下料及绑扎时，应注意钢筋焊接接头与相邻钢筋及同一钢筋的绑扎接头应错开。

5.1.6.4 露筋。钢筋绑扎完毕后，应按 750mm 间距梅花形布置保护层垫块，垫块应具有足够的强度及刚度。

5.1.6.5 钢筋骨架变形。绑扎时应注意绑扣方法，宜采用十字扣或套扣绑扎。

5.1.6.6 焊接前，绑条焊接头应检查绑条尺寸、主筋端头间隙、钢筋轴线偏位以及钢材表面质量等；搭接焊接头应检查搭接长度、弯折角度、钢筋轴线偏位以及钢材表面质量等，不符合要求时不得焊接。

5.1.6.7 焊接时，根据钢筋级别、直径、接头型式和焊接位置，选择适宜的焊条直径和焊接电流。

5.1.6.8 焊接时，应确保焊缝有效长度、高度及宽度等达到规范及设计要求，每层焊完应及时清渣，焊缝应表面平整、光滑、美观。

5.2 钢筋安装

5.2.1 适用范围

适用于水利工程各种建筑物工程的钢筋安装施工。

5.2.2 施工准备

5.2.2.1 材料质量要求

1. 电焊条：应有出厂合格证，品种、规格和技术性能应符合国家现行标准及设计要求，选用的电焊条的型号要与施焊的金属相适应。

2. 其他材料：绑扎丝、氧气、乙炔等。

3. 所用钢筋、连接接头均通过检测合格后，方可进行安装，钢筋、连接接头检测不合格不得进行钢筋安装。

5.2.2.2 主要施工机具

电焊机、钢筋扳手、钢筋钩、粉笔、尺子、撬棍等。

5.2.2.3 作业条件

1. 绑扎、安装部位的钢筋全部加工制作完毕，并经验收合格。

2. 作业面具备绑扎、安装条件。

3. 认真研究钢筋结构图，制定钢筋绑扎、安装方案。

4. 向钢筋作业人员进行技术交底和安全技术交底。

5.2.3 施工工艺

5.2.3.1 工艺流程

钢筋运输→钢筋安装→钢筋验收。

5.2.3.2 操作工艺

1. 钢筋的级别、种类和直径应按设计要求采用。当需要替换时，应征得设计同意和监理工程师的签认，预制构件的吊环，必须采用未经冷拉的Ⅰ级热轧钢筋制作，严禁以其他钢筋代替。

2. 在结构配筋情况和现场运输、起重条件允许时，可先预制成钢筋骨架或钢筋网片，入模就位后再进行焊接或绑扎。钢筋骨架应具有足够的刚度和稳定性，以便运输和安装，为使骨架不变形、不发生松散，必要时可在钢筋的某些交叉点处加以焊接或添加辅助钢筋（斜杆、横撑等）。

3. 钢筋的安装位置、间距、保护层及各部分钢筋的大小尺寸，均应符合设计图纸的尺寸要求，其偏差应符合表5－11要求。

表5－11　钢筋安装允许偏差

项次	偏差名称		允许偏差
1	钢筋长度方向偏差		1/2倍净保护层厚
2	同一排受力钢筋间距的局部偏差	板及梁	0.5d
		板、墙	0.1倍间距
3	双排钢筋，排与排之间局部允许偏差		0.1倍间距
4	梁与柱中钢箍间距偏差		0.1倍箍筋间距
5	保护层厚度局部偏差		1/4倍净保护层厚度

4. 焊接或绑扎的钢筋网，其钢筋交叉的连接，应按照设计文件的规定进行。如设计文件未做规定，且钢筋直径在25mm以下时，除板和墙内靠近外围两行钢筋之相交点应

逐点扎牢外，其余按照每隔一个交叉点扎结一个进行绑扎。

5. 板内双向受力钢筋网，将钢筋交叉点全部扎牢。柱与梁的钢筋，其主筋与箍筋的交叉点，在拐角处全部扎牢，其中间部分可每隔一个交叉点扎结一个。

6. 钢筋安装中交叉点的绑扎，Ⅰ级钢筋、Ⅱ级钢筋，直径在16mm以上且不损伤钢筋截面时，可采用手工电弧焊进行点焊代替，但应采用细焊条、小电流进行焊接。并严加外观检查，钢筋不应有明显的咬边和裂纹。

7. 柱中箍筋弯钩，设在柱角处，且按垂直方向交错布置。除特殊情况外，所有钢筋与主筋垂直。

8. 钢筋的交叉点应采用铁丝绑扎牢。钢筋绑扎用的铁丝按表5-12选用。

表5-12　　钢筋绑扎用铁丝规格选择

钢筋直径/mm	<12	14~25	28~40
铁丝规格号	22	20	18

9. 钢筋安装时混凝土保护层厚度，应符合设计文件规定的要求。为保证钢筋保护层厚度的准确性，在钢筋和模板之间设置强度不低于浇筑部位混凝土强度的混凝土垫块，垫块应埋设铁丝并与钢筋绑扎牢固。垫块互相错快，分散布置。在多排钢筋之间，用短钢筋支撑以保证位置准确。

5.2.3.3　冬雨期施工

1. 雨期施工

(1) 雨期施工应采取有效防雨、防潮措施，避免钢筋锈蚀及电焊条受潮。

(2) 雨天不得露天进行焊接作业，并避免未冷却的接头与雨水接触。

2. 冬期施工

(1) 焊接钢筋宜在室内进行，当必须在室外进行时，最低温度不宜低于－20℃，并应采取防雪挡风措施，以减小焊件温度差，严禁未冷却的接头与冰雪接触。

(2) 冷拉钢筋时的温度不宜低于－15℃，当采取可靠的安全措施时可不低于－20℃；当采用冷拉率和控制应力方法冷拉钢筋时，冷拉控制应力宜较常温时适当予以提高，提高值应经试验确定，但不得超过30MPa。

5.2.4　质量标准

5.2.4.1　合格标准：主控项目全部符合质量标准，一般项目不少于70%的检查点符合质量标准为合格。

5.2.4.2　优良标准：主控项目全部符合质量标准，一般项目不少于90%的检查点符合质量标准为优良。

5.2.4.3　钢筋制作及安装工序施工质量验收评定表见表5-10。

5.2.5　成品保护

5.2.5.1　钢筋绑扎、安装完毕后，应及时进行验收、模板支立、混凝土浇筑。

5.2.5.2　如果不能及时浇筑混凝土，应采用彩条布进行遮盖。

5.2.5.3　锥（直）螺纹加装保护帽。

5.2.5.4　钢筋架设完毕后，及时妥善加以保护，防止发生错动、变形及锈蚀。

5.2.6　应注意的质量问题

5.2.6.1　架立筋选用直径大于等于22mm的钢筋，安装后，保持足够的刚度和稳定性，以保证设计钢筋的位置准确。预制的绑扎和焊接钢筋网及钢筋骨架，运输和安装过程中采取措施防止变形、开焊及松脱。

5.2.6.2 浇筑混凝土前，应进行详细检查，并填写检查记录。检查合格的钢筋，如长期暴露，应在浇筑前重新检查，合格后方可进行混凝土浇筑。

5.2.6.3 混凝土浇筑过程中，安排专门钢筋工值班人员经常检查架立筋位置，如发现变动及时矫正。不得擅自移动或割除钢筋。

5.2.6.4 在浇筑混凝土过程中，严禁践踏钢筋，防止钢筋变形，致使保护层达不到设计要求。

5.3 伸缩缝面填充

5.3.1 适用范围

适用于水工建筑物的伸缩缝面填充施工。

5.3.2 施工准备

5.3.2.1 材料质量要求

目前水工建筑物的伸缩缝填料基本上为闭孔泡沫板，缝面采用聚硫密封胶密封。闭孔泡沫板及聚硫密封胶必须有生产厂家的出厂合格证及检测报告。闭孔泡沫板及聚硫密封胶的各项指标要符合设计要求。在材料进场后、使用前，进行见证取样检测，各项检测项目检测合格后方可用于施工。

5.3.2.2 主要施工机具

直尺、壁纸刀、盒尺、手锤、钉子、吹风机、胶枪等。

5.3.2.3 作业条件

施工缝面应平整、顺直，外露铁件已经剔除，缝面清理干净。

5.3.3 施工工艺

5.3.3.1 工艺流程

裁剪切割→安装→涂胶。

5.3.3.2 操作工艺

1. 裁剪切割

按照设计图纸缝面的尺寸进行缝面材料的裁剪切割，使之符合设计尺寸要求。为方便闭孔泡沫塑料板的安装，在订货时可要求厂家按设计断面制作成型。

2. 安装

安装有两种方法，可根据建筑物的特点选择使用。

(1) 先贴法。闭孔泡沫塑料板铺设在先浇筑块模板的内侧，用细铁丝固定在模板上，保证接缝部位连接严密。

(2) 后贴法。按设计位置支立模板，浇筑模板内混凝土，混凝土达到一定强度后，拆除模板，在设计缝面位置将闭孔泡沫塑料板贴于混凝土表面，充分压实后用钢钉固定，接缝严密。

3. 涂胶

（1）清缝。

填充前缝面应洁净干燥，首先将伸缩缝内的杂物清理干净，其次采用钢毛刷清理缝面，最后采用吹风机（风枪）将缝内的浮尘吹干净，切忌采用水枪或其他用水清理的器具。

（2）注胶。

聚硫密封胶由A、B两组份组成，施工时按厂家说明书进行配制与操作，一般采用人工拌和或者机械拌和。人工拌和采用自行加工的小型耙子，机械拌和是由改造的电钻实施，电钻钻杆焊接钢片或者钢筋即完成电钻的改造。采用机械拌和，能够更好地保证拌和的均匀性。

注胶（聚硫密封胶）质量控制要点是缝宽、缝深、缝的清洁度和干燥程度的检查及胶体的搅拌是否均匀。

注胶前，粘接面必须干燥、清洁、无油污和粉尘等。在清理完成的伸缩缝两侧粘贴胶带，胶带宽一般为3～5cm，胶带距伸缩缝边缘约0.5cm。用毛刷在伸缩缝两侧均匀地刷涂一层界面剂，20～30min后用刮刀向涂胶面上涂3～5mm密封胶，并反复挤压，使密封胶与被粘接界面更好地浸润。用注胶枪向伸缩缝中注胶并压实，保证涂胶深度。

5.3.4 质量标准

伸缩缝主控项目有切缝深度、密封胶灌缝厚度等两项检验项目，一般项目有伸缩缝宽度、顺直度、清理、填充等。

5.3.5 成品保护

伸缩缝注胶完成后，严禁在其上搁置任何物件，以防胶体被损伤，影响密封效果。

5.3.6 应注意的质量问题

5.3.6.1 嵌缝材料安装采取适当的方法固定（如射钉枪）在已成型的缝面上。其高度不得低于混凝土收仓高度。安装接缝应紧密，间隙太大时补填平整。浇筑混凝土时，仓内设专人负责看护嵌缝材料，防止其被损坏或混凝土、浆液进入缝内。

5.3.6.2 聚硫密封胶施工的适宜温度为5～35℃，施工时段应避开大风、潮湿天气。施工作业面应随验收随施工，一次性验收区段不宜过长。

5.3.6.3 聚硫密封胶接头部位宜削成斜坡状，后续施工时，应先将缝面搓毛并清理干净，然后实施聚硫密封胶施工。

5.4 橡胶止水安装

5.4.1 适用范围

适用于水工建筑物橡胶止水带硫化热接的施工。

5.4.2 施工准备

5.4.2.1 材料质量要求

1. 施工所用橡胶止水带必须符合设计图纸型号，其各项指标经检测满足设计要求后，方可采购、使用。

2. 进场的橡胶止水带必须有生产厂家的出厂合格证及检测报告。T形接头或十字接头可委托橡胶止水带生产厂家工厂制作。

3. 橡胶止水带进场后进行外观检查，检查是否有裂纹、疤痕等。按照检验批次和频率要求，进行见证取样，送交有检测资质的检测单位进行检测。

4. 对现场制作的各种接头首先编制接头焊接试验方案，送交监理审批后进行接头焊接试验，并送交有检测资质的单位进行检测。检测合格后按照试验方案进行正式的接头焊接。正式接头焊接完成后送交有检测资质单位检测。

5.4.2.2 主要施工机具

热熔焊机、木锉刀、割刀等。

5.4.2.3 作业条件

模板支立已经达到橡胶止水带设计高程。

5.4.3 施工工艺

5.4.3.1 工艺流程

工艺试验→现场焊接安装→验收。

5.4.3.2 操作工艺

1. 工艺试验

（1）技术培训。专门成立止水带接头焊接小组，可由厂家对焊接小组的人员进行技术培训。

（2）材料准备。橡胶止水带（两条，各50cm长）、接头胶片。

（3）试验机具准备。热熔焊机、木锉刀、割刀、220V电源，电缆线。

（4）试验过程。①将准备焊接的止水带的两端分别削去接触面的中心圆孔、足节及翼缘高出部分，用木锉刀将接头的止水带两头锉成毛面，长度5cm。②将一片接头胶片放置在钢板的下面。然后把两条止水带放置在接头胶片上，再把另一片接头胶片放在止水带上，最后把另一块钢板搁置在最顶上的接头胶片上，然后上千斤顶。③加热钢板，温度达到145℃左右（具体温度可根据天气情况、橡胶止水带等因素确定）后，模具上的温度感应探头自动切断电源，停止焊接，放置15～25min冷却钢板，拆去钢板。

（5）接头检测。将接头送交有检测资质的单位进行接头检测，检测的主要内容为：接头的抗拉强度不得低于母材的百分比满足设计要求。工艺试验完成且接头抗拉强度满足设计要求后，报送监理审批。

2. 现场焊接、安装

（1）橡胶止水带现场焊接按照批复的工艺试验方案进行现场焊接。

（2）橡胶止水带安装。水平橡胶止水带安装时，宜先支立橡胶止水带底部模板，再安装橡胶止水带，最后安装上部模板；竖向橡胶止水带安装时，宜先支立橡胶止水带一侧模板，再安装橡胶止水带，最后进行另一侧模板的安装。橡胶止水带安装时，模板与橡胶止水带之间设限位条，并每隔0.4m左右用不小于ϕ8mm钢筋对橡胶止水带进行架箍固定，以免混凝土浇筑过程中橡胶止水带位移而影响止水效果。橡胶止水带安装过程中，应保证橡胶止水带的中心变形部分安装误差控制在5mm以内。

5.4.3.3 冬雨期施工

橡胶止水带的硫化热接不宜在低温季节施工。在雨季施工时，接头硫化热接必须在室内进行。

5.4.4 质量标准

5.4.4.1 主控项目

1. 橡胶止水带表面平整，无油渍、钉孔及裂纹。
2. 安装位置符合设计要求。
3. 接头抗拉强度满足设计要求。

5.4.4.2 一般项目

1. 橡胶止水带的宽度、厚度、长度允许偏差分别为±5mm、±2mm、±20mm。
2. 橡胶止水带中心线与伸缩缝中心线安装偏差±5mm。

5.4.5 成品保护

5.4.5.1 橡胶止水带安装后，在其附近进行钢筋焊接等作业时，应对橡胶止水带进行覆盖保护，防止引燃橡胶止水带。

5.4.5.2 混凝土浇筑完成后，外露橡胶止水带应加强保护，避免污染和曝晒，防止破坏和老化。

5.4.6 应注意的质量问题

5.4.6.1 橡胶止水带的膨胀胶条，安装前用透明胶带保护，防止清理及养护用水湿润膨胀胶条。避免膨胀胶条在埋设前发生膨胀，混凝土浇筑前将模板内侧膨胀胶条上的透明胶带拆除。

5.4.6.2 混凝土浇筑至橡胶止水带周边时，人工清除其表面溅染的水泥浆等污垢，并用工具将下垂或弯折部分拉起，及时地将该部分混凝土振捣密实，使橡胶止水带和混凝土紧密结合，保证止水效果。

6 地基与基础工程

6.1 混凝土防渗墙

6.1.1 适用范围

适用于水工建筑物松散透水地基或土石坝（堰）体内厚度为400mm及以下的薄墙、深度不大于40m，厚度为600～800mm、深度不大于80m；或厚度为1000～1200mm、深度不大于100m的主体工程混凝土防渗墙。其他混凝土防渗墙施工可参照执行。

6.1.2 施工准备

6.1.2.1 材料质量要求

1. 水泥：用32.5级或42.5级普通硅酸盐水泥或矿渣硅酸盐水泥，要求新鲜无结块；不得使用过期或受潮结块的水泥，并不得将不同品种或强度等级的水泥混合使用。

2. 砂：宜用粒度良好的中、粗砂，质地坚硬，清洁，级配良好。含泥量小于5%。

3. 碎石：可使用天然卵石、砾石、人工碎石，超径小于5%，逊径小于10%，骨料最大粒径应不大于40mm，且不应大于钢筋净间距的1/4。含泥量小于2%。

4. 外加剂：可根据需要掺加减水剂、缓凝剂等外加剂，掺入量应通过试验确定。

5. 泥浆材料：泥浆系由土料、水和掺合物组成。拌制泥浆使用膨润土，细度应为200～250目，膨润率为5～10倍，使用前应取样进行泥浆配合比试验。如采取黏土制浆时，应进行物理、化学分析和矿物质鉴定。掺合物有分散剂、增黏剂等。外加剂的选择和配方应经试验确定。制备泥浆用水应不含杂质，pH值为7～9。

6.1.2.2 主要施工机具

主要分为成槽机具、混凝土浇筑机具、制浆机具、槽段接头设备等四部分。

1. 成槽机具：根据成孔工艺的不同包括钢丝绳冲击式钻机、冲击反循环钻机、回转式钻机、抓斗挖槽机、液压铣槽机。

2. 混凝土浇筑机具：混凝土搅拌系统、导管、储料斗、吊车或卷扬机、运输设备等。

3. 制浆机具：包括高速泥浆搅拌机、供浆泵、空压机、水泵等。

4. 槽段接头设备：包括接头管、起重机、顶升架或振动拔管机等。

6.1.2.3 作业条件

1. 施工供水、供电、供浆、道路、排水等设施，应在开工前准备就绪。施工场地应进行平整，保证施工机械正常作业。

2. 当设计墙底嵌入基岩或相对不透水层，而设计阶段防渗墙沿线的地质勘探资料不足时，应根据实际需要进行补充地质勘探。补充勘探孔的入岩深度应根据防渗墙轴线处可能存在的最大孤石确定，不宜小于10m。

3. 开工之前应根据设计和施工要求、施工条件确定固壁泥浆的种类和性能指标，对料源情况进行调查，并完成泥浆配合比试验、选择工作。

4. 开工之前应根据施工要求和施工条件进行导墙和施工平台设计、建造。

5. 防渗墙施工平台应坚固、平整，满足施工设备作业要求，且应高于施工期最高地下水位 2.0m 以上，当不能满足要求时，应进行专题论证。

6. 当施工现场处于斜坡状态时，应构筑满足防渗墙施工需要的水平施工平台。

7. 导墙宜用现浇钢筋混凝土构筑。当地质条件许可时，也可采用预制混凝土构件或现场组装的钢结构。

8. 导墙的结构形式、尺寸、力学指标等，应根据防渗墙体厚度、深度、导墙下土质情况及施工机械等施工荷载综合考虑确定，并应符合下列要求：

(1) 导墙应建在坚实的地基上。

(2) 导墙高度宜为 1.0～2.0m。

(3) 导墙内侧间距宜比防渗墙厚度大 50～200mm。

(4) 导墙外侧填土应夯实。夯实填土时，导墙间应采取措施防止导墙倾覆或位移。

9. 导墙应符合下列质量要求：

(1) 导墙轴线宜与防渗墙轴线重合，其允许偏差为±15mm，导墙内侧面竖直，墙顶高程允许偏差±20mm。

(2) 采用接头管施工的防渗墙，其导墙配筋率及混凝土强度应满足承载力需求。

(3) 需要吊放钢筋笼的防渗墙，导墙内墙面宜与防渗墙轴线重合，其允许偏差为±10.0mm；导墙内墙面应竖直，顶面高程允许偏差为±10.0mm，导墙内墙面的允许偏差为±100mm。

10. 钻机轨道应平行于防渗墙轴线，应控制地基变形满足钻机施工要求，轨枕间宜充填石渣。倒渣平台宜采用现浇混凝土铺筑，其下可设置石渣垫层。

11. 施工过程中，宜对导墙的沉降、位移进行观测。

12. 殊需求的工程，宜在防渗墙轴线上进行施工试验，或在地质条件类似的地点进行施工试验。

6.1.3 施工工艺

6.1.3.1 工艺流程

混凝土防渗墙施工工艺流程见图 6－1。

槽孔分两期施工，先施工一期槽孔，再施工中间的二期槽孔，一期槽孔两端的接头孔混凝土宜有 2～3d 龄期。在同一槽孔内，分主、副孔，单号为主孔，双号为副孔，施工顺序是先主孔、后副孔。

6.1.3.2 操作工艺

1. 导向槽建造

(1) 施工平台应坚固、平整，满足施工设备作业要求，且应高于施工期最高地下水位 2.0m 以上，当不能满足要求时，应进行专题论证。

(2) 当施工现场处于斜坡状态时，应构筑满足防渗墙施工需要的水平施工平台。

(3) 导墙宜用现浇钢筋混凝土构筑。当地质条件许可时，也可采用预制混凝土构件或现场组装的钢结构。

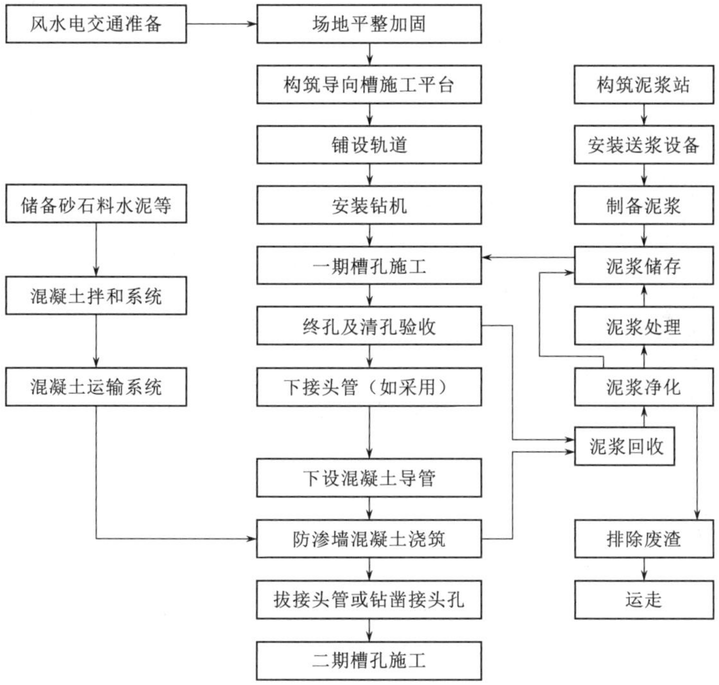

图 6-1 混凝土防渗墙施工工艺流程图

(4) 导墙的结构形式、尺寸、力学指标等，应根据防渗墙体厚度、深度、导墙下土质情况及施工机械等施工荷载综合考虑确定，并应符合下列要求：导墙应建在坚实的地基上；导墙高度宜为 1.0～2.0m；导墙内侧间距宜比防渗墙厚度大 50～200mm；导墙外侧填土应夯实。夯实填土时，导墙间应采取措施防止导墙倾覆或位移。

(5) 导墙应符合下列质量要求：导墙轴线宜与防渗墙轴线重合，其允许偏差为±15mm，导墙内侧面竖直，墙顶高程允许偏差±20mm；采用接头管施工的防渗墙，其导墙配筋率及混凝土强度应满足承载力需求；需要吊放钢筋笼的防渗墙，导墙内墙面宜与防渗墙轴线重合，其允许偏差±10.0mm；导墙内墙面应竖直，顶面高程允许偏差±10.0mm，导墙内墙面的允许偏差±100mm。

(6) 钻机轨道应平行于防渗墙轴线，应控制地基变形满足钻机施工要求，轨枕间宜充填石渣。倒渣平台宜采用现浇混凝土铺筑，其下可设置石渣垫层。

(7) 施工过程中，宜对导墙的沉降、位移进行观测。

2. 泥浆系统

(1) 造孔所需泥浆宜选用膨润土。泥浆应具有良好的物理性能、良好的流动性能和良好的稳定性能，特别是较高的抗水泥污染能力。拌制膨润土泥浆应用高速搅浆机，并经 24h 水化溶胀后方可使用。

(2) 储浆池内的泥浆应经常搅拌，保持泥浆性能指标均一。施工作业时，不同阶段应对泥浆性能进行检验和控制，以满足槽孔施工的特殊需要。供浆采用 6 英寸钢管作为主干供浆管路，每 50m 设置三通作为分支管路，采用供浆软管直接送入槽孔。

（3）为控制环境污染，需对槽孔中被污染的泥浆进行净化回收。回收泥浆采用泥浆泵直接设置于浇筑槽孔附近，抽排至回浆池，对回收泥浆进行处理并进行检验后，泥浆性能符合要求才能使用。废渣排至倒浆平台上，采用人工配合机械清理出现场，运至监理指定地点堆放。

3. 槽孔建造

（1）进行槽段开挖放样。

成槽开挖宽度：单元槽段成槽前，对于一期槽段先根据槽段的分幅宽度 b，加上接头管的外放尺寸 h，考虑成槽时左右垂直度的偏差外放施工间隙 100mm，则每单元槽段每一端头的开挖外放宽度为 $h+100$mm，一期槽段开挖宽度 $b+2h+200$mm。这样以保证成槽结束后接头管和钢筋笼能顺利下放到位。防渗墙轴线及墙顶高程，应满足设计文件要求，根据测量基准点控制。槽孔建造设备和方法，可根据地层情况、墙体结构型式及设备性能进行选择，必要时可选用多种设备组合施工。可采用的成槽方法有钻劈法、钻抓法、抓取法、铣削法等。

（2）成槽前的准备工作。

确定槽孔长度时，应综合考虑工程地质及水文地质条件、施工部位、成槽方法、机具性能、成槽历时、墙体材料供应强度、墙体预留孔的位置、浇筑导管布置原则及墙体平面形状等因素。测量导墙顶标高；用红漆标出单元槽段位置，每抓宽度位置、钢筋笼布设位置及接头管安放位置，并标出槽段编号。成槽机、自卸车就位。成槽机就位后，保证成槽机上的水平仪水平。铺设送浆管。拆除单元槽段导墙支撑，并在槽段两侧进行堵漏、清除导墙内垃圾杂物，注入合格泥浆至规定标高（导墙顶面下 300～500mm）。

（3）成槽工艺。

1）槽孔宜分期建造，同时施工的相邻槽孔之间应留有足够的安全距离。正式开工前先试成槽，试成槽段为一期槽，调整泥浆性能指标合格后正式施工。成槽直线槽段采用先两侧再中间抓取法；转角型槽段先短边后长边抓取法。成槽施工顺序必须严格按施工流程（报监理单位认可的）进行施工，开工前必须有监理签发的开工令。地下连续墙应分序施工，最小间距“隔四做一”。

2）成槽时，泥浆应随着出土补入，保证泥浆液面保持在规定高度上。成槽机掘进速度应控制在 15m/h 左右，导板抓斗不宜快速掘进，以防槽壁失稳，当挖至槽底 2～3m 时，应放测绳测深，防止超挖和欠挖。成槽过程中应检测泥浆各项性能指标，单幅槽段不少于 3 次。成槽至标高后，二序槽段端孔应先刷壁，刷壁时每次刷壁器提上来以后必须把刷壁器上的泥皮清理干净后再继续刷，直到刷壁器上无泥皮为止；然后进行清孔，清孔时抓斗每次移开 50cm 左右。每幅槽应记录整个施工过程，并做好各项记录和验收。合龙槽孔宜为短槽孔，并宜安排在深度较浅、地质条件较好的地方。

3）采用钻劈法建造槽孔时应遵守下列规定：开孔钻头直径应大于终孔钻头直径，终孔钻头直径应满足设计墙厚要求；选择合理的副孔长度。采用钻抓法建造槽孔时，应先用钻机钻进主孔，后用抓斗抓取副孔。采用钻抓法时，主孔的中心距离不应大于抓斗的开度。

4）采用钻抓法和铣削法建造槽孔时，主孔长度应等于抓斗开度或铣头长度，副孔长度宜为主孔长度的1/2～2/3。

5）槽孔建造时，固壁泥浆面应保持在导墙顶面以下300～500mm。

6）建造槽孔时遇孤石或硬岩，可采用重凿冲砸或爆破等方法处理。爆破时应保证槽壁安全，对于孤石密集地层，亦可在槽孔建造前采用钻孔预爆的方法。

7）对漏失地层应采取堵漏预防措施。发现泥浆漏失应立即堵漏和补浆。

8）施工过程中应及时清除槽孔周围的废水、废渣、废浆。

9）槽孔如需嵌入基岩，基岩面应按如下方法确定：依照防渗墙轴线地质剖面图，当孔深接近设计基岩面时，开始留取岩样，根据岩样的性质确定基岩面；对照邻孔基岩面高程，分析本孔钻进情况，确定基岩面；当上述方法难以确定基岩面，或对基岩面产生怀疑时，应钻取岩芯予以验证和确定。钻孔深度应不小于10m。基岩岩样是槽孔嵌入基岩的主要依据，应按顺序、深度、位置编号，填好标签，装箱，妥善保管。

10）槽孔建造结束后，应进行终孔质量检验，合格后方可进行情况。槽孔建造质量应按下列要求控制：槽孔应平整垂直，不应有梅花孔、小墙等；孔位允许偏差不大于30mm；槽孔深度应满足设计要求；孔斜率：成槽施工时不应大于0.4%，遇含孤石地层及基岩陡坡等特殊情况，应控制在0.6%以内。采用钻劈法时，接头套接孔的两次孔位中心在任一深度的偏差值，不应大于设计墙厚的1/3，并应采取相应措施保证设计墙厚。下设接头管的端孔孔斜率，应保证接头管顺利下设和起拔。

11）控制大型机械尽量不在已成槽段边缘行走，确保槽壁稳定，已成槽段实际深度须实测后记录备查。成槽过程中发现泥浆大量流失、地面下陷等异常现象时不得盲目掘进，待商议处理后再行施工。成槽过程中，应根据实际地质情况及挖槽情况随时调整泥浆性能，同时泥浆液面应控制在规定的液面高度上（不低于导墙顶面30cm）。槽段成槽施工结束后，按100%进行抽样检测槽壁的宽度、深度、垂直度，检测采用超声波测壁仪。

4. 清孔换浆宜选用泵吸法或气举法，槽孔较浅时亦可采用抽筒法。二期槽孔清孔换浆结束前，应清除接头槽壁上的泥皮，清除泥皮宜用钢丝刷子分段刷洗，也可采用其他合适方法，合格条件是：刷子钻头上基本不带泥屑，孔底淤积不再增加。清孔换浆完成1h后进行检验，并应达到下列质量要求：孔底淤积厚度不大于100mm；槽内泥浆性能指标应满足规范要求；清孔换浆合格后，方可进行下道工序。清孔检验合格后，应于4h内开浇混凝土，因吊放钢筋笼或其他埋设件不能在4h开浇混凝土的槽孔，浇筑前应重新测量淤积厚度，如超过100mm应再次清孔。

5. 成墙

(1) 混凝土浇筑前，应拟定浇筑方案，主要包括下列内容：绘制槽孔纵剖面图；计划浇筑方量、供应强度、浇筑高程；导管等浇筑机具及埋设件的布置与组合；浇筑方法、开浇顺序、主要技术措施；混凝土配合比、原材料品种及用量。混凝土的实际拌和及运输能力，应不小于平均计划浇筑强度的1.5倍，并大于最大计划浇筑强度。

(2) 运至槽口的混凝土应具有良好的施工性能。混凝土的浇筑应连续进行，若因故中断，中断时间不宜超过40min。泥浆下浇筑混凝土应采用直升导管法，导管内径不应小于混凝土骨料最大粒径6倍。

(3) 一个槽孔使用两套以上导管浇筑时，导管中心距不宜大于 4.0m。当槽孔底部的高差大于 250mm 时，导管应布置在其控制范围的最低处，并从最低处开始浇筑。

(4) 导管应连接可靠，管节接头宜采用快速连接方式，并进行封闭试验。应在每套导管的顶部和底节导管以上部位设置数节长度为 0.3～1.0m 的短管。开浇前，导管底口距槽底应控制在 150～250mm 范围内。

(5) 接头管分段起吊入槽，在槽口逐段拼接成设计长度后，下放到槽底。为了防止混凝土从接头管跟脚处绕流，使接头管的跟脚插入槽底土体 30cm 左右。

(6) 清孔检验合格后，浇混凝土在钢筋笼入槽后的 4h 之内开始。开浇前，导管内应放入可浮起的隔离塞球或其他适宜的隔离物。开浇时宜先注入少量的水泥砂浆，随即注入足够的混凝土，挤出塞球并埋住导管底端。

(7) 混凝土浇筑过程中应遵守下列规定：

1) 导管埋入混凝土的最小深度不宜小于 2m，最大深度也不宜大于 6m，在混凝土顶面接近孔口或设计墙顶高程时，为便于混凝土流动，导管埋深可适当减小，但不宜小于 1m。

2) 混凝土面上升速度不应小于 2m/h。

3) 混凝土面应均匀上升，各处高差应控制在 500mm 以内，相邻导管底部高差不宜超过 3.0m。

4) 至少每隔 30min 测量 1 次槽孔内混凝土面深度，每隔 2h 测量 1 次导管内的混凝土面深度，并在现场填绘混凝土浇筑指示图。

5) 槽孔内应设置盖板，避免混凝土由导管外撒落槽孔内。

(8) 接头管吊装就位后，随着安装液压顶管机。浇筑混凝土时应做好自然养护试块，正式开始顶拔接头管的时间，应以自然养护试块达到终凝状态所经历的时间为依据，开始顶拔接头管应在开始浇灌混凝土 6～8h 以后，如商品混凝土掺加过缓凝型减水剂，开始顶拔接头管时间还需延迟。在顶拔接头管过程中，应根据现场混凝土浇灌记录表，计算接头管允许顶拔的高度，严禁早拔、多拔。接头管由液压顶管机顶拔，履带吊协同作业，分段拆卸。混凝土终浇高程应高于设计规定的墙顶高程 0.5m。

6. 墙段连接

地下连续墙是由许多墙段拼组而成，为保持墙段之间连续施工，接头采用接头管工艺，即在灌注槽段混凝土前，在槽段的端部预插一根直径和槽宽相等的钢管，即接头管，待混凝土初凝后将钢管徐徐拔出，使端部形成半凹榫状接状。也有根据墙体结构受力需要而设置刚性接头的，以使先后两个墙段联成整体。

(1) 接头管法施工时，应遵守下列规定：

1) 接头管能承受最大的混凝土压力和起拔力。接头管表面应平滑，管体连接方式应可靠、易操作；

2) 选用有足够起拔能力的吊车或拔管机；

3) 使用液压拔管机起拔接头管时，应验算地基及导墙的承载能力，防止槽口坍塌；

4) 当接头管难以下设到预定深度时，接头管以下部分可采取钻凿法连接；

5) 接头管起拔的时间应通过试验确定；

6）接头管拔出的过程中应及时向接头孔内充填泥浆；

7）起拔接头管过程中，应做好混凝土浇筑和起拔记录；

8）采用钻凿法施工接头时，应在已浇混凝土终凝后方可开始钻凿接头孔。

（2）采用铣削法施工接头时应遵守下列规定：

1）根据槽孔深度和成槽孔斜率要求，确定铣削一期墙段混凝土的长度；

2）接缝的位置应准确标记在导墙上；

3）建造槽孔时，经常测量接缝处的孔斜率，并控制孔斜。

（3）采用其他连接方法时应遵守下列规定：

1）平接法应严格控制接缝处端孔孔斜率和接头洗刷质量；

2）止水带法和止水片法在接头防渗要求较高的防渗墙内使用。下设时应采取保护措施。

6.1.3.3 冬雨期施工

防渗墙应避开冬雨季施工，尤其雨季施工。在雨季施工时要做好防汛、防洪、防雨淋措施，做好导向槽、防渗槽、泥浆池等防护措施，做好安全用电检查，经常进行泥浆等技术指标质量检查。低温季节施工做好低温防冻措施，泥浆管路及时排空，道路及时维修，采取防滑措施。总之，季节性施工要采取恰当的工程措施，全力保证施工安全和工程质量。

6.1.4 质量标准

6.1.4.1 主控项目检验

表 6-1　主　控　项　目

项次		检验项目	质量要求	检查方法	检查数量
主控项目	1	槽孔孔深	不小于设计孔深	钢尺或测绳量测	逐槽
	2	孔斜率	符合设计要求	重锤法或测井法量测	逐孔
	3	接头刷洗	符合设计要求，孔底淤积不再增加	查看、测绳量测	逐槽
	4	孔底淤积	≤100mm	测绳量测	逐槽
	5	导管埋深	≥1m，不宜大于 6m	测绳量测	逐槽
	6	混凝土上升速度	≥2m/h	测绳量测	逐槽
	7	施工记录	齐全、准确、清晰	查看	抽查

6.1.4.2 一般项目检验

表 6-2　一　般　项　目

项次		检验项目		质量要求	检查方法	检查数量
一般项目	1	槽孔中心偏差		≤30mm	钢尺量测	逐孔
	2	槽孔宽度		符合设计要求（包括接头搭接厚度）	测井仪或量测钻头	逐槽
	3	孔内泥浆密度	黏土	$\leqslant 1.30g/cm^3$	比重秤量测	逐槽
			膨润土	根据地层情况或现场试验确定		
	4	孔内泥浆黏度	黏土	≤30s	500mL/700mL 漏斗量测	逐槽
			膨润土	根据地层情况或现场试验确定	马氏漏斗量测	逐槽

续表

项次		检验项目		质量要求	检查方法	检查数量
一般项目	5	孔内泥浆含砂量	黏土	≤10%	含砂量测量仪量测	逐槽
			膨润土	根据地层情况或现场试验确定		
	6	钢筋笼、预埋件、仪器安装埋设		符合设计要求	钢尺量测	逐项
	7	导管布置		符合规范或设计要求	钢尺或测绳量测	逐槽
	8	混凝土面高差		≤0.5m	测绳量测	逐槽
	9	混凝土最终高度		不小于设计高程 0.50m	测绳量测	逐槽
	10	混凝土配合比		符合设计要求	现场检验	逐批
	11	混凝土扩散度		34～40cm	现场检验	逐槽或逐批
	12	混凝土坍落度		18～22cm，或符合设计要求	现场检验	逐槽或逐批
	13	混凝土抗压强度、抗渗等级、弹性模量等		符合抗压、抗渗、弹模等设计指标	室内试验	逐槽或逐批
	14	特殊情况处理		处理后符合设计要求	现场查看、记录检查	逐项

6.1.4.3 材料允许偏差

表 6-3　混凝土组成材料的允许偏差　%

材料名称	允许偏差
水泥、掺合料、水、冰、外加剂溶液	±1
砂、石	±2

6.1.4.4 质量检查

1. 各工序检查合格后，应签发工序质量检查合格证，上道工序未经检验合格，不应进行下道工序。防渗墙质量检查程序应包括工序质量检查和墙体质量检查。工序质量检查应包含造孔、终孔、清孔、接头处理、混凝土浇筑等检查。各工序检查合格后，应签发工序质量检查合格证，上道工序未经检查合格，不应进行下道工序。

2. 槽孔建造的终孔质量检查应包括：孔深、槽孔中心偏差、孔斜率、槽宽和孔行；基岩岩样与槽孔嵌入基岩深度；一期、二期槽孔间接头的套接厚度。槽孔的情况质量检查应包括：接头孔刷洗质量；孔底淤积厚度；孔内泥浆性能。

3. 混凝土浇筑质量检查应包括：导管布置；导管埋深；浇筑混凝土面的上升速度；混凝土面高差。墙体材料检查应遵循如下规定：混凝土成型试件应在槽孔口现场取样；抗压强度试件每个墙段至少成型 1 组，大于 $500m^3$ 的墙段至少成型 2 组，抗渗性能试件每 8～10 个墙段成型 1 组。

4. 确需进行弹性模量试验时，弹性模量试件数量根据需要确定。墙体质量检查应在成墙后 28d 进行，检查内容为必要的墙体物理力学性能指标、墙段接缝和可能存在的缺陷。检查可采取钻孔取芯、注水试验或其他检测等方法，注水试验按照 SL 345 的规定进行。检查孔的数量宜为每 15～20 个槽孔 1 个，位置应具有代表性。遇有特殊要求时，可酌情增加检测项目及检测频率。

6.1.5 应注意的事项

6.1.5.1 防止挖槽坍方措施

1. 泥浆性能指标控制

选用黏度大、失水量小，形成护壁泥皮薄而韧性强的优质泥浆，是确保槽段在成槽机反复上下运动过程中土壁稳定的关键，同时应根据本工程的特点可适当提高泥浆的相对密度和黏度，提高泥浆的护壁能力。成槽机抓斗提出槽内时，应及时进行补浆，减少泥浆液面的落差，始终维持稳定的液位高度（导墙顶下去 30cm），保证泥浆液面比地下水位高。采用高导墙施工，抬高泥浆液面高度，增加泥浆对槽壁的压力，保证槽壁的稳定性。

2. 浆性能的调整

在遇到粉土层、含砂粉土层时，应适当提高泥浆的黏度。在遇到地下水时，应适当提高泥浆的相对密度及泥浆液面高度。泥浆相对密度的增大，就会增大压力差，提高槽壁的稳定性。在施工中，水泥可能对泥浆的性能有影响，一般采取如下措施：①尽量减少用土量；②加入合适的外加剂；③控制废浆高度，尽量避免水泥砂浆对槽孔泥浆的扰动和掺混。

3. 施工工艺上

成槽施工过程中，抓斗掘进应遵循一定原则，即慢提慢放、严禁满抓。抓斗出入导墙口时应轻放慢提，防止泥浆掀起波浪，影响导墙下面、后面的土层稳定。在施工中转角幅，有长边和短边之分，必须先挖短边再挖长边，这样才能确保墙体的土壁稳定性和转角处的土壁垂直要求。

4. 施工措施上

必须按要求做好临时施工道路，且有足够的养护期，确保临时施工道路达到强度；同时在成槽机停机定位时，宜在成槽机履带下铺设钢板（特别是转角幅槽段），减少成槽机对槽壁竖向应力，同时尽量减少成槽机的跑动而产生的动荷载对槽壁的扰动，防止特殊槽段阳角处坍方雨天地下水位上升时应及时加大泥浆相对密度和黏度，雨量较大时暂停挖槽，并封盖槽口。

施工过程中严格控制地面的附加荷载，不使土壁受到施工附近荷载作用影响过大而造成土壁塌方，确保墙身的光洁度。每幅槽段施工应做到紧凑、连续，把好每一道工序质量关，使整幅槽段施工速度缩短，有利于槽壁的稳定。成槽验收结束后，及时吊放钢筋笼（安放钢筋笼应作到稳、准、平，防止因钢筋笼上下移动而引起的槽壁坍方）、放置导管等工作，经检查验收合格后，应立即浇筑水下混凝土，尽量缩短开挖槽壁的暴露时间。

6.1.5.2 槽壁塌方的应急措施

成槽过程中如发现泥浆大量流失、地面下陷、槽壁坍塌等异常现象时不准盲目掘进，或监测数据出现报警现象时，应立即停止挖槽，同时及时向甲方汇报，待商议处理后再行施工。在成槽施工前，现场先进一批黄沙（约 $40m^3$）。成槽过程中如发现泥浆大量流失、地面下陷、槽壁坍塌等异常现象时不得盲目掘进，或监测数据出现报警现象时，应立即停止挖槽，派人用黄沙掺土进行回填，同时及时向甲方汇报，待商议处理后再行施工。

6.1.5.3 浇灌地下连续墙混凝土前落实两家混凝土搅拌站供料

浇灌地下连续墙混凝土前，应落实两家混凝土搅拌站同时供料，或一家供料，一家备用。因为浇灌地下连续墙混凝土是不能中断的，万一中断供料，只能拔出导管，待恢复供料时重新下导管浇灌混凝土。这样会使浇成的墙体产生夹泥的冷缝，严重损害墙体质量。

6.1.5.4 地下连续墙施工前储备一定数量的应急材料

地下连续墙施工前，应储备一定数量的膨润土粉、重晶石粉与纸浆（用于护壁泥浆的堵漏剂），在施工遇到有暗浜、空洞等异常地质段，突然出现槽壁坍塌现象时，可以配制掺加重晶石粉或纸浆的膨润土泥浆，灌入槽内提高混浆相对密度，堵塞地基空隙，防止槽壁继续坍塌。

6.1.5.5 断电应急措施

在轨道标高下成槽过程中停电超过 0.5h 以上的，将回填至轨道标高以上。如在混凝土浇筑过程中停电，将用吊车浇筑。

6.1.5.6 机械故障应急措施

接头管顶升设备进场前做好保养工作，确保完好，同时为防止损坏，现场备用一套。大型吊车，选用车况好的设备进场，平时做好保养工作，出现故障及时修复，如不能及时修复，影响施工的，及时选用起吊能力相匹配的汽车吊进场。

其他机具设备在使用前进行检查，平时做好保养工作。

6.1.6 质量验收文件

6.1.6.1 设计图纸、说明书、技术要求、设计变更及补充文件。

6.1.6.2 竣工报告、竣工总平面图及剖面图。

6.1.6.3 施工原始记录，包括地下连续墙工程检验批质量验收记录、地下连续墙护壁泥浆质量检查记录、地下连续墙单元槽段成槽施工记录、地下连续墙单元槽段成槽验收表、地下连续墙混凝土浇灌记录以及施工方案、技术交底记录及三检记录。

6.1.6.4 工序质量检查资料及重要隐蔽工程验收记录。

6.1.6.5 水泥、砂、石、外加剂、掺合料等原材料合格证及抽样检验资料。

6.1.6.6 墙体材料及泥浆试验材料（包括混凝土配合比单、材料计量检验记录、坍落度检验记录、抗压强度和抗渗、抗冻试验报告等）。

6.1.6.7 墙内观测仪器的埋设和初期观测资料、施工期地下水位和坝体观测资料。

6.1.6.8 墙体检查孔成果资料。

6.1.6.9 重大事故报告。

6.1.6.10 有关的专题试验研究报告等。

6.1.6.11 工程建设大事记。

6.2 基岩帷幕灌浆

6.2.1 适用范围

基岩帷幕灌浆主要用于岩石破碎，节理、裂隙发育、渗漏情况严重的水工建筑物岩石基础裂隙的处理。本节适用于两排孔，两序孔，自上而下灌浆法。其他方式的帷幕灌浆和固结灌浆可参照执行。

6.2.2 施工准备

6.2.2.1 材料质量要求

1. 水泥：可采用硅酸盐水泥、普通硅酸盐水泥或复合硅酸盐水泥。当有抗侵蚀或其他要求时，应使用特种水泥。使用矿渣硅酸盐水泥或火山灰质硅酸盐水泥灌浆时浆液水灰比不宜大于1。基岩帷幕灌浆所用的水泥的强度等级可为32.5或以上，水泥细度宜为通过80μm方孔筛的筛余量不大于5%。

2. 水：灌浆用水符合拌制水工混凝土用水的要求。

6.2.2.2 主要施工机具

基岩帷幕灌浆主要施工机具有：地质钻机、灌浆泵、制浆机、灌浆管路、灌浆塞、灌浆管道阀门、水箱、计量器具（台秤、压力表、钻孔测斜仪、灌浆记录仪、泥浆检测仪器等）。

6.2.2.3 作业条件

1. 达到“三通一平”，施工的临时设施准备就绪。

2. 根据放出的轴线及高程控制点，已经放好孔位，并经过监理签字认可。

3. 选择和确定钻机的进出路线和钻孔顺序，制定施工方案，做好技术交底。

4. 正式施工前要做灌浆试验，确定灌浆施工技术参数。

6.2.3 施工工艺

6.2.3.1 施工工艺流程

基岩帷幕灌浆施工工艺：测量放线定孔位→钻机就位→钻进（第一段）→冲洗→简易压水试验（检查孔和先导孔为压水试验）→灌浆（第一段）→待凝→钻进下一段→自上而下逐段循环进行。

6.2.3.2 操作工艺

1. 钻孔

（1）基岩中采用回转式钻机，较软的、可钻性为6～7级以下的岩石，采用硬质合金钻进；石质坚硬且较完整的岩石中，采用金刚石钻进。灌浆孔的钻孔孔径，一般为59mm或75mm，在保证灌浆质量的前提下，优先选用小口径钻孔，但不小于56mm。检查孔的孔径要稍大，可为75mm或91mm。

（2）钻孔孔位与设计孔位的偏差不应大于10cm，孔深不应小于设计孔深，实际孔位、孔深应有记录。

（3）帷幕灌浆钻孔应分段进行孔斜测量。垂直的或顶角不大于5°的钻孔，孔底偏差不大于表6-4的规定。

表6-4　钻孔孔底允许偏差　单位：m

孔深	20	30	40	50	60	80	100
允许偏差	0.25	0.50	0.80	1.15	1.50	2.00	2.25

钻进过程中重点控制孔深20m以内的偏差。

钻孔过程进行记录，遇岩层、岩性变化，发生掉钻、卡钻、塌孔、掉块、钻速变化、回水变色、失水、涌水等异常情况时详细记录。

（4）钻孔完成后及时进行钻孔冲洗，冲洗后孔（段）底残留物厚度不大于20cm。

2. 裂隙冲洗和压水试验

（1）各灌浆段在灌浆前进行压力水裂隙冲洗，冲洗压力为灌浆压力的80%，并且不大于1MPa，冲洗时间至回水澄清时为止或不大于20min。

（2）帷幕灌浆先导孔、质量检查孔自上而下分段进行压水试验，压水试验在裂隙冲洗后进行，采用单点法。各次序灌浆孔的各灌浆段在灌浆前进行简易压水试验，可与裂隙冲洗结合进行。

3. 制浆

（1）帷幕灌浆采用普通水泥浆液。配制水泥浆时，依照重量比例配制，计量误差小于5%。水泥浆液采用高速搅拌机进行拌制，搅拌时间不少于30s。帷幕灌浆浆液使用范围水灰比标准分级为5∶1、3∶1、2∶1、1∶1、0.8∶1、0.6∶1、0.5∶1七级。

（2）适用于灌注水泥浆的情况：岩体的裂隙宽度大于0.2mm；岩体的单位吸水量大于0.01L/（min·m·m）或透水率大于1Lu；地下水流速不大于80～100m/d，超过此值，应考虑在浆液中掺加速凝剂；地下水的化学成分不妨碍水泥浆的凝结和硬化。

（3）水泥浆液搅拌完成后应检查其相对密度，使用前过筛。浆液自制备至用完时间，水泥浆不大于4h。浆液温度保持在5～40℃。

4. 灌浆方法和方式

（1）帷幕灌浆选用自上而下分段灌浆法，帷幕灌浆按分序加密的原则进行。由两排孔组成的帷幕，先进行下游排孔的灌浆，然后进行上游排孔的灌浆。每排孔分为两序施工，先灌一序孔后再灌二序孔。

（2）同一排相邻的两个次序孔之间，以及后序排的第一次序孔与其相邻部位前序排的最后次序孔之间，在岩石中钻孔灌浆的高差不小于15m。

（3）帷幕灌浆方式有循环式和纯压式两种。帷幕灌浆优先采用循环式，射浆管下至孔段底不大于50cm。

（4）帷幕灌浆段长度采用5～6m，具备一定条件时可以适当加长，但最长不大于10m，岩体破碎、孔壁不稳定时灌浆段长缩短。混凝土结构和基岩接触处的灌浆段段长为1～3m。

5. 灌浆压力和浆液变换

（1）灌浆压力根据工程等级、灌浆部位的地质条件、承受水头等情况分析计算并结合工程类比拟定。重要工程的灌浆压力通过现场灌浆试验论证。施工过程中，灌浆压力可根据实际情况进行调整，灌浆压力的改变征得设计单位同意。

（2）采用循环式灌浆时，灌浆压力表或记录仪的压力变送器安装在灌浆孔孔口处回浆管路上。压力表或压力变送器与灌浆孔孔口间的管路长度不大于5m。灌浆压力保持平稳，测读压力读数波动的平均值，最大值也应记录。

（3）灌浆应尽快达到设计压力，但注入率大时应分级升压。

（4）灌注时灌浆浆液的浓度由稀至浓逐级变换。采用循环式灌浆时，普通水泥浆开灌水灰比采用水灰比5∶1，细水泥浆采用3∶1。帷幕灌浆浆液水灰比可采用5∶1、3∶1、2∶1、1∶1、0.8∶1、0.6∶1、0.5∶1等七个比级。

（5）帷幕灌浆浆液变换：当灌浆压力保持不变，注入率持续减少时，或注入率不变而压力持续升高时，不改变水灰比；当某级浆液的注入量已达300L以上时，或灌浆时间已达30min时，而灌浆压力和注入率均无改变或改变不显著时，应改浓一级水灰比；当注入率大于30L/min时，可根据具体情况越级变浓。

6. 特殊情况处理

（1）灌浆过程中，发现冒浆、漏浆，根据具体情况采用嵌缝、表面封堵、低压、浓浆、限流、限量、间歇、待凝、复灌等方法进行处理。

(2) 帷幕灌浆过程中发生串浆时，应阻塞串浆孔，待灌浆孔灌浆结束后，再对串浆孔扫孔、冲洗、灌浆。如注入率不大，且串浆孔具备灌浆条件，可以一泵灌一孔同时灌浆。

(3) 灌浆必须连续进行，若因故中断，应按下述原则处理：

1) 应及早恢复灌浆，否则应立即冲洗钻孔，再恢复灌浆。

2) 若无法冲洗或冲洗无效，则应进行扫孔，再恢复灌浆。

3) 恢复灌浆时，应使用开灌比级的水泥浆进行灌注。如注入率与中断前的相近，即可改用中断前比级的水泥浆继续灌注；如注入率较中断前的减少较多，则浆液应逐级加浓继续灌注；恢复灌浆后，如注入率较中断前的减少很多，且在短时间内停止吸浆，应采取补救措施。

(4) 孔口有涌水的灌浆孔段，在灌浆前应测记涌水压力和涌水量，根据涌水情况，可选用下列措施综合处理：自上而下分段灌浆；缩短灌浆段长；提高灌浆压力；改用纯压式；灌注浓浆；屏浆；闭浆；灌注速凝浆液；待凝；复灌。

(5) 灌浆段注入量大，灌浆难于结束时，可选用下列措施处理：低压、浓浆、限流、限量、间歇灌浆；灌注速凝浆液；灌注混合浆液或膏状浆液。

(6) 灌浆过程中如回浆失水变浓，处理措施：适当加大灌浆压力；采用分段阻塞循环式灌注；换用相同水灰比的新浆灌注；加密灌浆孔；若回浆变浓现象普遍，上述处理措施效果不明显，改用细水泥浆、水泥膨润土浆或化学浆液灌注。

7. *灌浆结束和封孔*

(1) 当灌浆段在最大设计压力下，注入率不大于1L/min时继续灌注30min，可结束灌浆。

(2) 当地质条件复杂、地下水流速大、注入量较大、灌浆压力较低时，持续灌注的时间适当延长。

(3) 全孔灌浆结束后，以水灰比为0.5的新鲜普通水泥浆液置换孔内稀浆或积水，采用全孔灌浆封孔法封孔。

6.2.4 质量标准

要求符合SL 633—2012“水利水电工程施工质量验收评定表”的规定。单元工程单孔施工中工序分为钻孔（包括冲洗和压水试验）和灌浆（包括封孔）2个工序，其中灌浆是主要工序。

6.2.4.1 主控项目

表6-5　　主　控　项　目

项次		检验项目	质量要求	检查方法	检查数量
主控项目	1	孔深	不小于设计孔深	测绳或钢尺测钻杆、钻具	逐孔
	2	孔底偏差	符合设计要求	测斜仪量测	
	3	孔序	符合设计要求	现场查看	逐段
	4	施工记录	齐全、准确、清晰	查看	抽查
	5	压力	符合设计要求	压力表或记录仪检测	逐段
	6	浆液及变换	符合设计要求	比重秤、记录仪等检测	
	7	结束标准	符合设计要求	体积法或记录仪检测	
	8	施工记录	齐全、准确、清晰	查看	抽查

6.2.4.2 一般项目

表 6-6 一 般 项 目

项次		检验项目	质量要求	检查方法	检查数量
一般项目	1	孔位偏差	≤100mm	钢尺量测	逐孔
	2	终孔孔径	≥46mm	测量钻头直径	
	3	冲洗	沉积厚度小于 200 mm	测绳量测孔深	逐段
	4	裂隙冲洗和压水试验	符合设计要求	目测和检查记录	
	5	灌浆段位置及段长	符合设计要求	测绳或钢尺测钻杆、钻具	抽检
	6	灌浆管口距灌浆段底距离（仅用于循环式灌浆）	≤0.5m	钻杆、钻具、灌浆管量测或钢尺、测绳量测	逐段
	7	特殊情况处理	处理后不影响质量	现场查看、记录检查	逐项
	8	抬动观测值	符合设计要求	千分表等量测	逐段
	9	封孔	符合设计要求	现场查看或探测	逐孔

注 本质量标准适用于自上而下循环式灌浆和孔口封闭灌浆法，其他灌浆方法可参照执行。

6.2.5 质量检查

6.2.5.1 帷幕灌浆工程质量的评价应以检查孔压水试验成果为主，结合施工成果资料和其他检验测试资料，进行综合分析确定。

6.2.5.2 帷幕灌浆检查孔应在下述部位布置：

1. 帷幕中心线上。

2. 岩石破碎、断层与裂隙发育、强岩溶等地质条件复杂的部位。

3. 末序孔注入量大的孔段附近。

4. 钻孔偏斜过大、灌浆过程不正常等经分析资料认为对帷幕质量有影响的部位。

6.2.5.3 帷幕灌浆检查孔的数量可按灌浆孔数的一定比例确定。单排孔帷幕时，检查孔数量可为灌浆孔总数的10%左右，多排孔帷幕时，检查孔的数量可按主排孔数的10%左右，一个坝段或一个单元工程内，至少应布置一个检查孔。

6.2.5.4 帷幕灌浆检查孔应采取岩芯，绘制钻孔柱状图。岩芯应全部拍照，重要岩芯应长期保留。

6.2.5.5 帷幕灌浆检查孔压水试验应在该部位灌浆结束14d后进行，检查孔应自上而下分段钻进，分段阻塞，分段压水试验，宜采用单点法。

6.2.5.6 搭接帷幕灌浆的检查孔压水试验可在搭接帷幕施工完成7d后，或搭接帷幕和主帷幕灌浆全部完成后一并进行，检查孔的数量可为搭接帷幕灌浆总孔数的3%～5%。

6.2.5.7 帷幕灌浆工程质量的评定标准为：经检查孔压水试验检查，坝体混凝土与基岩接触段的透水率的合格率为100%，其余各段的合格率不小于90%，不合格试段的透水率不超过设计规定值的150%，且不合格试段的分布不集中；其他施工或测试资料基本合理，灌浆质量可评定为合格。

6.2.5.8 帷幕灌浆孔封孔质量应进行孔口封填外观检查和钻孔取芯抽样检查，封孔质量应满足设计要求。

6.2.5.9 检查孔检查工作结束后，应按规范进行灌浆和封孔。

6.2.6 成品保护

在钻机安装移动及钻孔灌浆时，均应注意保护好现场的轴线桩、高程桩，并经常予以校核。

6.2.7 质量验收文件

质量验收时所需的文件有：工程设计文件：包括有关设计的文件、图纸以及修改通知等；竣工资料和报告：包括有关施工记录、成果资料、检验检测资料、工程质量检查报告、工程竣工报告以及技术总结等。

6.2.7.1 施工记录

1. 钻孔记录。
2. 钻孔测斜记录。
3. 钻孔冲洗及裂隙冲洗记录。
4. 压水试验和简易压水记录。
5. 灌浆记录及封孔记录。
6. 抬动或变形观测记录。
7. 制浆记录。
8. 现场浆液试验记录。

6.2.7.2 灌浆成果资料

1. 灌浆成果一览表。
2. 灌浆分序统计表。
3. 灌浆综合统计表。
4. 灌浆工程完成情况表。
5. 灌浆孔平面布置图和灌浆综合剖面图。
6. 各次序孔透水率频率曲线图。
7. 各次序孔单位注入量频率曲线图。
8. 灌浆孔测斜成果汇总表和孔斜平面投影图。

6.2.7.3 检验测试资料

1. 检查孔压水试验成果表。
2. 检查孔钻孔柱状图。
3. 灌浆材料检验报告。
4. 照片、录像和岩芯实物。
5. 施工前后或施工过程中其他的检验、试验和测试资料。

6.3 高压喷射灌浆

6.3.1 适用范围

适用于淤泥质土、粉质黏土地层以及粉土、砂土、砾石、卵石等松散透水地基或填筑体内的两管法摆喷高压喷射灌浆施工。其他类型的高压喷射灌浆施工可参照执行。

6.3.2 施工准备

6.3.2.1 材料质量要求

1. 水泥：可采用普通硅酸盐水泥，其强度等级可为42.5或以上。

2. 水：灌浆用水符合拌制水工混凝土用水的要求。

6.3.2.2 主要施工机具

高压喷射灌浆主要施工机具有钻机、高喷台车、高压泥浆泵（额定压力不小于设计规定压力的1.2倍）、空气压缩机、搅拌机、高压胶管、二管注浆管总成、压气胶管、液体流量计、风量计、浆液回收系统、水箱、计量器具（台秤、压力表、泥浆检测仪器等）。储浆桶的容积不宜少于500L，桶内应安设有低速搅拌装置，防止浆液沉淀。

6.3.2.3 作业条件

1. 达到“三通一平”，施工的临时设施准备就绪。

2. 根据放出的轴线及高程控制点，已经放好孔位，并经过监理签字认可。

3. 对选定的设备进行全面配套状况和运行性能检查和检修，进行试运转正常。

4. 管路布置好，接通水、电，设备就位，并进行现场试车。

5. 根据工程情况，选定技术人员、工人，并进行技术交底，安全操作训练，熟悉工程施工的各种要求。

6.3.3 施工工艺

6.3.3.1 施工工艺流程

高压喷射灌浆施工工艺：测量放线定孔位→机具就位→钻孔→下入喷射管→喷射灌浆及提升→冲洗管路→孔口回灌。

6.3.3.2 操作工艺

1. 钻孔

（1）采用回转钻进、冲击跟管钻进和振动钻进、射水钻进等方法，可以采用泥浆护壁。钻孔孔径大于喷射管外径20mm以上。

（2）钻孔孔位与设计孔位的偏差不应大于50mm，钻孔的有效深度应超过设计墙底深度0.3m。

（3）钻杆或喷射管的垂直度偏差不应超过0.5%，有条件时应进行孔斜测量，孔深小于30m时，钻孔偏斜率不应超过1%。

（4）应选取部分高喷孔作为先导孔，采取芯样，核对地层，需要时可以做动力触探试验。先导孔的深度同一般孔的规定，间距为30m左右。

（5）钻进暂停或终孔待喷时，孔口应加以保护。若时间过长，应采取措施防止塌孔。钻进时详细记录孔位、孔深、地层变化和漏浆、掉钻等特殊情况及其处理措施。

2. 制浆

（1）高压喷射灌浆宜采用普通水泥浆。配制水泥浆时，依照重量比例配制，制浆材料的称量误差不大于5%，高喷灌浆浆液的水灰比可以为：1.5∶1～0.6∶1，浆液密度约为1.35～1.7g/cm^3。有特殊要求时，可以加入膨润土、黏土、粉煤灰、砂，砂子最大粒径不宜大于2mm。

（2）水泥浆的搅拌时间，使用高速搅拌机（转速大于1200r/min）不小于30s；使用普通搅拌机不少于 90s。水泥浆自制备至用完的时间不应超过 4h。

（3）水泥浆液搅拌完成后要检查其密度，进浆密度每搅拌一槽测量一次，回浆密度每 10min 测量一次。

（4）浆液温度保持在 5～40℃。

3. 灌浆方式

（1）高压喷射灌浆宜先施工下游排，再施工上游排，后施工中间排。一般同一排内的高喷灌浆孔宜分两序施工。

（2）高压喷射灌浆方式为两管法摆喷。射浆管下至距孔底不大于 50cm。

（3）双管法高压喷射灌浆常用施工参数见表 6－7。

表 6－7　　高喷灌浆常用施工参数表

项目		双管法	项目			双管法
气	压力/MPa	0.6～1.2	提升速度/（cm/min）	粉土层		8～20
	流量/（m^3/min）	0.8～1.5		沙土层		10～25
	气嘴环状间歇/mm	1.0～1.5		砾石层		8～15
浆	压力/MPa	25～40	摆喷	摆速/（次/min）		0.8～1.0
	流量/（L/min）	70～100		摆角/（°）	粉土、砂土层	15～30
	密度/（g/cm^3）	1.4～1.5			砾石层	30～90
	回浆密度/（g/cm^3）	≥1.3				

（4）当地层中水流速度过大或出现集中渗漏时，应先采用静压灌浆或专项处理再进行高喷灌浆。

（5）下喷射管前进行地面试喷，检查机械及管路运行情况，并调准喷射方向和摆动角度。下入喷射管时，将喷嘴用胶带等物包封密实。拆卸喷射管前，将孔内注满浓浆，充填喷射管和孔壁间间隙。当喷头下至设计深度，先按规定参数进行原位喷射，待浆液返出孔口、情况正常后开始提升喷射。

（6）高喷灌浆宜全孔自下而上连续作业。中途拆卸喷射管时，搭接段应进行复喷，复喷长度不小于 0.2m。灌浆过程中采取必要措施保证孔内浆液上返畅通，避免造成地层劈裂或地面抬动。当局部需要扩大喷射范围或提高凝结体的密实度时，可采取复喷措施。

（7）施工中准确记录高喷灌浆的各项参数、浆液材料用量、异常现象及处理情况等。

4. 特殊情况处理

（1）灌浆过程中，孔内严重漏浆，可采取以下措施：

1）降低提升速度。

2）降低喷射压力、流量，进行原位灌浆。

3）加大浆液密度或灌注水泥砂浆、水泥黏土浆等。

4）向孔内填入砂、土、速凝剂等堵漏材料。

（2）高喷灌浆过程中发生串浆时，应填堵串浆孔，待灌浆孔灌浆结束，尽快对串浆孔扫孔、灌浆，或继续钻进。

（3）灌浆必须连续进行，若因故中断，中断时间大于 30min 时，对中断孔段进行复喷，复喷长度不小于0.5m。

(4) 供浆正常情况下，孔口回浆密度变小、回浆量增大，应降低风压并加大进浆浆液密度或进浆量。

5. 灌浆结束

灌浆结束，利用回浆或水泥浆及时回灌，直至孔口浆面不下降为止。

6.3.4 质量标准

要求符合SL 633—2012“水利水电工程施工质量验收评定表”的规定。

单元工程划分：对于孔深小于20m的防渗墙宜以相邻的30～50个高喷孔划分为一个单元工程，对于孔深大于20m的防渗墙宜按成墙面积600～1000m^{2}的防渗墙体划分为一个单元工程。一般单排孔高喷墙每个单元工程的防渗面积不宜大于1000m^2。

6.3.4.1 主控项目

表6-8 主 控 项 目

项次		检验项目	质量要求	检查方法	检查数量
主控项目	1	孔位偏差	≤50mm	钢尺量测	逐孔
	2	钻孔深度	大于设计墙体深度	测绳或钻杆、钻具量测	
	3	喷射管下入深度	符合设计要求	钢尺或测绳量测喷管	
	4	喷射方向	符合设计要求	罗盘量测	
	5	提升速度	符合设计要求	钢尺、秒表量测	
	6	浆液压力	符合设计要求	压力表量测	
	7	浆液流量	符合设计要求	体积法	
	8	进浆密度	符合设计要求	比重秤量测	
	9	摆动角度	符合设计要求	角度尺或罗盘量测	
	10	施工记录	齐全、准确、清晰	查看	抽查

注 1. 本质量标准适用于摆喷施工法，其他施工法可调整检验项目。
2. 使用低压浆液时，“浆液压力”为一般项目。

6.3.4.2 一般项目

表6-9 一 般 项 目

项次		检验项目	质量要求	检查方法	检查数量
一般项目	1	孔序	按设计要求	现场查看	逐孔
	2	孔斜率	≤1%，或符合设计要求	测斜仪、吊线等量测	
	3	摆动速度	符合设计要求	秒表量测	
	4	气压力	符合设计要求	压力表量测	
	5	气流量	符合设计要求	流量计量测	
	6	浆液压力	符合设计要求	压力表量测	
	7	浆液流量	符合设计要求	流量表量测	
	8	回浆密度	符合规范要求	比重秤量测	
	9	特殊情况处理	符合设计要求	根据实际情况定	
	10	浆液压力（低压浆液时）	符合设计要求		

注 1. 本质量标准适用于摆喷施工法，其他施工法可调整检验项目。
2. 使用低压浆液时，“浆液压力”为一般项目。

6.3.5 质量检查

6.3.5.1 高喷灌浆质量检查选用围井、钻孔或其他方法检查，高喷墙防渗工程的质量应结合分析施工资料和检查测试成果，综合评定。

6.3.5.2 高喷灌浆检查布置部位：地层复杂、漏浆严重、可能存在质量缺陷的部位，以及随机抽检的部位。

6.3.5.3 围井检查法适用于所有结构形式的高喷墙，并符合以下要求：

1. 可以在围井内开挖进行直观检查和取样，并做注水或抽水试验；也可以在围井中心处钻孔，做注水或抽水试验。

2. 每3～5个单元工程布置一个围井；少于3个单元工程的，至少布置1个围井。

3. 围井各面墙体轴线围成的平面面积，砂土、粉土层中不小于$3m^2$，砾石、卵（碎）石层中不宜小于$4.5m^2$。

4. 围井边墙与被检查墙体的技术条件应一致。悬挂式高喷墙围井底部应进行封闭。

5. 注水水头高于围井顶部时，围井顶部予以封闭。

6.3.5.4 厚度较大的和深度较小的高喷墙可以选用钻孔检查法，并符合以下要求：

每个单元工程可以布置1个检查孔。检查孔孔位宜布置在墙体中心线上，宜自上而下分段钻孔、取芯和进行静水头压水试验。

6.3.5.5 围井检查宜在围井的高喷灌浆结束7d后进行，如果需要开挖或取样，宜在14d后进行；钻孔检查宜在该部位高喷灌浆结束28d后进行。

6.3.5.6 高喷墙体整体效果的检查采用以下方法：

1. 坝（堤）基高喷墙，可以在其下游侧布设测压管，观测和对比该测压管与上游水位差；也可以在坝下游安设量水堰，观测和对比施工前、后渗水量，据此分析整体防渗效果。

2. 围堰堰体和堰基中的高喷墙，可以在基坑开挖时测定其渗水量，并检查其有无集中渗水点，据此分析整体防渗效果。

6.3.6 成品保护

在钻机安装移动及钻孔灌浆时，均应注意保护好现场的轴线桩、高程桩，并经常予以校核。

6.3.7 质量验收文件

高喷灌浆工程应进行单孔质量检验、单元工程质量评定和分部工程验收。验收时所需的文件有：设计说明书、图纸、施工技术要求及设计修改通知单等；施工原始记录、成果资料、检验测试资料、竣工验收报告等；质量检查记录、单元工程质量评定及说明、单元工程验收资料、工程质量缺陷记录、缺陷分析及处理结果等。

6.4 深层搅拌桩

6.4.1 适用范围

深层搅拌桩是利用深层搅拌机械将水泥浆等材料与土体强制搅拌，从而在土体内产生物理—化学反应，形成具有整体性、水稳定性和一定强度的增强体，和原土体形成复合地基、防渗墙或挡墙的施工方法。深层搅拌桩适用于加固处理黏性土、粉土、砂土，以及黄土、淤泥质土与淤泥、素填土等土层，对于欠固结的淤泥质土和淤泥以及泥炭土、有机土、塑性指数大于25的黏土、含砾直径小于25mm的砂砾层，以及地下水具有腐蚀性时和无经验的工程区，应进行现场试验确定。

6.4.2 施工准备

6.4.2.1 作业条件

1. 施工前应取得施工区域的地质资料，了解不良地质情况及地下障碍物，并应采取相应措施。施工前熟悉设计要求和图纸，应制定施工方案，开工前进行施工交底、安全教育培训和试桩试验等技术准备工作。根据工程设计及现场选择布设先导孔，先导孔间距宜为50m。根据设计指标选择固化材料、外掺剂，通过室内试验确定材料掺加配比。

2. 深层搅拌法施工场地应平整，应先按场地标高清理场地，清除桩位处障碍物，低洼时回填素土，施工工作面高程应高于桩顶高程0.3～0.5m。场地清理后即进行测量定位和开挖导流沟，确定线路轴线。随后根据搅拌桩设计布置范围及间距，在现场准确定出每个桩位。做好施工机械进、出场地及材料运输的道路修筑准备工作。

3. 完成施工供水、施工用电准备工作；完成水泥搅拌桩机、制浆供浆系统、管线和泥浆循环系统的现场布置；机械设备、人员进场，进行施工机具和设备组装和试运转，水泥搅拌桩施工机械必须具备良好及稳定的性能。

6.4.2.2 材料质量要求

深层搅拌桩的水泥应采用32.5级以上强度的普通硅酸盐袋装水泥（以便于计量），水泥使用前应进行复检，质量标准应符合GB 175—2007规定。搅拌水泥浆液所用水应符合混凝土拌和用水要求。深层搅拌桩掺加外掺剂时，外掺剂根据设计需要选择掺加早强剂（三乙醇胺、氯化钙、碳酸钠、水玻璃等参考掺量为0.05%、2%、0.5%、2%）、减水剂（木质素磺酸钙参考掺量为0.2%）。

6.4.2.3 主要施工设备

根据深层搅拌桩的设计深度以及工程量、现场场地大小、供电配电容量、机械设备施工效率要求，选择深层搅拌施工设备型号。深层搅拌设备应具有主驱动电机工作电流显示装置、主机调平控制装置、桩架立柱垂直度调整装置，桩架立柱下部装有搅拌轴的定位导向装置，主卷扬机具有无级调速功能、且应有动力指标显示装置，应配备深度仪和流量仪等经过计量认证的自动计量装置。制浆机宜为立式，出浆孔在机身下部，搅浆翼片以双层多头为宜。储浆筒置于搅拌机下方，储浆筒内装单层搅拌翼片；注浆泵的额定工作压力应大于0.5MPa，应有经过计量认证的压力表和流量泵装置，以便进行压力、流量计量和控制。施工现场还应有柴油发电机等电源设备。

6.4.2.4 成桩试验

在施工前应根据设计要求选择有代表的地层进行成桩试验，试验内容包括：搅拌机钻进深度、水泥浆水灰比，搅拌机转速、下钻和提升速度、注浆泵送压力、泵送时间、输浆量以及每米桩体注浆量、复搅复喷深度以及复搅复喷次数等，试验桩根数一般不少于5根。试桩完成7d后，应进行浅部开挖，观察桩体均匀性，检测桩径、墙厚、桩位偏差及桩（墙）间搭接是否满足设计要求，从而确定选择合理的技术参数和措施。

6.4.3 施工工艺

6.4.3.1 施工工艺流程

深层搅拌桩施工时一般选用“四搅两喷”成桩工艺，工艺流程如下：施工准备、桩位放样→搅拌机就位、调平→正循环钻进下沉钻进至设计加固深度→打开注浆泵反循环边喷浆边提钻至工作基准面以下0.3m→重复搅拌下沉至设计加固深度→重复边喷浆边搅拌提钻至预定的停浆面→成桩结束→清洗→移位→质量检验→施工下一根桩。

6.4.3.2 操作工艺

1. 定位对中

根据桩位设计平面图进行测量放线，定出每一个桩位，然后对每个桩位进行编号，防止偏位或漏打。搅拌桩编号从小桩号里程开始，每段起点里程为第一排，后面依次编排，编号用第几排第几根编法，如第一排第一根编号为1-1，第N排第m根编号为$N-m$，以便施工时准确、清晰地做好施工记录。搅拌机安装就位于指定桩位中心，桩位偏差不得大于50mm。用经纬仪确定层向轨与搅拌轴垂直，调平底盘，使搅拌机垂直于地面，桩机主轴倾斜度不大于1%。准确测出桩顶标高以便控制好桩的设计深度，为控制桩入土深度，在搅拌机架上划出标尺，确保桩底标高符合设计要求。

2. 预拌下沉

将搅拌头用钢丝绳挂在起重机上，用输浆胶管将贮料出罐泵与搅拌机连通，待搅拌机正常后，启动搅拌机电机，搅拌头在原地搅拌1～3min，待搅拌头转速正常后放松起吊钢丝绳，使搅拌头沿导向架边搅边下沉。下沉速度可由电流监控表控制，桩机钻杆垂直下沉速度一般为0.38～0.75m/min，工作电流不应大于70A。当遇到较硬土层下沉较慢时，应增加搅拌机自重，然后启动加压装置加压，或边输入浆液边搅拌钻进。记录员及时填写下沉速度、深度和相关的技术参数。

为保证桩径，钻头直径应满足规定要求。深层搅拌桩开钻之前，应用水清洗整个管道并检验管道中有无堵塞现象，待水排尽后方可下钻。质检人员要经常抽检钻头直径，如磨损严重，必须及时更换。为保证深层搅拌桩桩体垂直度满足规范要求，在主机上悬挂一吊锤，通过控制吊锤与钻杆上、下、左、右距离相等来进行控制。

3. 制备水泥浆

待搅拌机下沉到一定深度后，开始拌制水泥浆，水泥浆材料配制称量误差应控制在1%以内，浆液应搅拌均匀，加筛过滤，现制现用，不得存放过久，一般不应超过4h，在压浆前按配合比拌匀后倒入集料斗。水灰比宜为0.5，搅拌时间不少于3min。为改善水泥和易性，以提高水泥土的强度和耐久性，可以掺入适量的外加剂。

水泥、水等原材料必须符合设计和规范要求。采用快速搅浆设备，拌制时间不少于1min，采用慢速搅浆设备搅拌时间不应少于3min。在储浆池内采用二次搅拌，防止浆液沉淀、离析。

4. 喷浆搅拌提升

深层搅拌桩桩体水泥掺量参考指标可选择7%～15%；下沉速度0.38～0.75m/min；提升速度0.3～0.5m/min；转速34～72r/min；水泥浆液配比0.8∶1～1.0∶1，浆压0.3～0.8MPa，每加固1m^{3}土体掺入水泥约110～160kg。搅拌头下沉到达设计深度后，提升

20cm，开启灰浆泵将水泥浆压入土中，再按规定的提升速度（0.3～0.5m/min）和浆体流量（6.7L/0.25min）边喷浆边提升搅拌头，使浆液和土体充分拌合直至设计桩顶标高。搅拌机提升至地面以下1m后宜用慢速；当喷浆口即将出地面时，应停止提升，喷浆搅拌数秒，以保证桩头均匀密实。记录员按规定记录每米喷浆提升速度（m/min），深度记录误差不得大于50mm，时间记录误差不得大于5s，施工中发现的问题及处理情况均应注明。

5. 重复搅拌

为使原土和水泥浆搅拌均匀，可再次重复将搅拌机边旋转边沉入土中。搅拌头喷浆提升至设计桩顶标高时，关闭灰浆泵，搅拌头重复下沉、提升、搅拌一次，此时集料斗中浆液恰好排空。记录员如实做好记录，并注明注入的水泥浆用量。

6. 移位

将搅拌头和提升机架及导向架等设备移到新的桩位点，重复以上各步骤进行下一根桩的施工。

7. 现场施工记录

现场施工人员认真填写深层搅拌桩施工记录表、深层搅拌桩供浆记录表以及深层搅拌桩施工记录汇总表。深层搅拌桩施工记录表记录内容包括：工程名称、水泥标号、水灰比、施工日期、桩号、每米下沉或提升时间、开始时间、终止时间、工艺时间、来浆时间、停浆时间、总喷浆时间、总施工时间、材料用量等；深层搅拌桩供浆记录表记录内容包括工程名称、施工日期、桩号、输浆管道走浆时间、水泥标号、拌灰罐数、每罐用量、水泥总用量、外掺剂总用量、开泵时间、停泵时间、泵前管内状态、泵后管内状态；深层搅拌桩施工记录汇总表记录内容包括工程名称、日期、桩号、桩长、水泥用量、水泥标号、外掺剂用量、总施工时间、喷浆时间、施工记录页数。现场施工记录应及时、准确、完整、清晰、真实，记录深度偏差不得大于50mm，时间偏差不得大于5s。

6.4.3.3 冬雨期施工

深层搅拌桩应避开冬雨季施工，尤其雨季施工。在雨季施工时应编制应急预案并做好防汛、防洪、防雨淋、防冲刷以及防坍塌措施，做好半成品防护措施，做好安全用电检查，经常进行水泥浆等技术指标质量检查。低温季节施工做好低温防冻措施，泥浆管路及时排空，道路及时维修，采取防滑措施。总之季节性施工应采取恰当的工程措施，全力保证施工安全和工程质量。

6.4.4 质量标准

6.4.4.1 主控项目

表6-10　　　　主　控　项　目

项目	序号	检查项目	允许偏差或允许值		检　查　方　法	检　查　数　量
			单位	数值		
主控项目	1	水泥及外掺剂质量	设计要求		查产品合格证书或抽样送检	水泥：按同一生产厂家、同一等级、同一品种、同一批号且连续进场的水泥，袋装不超过200t为一批，散装不超过500t为一批，每批抽样不少于1次外加剂：按进场的批次和产品的抽样检验方案确定

续表

项目	序号	检查项目	允许偏差或允许值		检查方法	检查数量
			单位	数值		
主控项目	2	水泥用量	参数指标		查看流量计	每工作台班不少于3次
	3	桩体强度	设计要求		钻芯（开挖取芯）检测	不少于桩总数的20%
	4	地基承载力	设计要求		荷载试验	总数的0.5%～1%，且应不少于3处。有单桩强度检验要求时，数量为总数的0.5%～1%，且应不少于3根

6.4.4.2 一般项目

表6-11　一般项目

项目	序号	检查项目	允许偏差或允许值		检查方法	检查数量
			单位	数值		
一般项目	1	机头提升速度	m/min	≤0.5	量机头上升距离及时间	每工作台班不少于3次
	2	桩底标高	mm	±200	测机头深度	抽查20%且不少于3个
	3	桩顶标高	mm	+100，-50	水准仪（最上部500mm不计入）	
	4	桩位偏差	mm	<50	用钢尺量	
	5	桩径		<0.04D	用钢尺量，D为桩径	
	6	垂直度	%	≤1.5	经纬仪	
	7	搭接	mm	>200	用钢尺量	

6.4.5 成品保护

深层搅拌桩未达到规定强度时不得在桩顶上大量堆载或让挖土机、推土机等大型设备在其上面行驶，以防产生断桩等质量问题。

6.4.6 应注意的事项

6.4.6.1 在搅拌桩施工过程中应采用“叶缘喷浆”的搅拌头。这种搅拌头的喷浆口位于搅拌叶片的最外缘，当浆液离开叶片向桩体中心环状空间运移时，随着叶片的转动和切削，浆液能较均匀地散布在桩体中的土中。第一次下钻时为避免堵管可带浆下钻，喷浆量应小于总量的1/2，严禁带水下钻。第一次下钻和提钻时一律采用低档操作，复搅时可提高一个档位。每根桩的正常成桩时间应不少于40min，喷浆压力不小于0.4MPa。

6.4.6.2 施工时应严格控制喷浆时间和停浆时间，下沉与提升要求均匀、平稳，对不同的地层采用不同的参数，保证搅拌均匀。每根桩开钻后应连续作业，不得中断喷浆。严禁在尚未喷浆的情况下进行钻杆提升作业。储浆罐内的储浆应超出一根桩的用量50kg。若储浆量小于上述重量时，不得进行下一根桩的施工。为保证深层搅拌桩桩端、桩顶及桩身质量，第一次提钻喷浆时应在桩底部停留30～60s，喷浆做底，或底部1m范围内多搅拌一次，进行磨桩端，余浆上提过程中全部喷入桩体，且在桩顶部位进行磨桩头，停留时间为30s。

6.4.6.3 应采用电脑检测仪控制注浆量，保证水泥掺量达到设计要求。对每根成型的搅拌桩质量检查重点是水泥用量、水泥浆拌制的罐数、压浆过程中是否有断浆现象、喷浆搅拌提升时间以及复搅次数。同时现场应配备水泥浆比重测定仪，以备质检人员随时抽查检验水泥浆水灰比是否满足设计要求。

6.4.6.4 停机处理：施工中应连续供浆，因故中断停工后，若停工时间不超过 8～24h，恢复施工时宜将搅拌机钻头下沉至停工点以下 0.5m 后再继续开始搅拌喷浆成桩。在成桩过程中，凡由于电压过低或其他原因造成停机，使成桩工艺中断，在搅拌机重新启动后，将搅拌叶搅拌下沉 0.5m 后再继续成桩。如间歇时间过长，无法连续时，应在使下一序桩与前序桩一侧或两侧搭接（搭接长度大于 2 倍桩径），原桩位旁边进行补桩处理。搅拌头喷浆提升的速度和次数必须符合施工工艺的要求。

6.4.6.5 漏桩：若产生漏桩现象，应在漏桩一定范围及时补桩，保证设计。

6.4.6.6 超过 24h 停机故障：恢复施工时采用在故障处平行轴线补桩的方式。

6.4.6.7 施工中发现喷浆量不足，应按要求整桩复搅，复喷的喷浆量不小于设计用量。如遇停电、机械故障原因，喷浆中断时应及时记录中断深度。在 12h 内采取补喷处理措施，并将补喷情况填报于施工记录内。补喷重叠段应大于 100cm，超过 12h 应采取补桩措施。

6.4.7 深层搅拌桩质量验收文件

6.4.7.1 深层搅拌桩工程勘察资料、施工桩位设计图与设计说明。

6.4.7.2 材料出厂质量证书或复试试验资料。

6.4.7.3 深层搅拌桩试成桩确认的施工参数。

6.4.7.4 深层搅拌桩施工竣工平面图（包括桩底标高、桩体直径、桩位偏差、桩顶标高等）。

6.4.7.5 深层搅拌桩施工记录表、深层搅拌桩供浆记录表以及深层搅拌桩施工记录汇总表等施工记录。

6.4.7.6 深层搅拌桩桩体强度测试报告。

6.4.7.7 深层搅拌桩地基承载力测试报告。

6.4.7.8 深层搅拌桩开挖检验记录资料。

6.4.7.9 深层搅拌桩施工质量评定资料。

6.5 振冲碎石桩

6.5.1 适用范围

振冲碎石桩是复合地基，指利用能产生水平方向振动的振冲器，在高压水作用下边振动边冲击在软弱地基中成孔，再将碎石挤压入土孔中，振冲器上拔时振密碎石，形成大直径的碎石所构成的密实桩体，最终使碎石桩体与原状土构成复合地基，使碎石体在原地基土中起加筋作用，以提高地基承载力，也可以消除或减少地层的地震液化和欠固结地层的湿陷性。

振冲碎石桩适用于处理砂石、粉土、粉质黏土、素填土和杂填土（生活垃圾及有机土含量应小于 5%的）地基，对于不排水且抗剪强度不小于 20kPa 的饱和黏性土和黄土地基，应通过现场试验确定是否适用。本施工技术交底适用于振冲置换法，振冲密实法可参照执行。

6.5.2 施工准备

6.5.2.1 材料质量要求

碎石桩填料采用级配良好的碎石，碎石含泥量不大于5%，碎石最大粒径不应超过5.0cm。

6.5.2.2 主要施工机具

振冲施工机具设备包括：振冲器（功率75kW）、起重机、水泵以及控制设备。振冲器类似混凝土插入式振动器，其工作原理是利用电机旋转一组偏心块产生一定频率和振幅的水平振动，压力水通过空心竖轴从振冲器下端喷口喷出。水泵要求水压力400～600kPa，流量20～30m^3/h。控制设备包括：控制电流操作台、供水管道、加料设备以及电流表、电压表等。

6.5.2.3 作业条件

1. 审查设计图纸，收集设计技术资料、地质勘察资料，做好图纸会审、施工方案审查工作，编制上报施工技术方案，做好技术准备工作，编制预备施工记录表格和统计表格。

2. 做好场地的“三通一平”，排除施工现场的地上、地下的障碍物，排除对施工机具有影响的障碍物。同时通过水管将水送入储水箱，高压水泵从储水箱内抽水打入振冲器的射水管，振冲后的污水通过集水坑或泥浆泵排入坑外排水总管。现场采用三相电，电压为380V供振冲器施工，工地照明，及生活用电。

3. 根据监理工程师批准的平面控制点、高程控制点、导线控制点和设计图纸做好测量放线工作。

4. 开工前对振冲器、起重机、水泵等机械设备进行全面检查试运转，备足零配件，对施工人员进行技术交底和培训，包括设计桩长、桩位布置、桩位高程、地质情况等。

5. 设置试验区进行试桩施工，进行实地试验，确定振冲碎石桩各项施工技术参数。

6.5.3 施工工艺

6.5.3.1 工艺流程

碎石桩施工工艺为：清理平整场地→放线布设桩位→就位→振动下沉至设计标高成孔→清孔→边振动边压入碎石，边提升→制桩至孔口→移位至下一桩位。

6.5.3.2 操作工艺

碎石桩采用振动沉管法施工，施工顺序采用跳打形式，在砂质土地基中：由外缘或两侧向中间进行，且隔行施打，相邻两根桩必须采用跳跃间打；在淤泥质黏土地基中：宜从中间向外围逐行或隔行施打，每根桩的碎石灌注量不小于0.24m^3/m。振冲碎石桩施工时从外围或两侧向中间进行。

1. 清理整平施工场地，平整场地，使施工面标高高于桩顶设计标高1.0m，地下水位在施工期间应保持在施工场地地表下0.5m。由专业测量人员根据业主提供的控制点及设计图纸进行桩位放样，桩位允许偏差不得大于10mm。定位与打桩间隔不超过24h，施工过程中，应尤其注意防止破坏标识引起桩位不准，并随时复核，对因挤土作用引起的桩位偏差，及时调整。

2. 吊车就位：振冲器对准桩位，振冲器尖端喷水中心与孔径中心偏差不得大于50mm。通电、通水，检查水压，电压和振冲器空载电流值是否正常。

3. 打套筒：先打入带桩尖的套筒护壁，然后振冲器下沉，启动吊车使振冲器以1～2m/min的速度在土中徐徐下沉，控制振冲器的额定电流，并进行记录。

4. 成孔：吊机下放振冲器并启动振动锤，控制造孔水压0.2～0.4MPa，一般可以1～2m/min速度下沉，将桩管下到设计深度，每下沉0.5m留振30s。造孔中应保持振冲器呈悬垂状态，以保证垂直成孔。施工中记录造孔时的电流值、造孔速度及返水情况。终孔后稍提升振冲器30～50cm使桩尖打开。

5. 清孔：造孔终止后，当返水中含泥量较高时或成孔直径较小时，一般需要进行清孔：将振冲器停在桩端以上50cm左右处，进行清孔，待孔内循环泥浆稠度降低，把振冲器提出孔口，然后再次下沉振冲器（一般往返1～2遍），清除孔内泥土，保证填料畅通。

6. 填料：向孔内倾到石料，每次下料不得超过0.5m^3（可根据地层增减填料量），将振冲器下沉至孔内中进行振密、拔筒、填料、振密程序直至碎石桩桩顶达到设计标高以上1.0m，确保桩头部质量。灌入量按桩身理论方案量值与充盈系数计算。做好现场施工记录，严格控制每根桩的碎石充盈系数，充盈系数一般控制在1.1～1.2。避免先期大后期小的不良现象，以增加桩的均匀性。

碎石挤密桩桩孔内的填碎石量可按下式计算：

$$Q = KL\pi D^2/4 \tag{6-1}$$

式中 Q——每根桩的填料量；

L——桩长，m；

D——桩径，m；

K——充盈系数，一般为1.15～1.50，视土性而定。

7. 振动拔管：管内灌入碎石高度需大于1/3管长，方可开始拔管，应有专人负责碎石灌入量，以防超灌、少灌。拔管前先振动1min后边振动边拔管，每提升0.5～1m导管应反插30cm，留振10～20s，分层重复“填料、振密、拔管”直至拔出地面，拔管平均速度为1～2m/min。继续边拔管边振动，直至拔到设计标高以上1.0m。

8. 启动反插，并及时进行孔口补料至该桩设计碎石桩用量全部投完为止。孔口加压至前机架抬起，完成一根桩施工，完成后的桩顶中心与定位中心偏差不得大于20cm。

9. 移动桩架至另一孔位，重复以上操作。

6.5.3.3 冬雨期施工

振冲碎石桩应避开冬雨季施工，尤其雨季施工。在雨季施工时要编制应急预案并做好防汛、防洪、防雨淋、防冲刷措施，做好半成品防护措施，做好安全用电检查，经常进行技术指标质量检查。低温季节施工做好低温防冻措施，道路及时维修，采取防滑措施。总之季节性施工要采取恰当的工程措施，全力保证施工安全和工程质量。

6.5.4 质量标准

振冲碎石桩质量检验应在施工结束后间隔一定时间进行。检测一般采用单桩荷载试验，按每200～400根桩随机抽取一根进行检测，但总数不得少于3根。除采用单桩荷载试验检测外，可采用标准贯入、静力触探等试验对桩间土进行处理前后的对比试验。检测桩及桩周、桩间土的挤密质量，以不小于设计要求的数值为合格。桩间土质量的检测位置应在等边三角形的中心。

6.5.4.1 主控项目

表 6-12 主 控 项 目

项目	序号	检 查 项 目	允许偏差或允许值		检 查 方 法	检 查 数 量
			单位	数值		
主控项目	1	填料粒径	设计要求		抽样检查	同一产地每 600t 一批
	2	密实电流（黏性土）	A	50～55	电流表读数	每工作台班不少于 3 次
		密实电流（砂性土或粉土）（以上为功率 30kW 振冲器）	A	40～50		
		密实电流（其他类型振冲器）	A_0	1.5～2.0	电流表读数，A_0 为空振电流	
	3	地基承载力	设计要求		按规定方法	总孔数的 0.5%～1%，但不得不于 3 处

6.5.4.2 一般项目

表 6-13 一 般 项 目

项目	序号	检 查 项 目	允许偏差或允许值		检 查 方 法	检 查 数 量
			单位	数值		
一般项目	1	填料含泥量	%	<5	抽检检查	按进场的批次和产品的抽样检验方案确定
	2	振冲器喷水中心与孔径中心偏差	mm	≤50	用钢尺量	抽查孔数的 20%且不少于 5 根
	3	成孔中心与设计孔位中心偏差	mm	≤100	用钢尺量	
	4	桩体直径	mm	<50	用钢尺量	
	5	孔深	mm	±200	量钻杆或重锤测	全数检查

6.5.5 成品保护

施工过程中，应对控制场地坐标的基准标桩、桩点基线和已放桩点进行保护，避免重复测放桩点。振冲施工返出的水、废浆应及时排除，减少积水对地基土浸泡。

6.5.6 应注意的质量问题

6.5.6.1 桩机配备一名现场管理人员全过程随机施工，技术人员巡视抽查各个桩机的施工参数及原始施工记录，确保施工参数的准确性及资料的完整性。

6.5.6.2 根据桩号、桩机性能及施工的难易程度对桩机完成一根桩全过程的施工时间进行一次标定，主要控制桩的成桩质量，确保挤密效果及桩身的完整性和连续性。

6.5.6.3 旁站人员根据桩长度详细记录每根桩的施工参数及碎石用量。且当天进行碎石用量及施工延米的总量复核。

6.5.6.4 根据总体的施工进度安排，对每台桩机每天进行进度复核，有问题的桩机及时查明原因，在确保施工质量的前提下，确保按工期完成施工任务。

6.5.6.5 施工资料由专人每天收集整理，施工记录包括加密电流、流振时间、水压、制桩时间及每 2m 记录一次振填料量等。原始记录应准确无误、字迹清楚，不得涂改。对每台桩机建立独立完整的施工记录台账，施工资料每天向监理工程师报送。

6.5.6.6 按规定的施工顺序进行施工，在软弱黏性土地层采用由里向外或从一边推向另一边的方式，以利于挤走部分软土。对于抗剪强度极低的黏性土地基，为了减少制桩时对软土的扰动，也可采用间隔跳做的方式。

6.5.6.7 正式施工前应进行成桩试验，试验桩数为 7～9 根。以获得施工控制电流和振冲器的留振时间。操开作人员应记录施工始时间、结束时间、成桩深度、碎石灌入量及电机的工作电流值，同时注意各种参数的变化。

6.5.6.8 应保证起重设备平稳，导向架与地面垂直，垂直偏差不应大于 1.5%，振冲前应定位桩孔中心并进行编号，防止施工时漏孔。成孔中心与设计桩位偏差不应大于 50mm，桩径偏差控制在±20mm 以内，桩长偏差不大于 100mm。

6.5.6.9 桩管直径不小于 500mm。桩管前端设钢筋混凝土预制桩头，桩管前端尺寸与设计桩径一致，否则造成缩径，并且实地实验确定提管速度。

6.5.6.10 正式施工时，采用钢尺测量，在导向管上每 0.5m 用直径 8mm 盘条焊接刻度，进行孔深控制。应严格按照设计要求的桩长、桩径、桩间距、碎石灌入量以及试验确定的提升高度和速度、挤压次数和留振时间、电机的工作电流等参数进行施工，以确保挤压均匀和桩身的连续性。

6.5.6.11 终孔深度的判别：振动沉管达到设计深度不停振，同时静力施压，出现桩管不断续下沉并使打桩机前端抬离地面。施工过程中应及时挖除桩管带出泥土，孔口泥土不得掉入孔中。

6.5.6.12 填料的最大粒径一般不大于 63mm，粒径过大不仅容易卡孔，而且会使振冲器外壳强烈磨耗。碎石灌入量不应少于设计值的 95%，如不能顺利下料时，可适量往管内加水。

6.5.6.13 振动提管：达到设计深度后，在桩管内装入粒料才允许振动提升桩管，并随时进行补充，以保证不造成断桩。控制碎石桩的振动频率、留振时间、反插深度、桩管提升的高度和速度，同时确保桩身的连续性。不允许在桩管内无料的情况下提升，直至桩管提出地面方可停止振动。

6.5.6.14 填料要分批加入，不宜一次加料过量，原则上要“少吃多餐”，每一深度的桩体在未达到规定的密实电流时应继续加料，继续振实。每根碎石桩成桩后必须复振一次。注意振密挤实效果，防止发生“断桩”或“颈缩桩”，振冲密实效果以振冲器工作时的工作电流达到规定值为控制标准。

6.5.6.15 施工过程中发生串孔现象时，应保证钻杆垂直度。被串桩的应重新加密，加密深度应超过串桩深度。当不能贯入时再重新加密，可在旁补桩，补桩长度要超过串桩深度。成孔过程中注意孔口反浆，遇到沙层时减慢成孔速度。当出现抱孔现象，采用空压机进行高压气冲，并开动振冲器，直至导管活动。

6.5.7 质量验收文件

6.5.7.1 地质勘查报告。

6.5.7.2 振冲桩试成桩记录和确认的施工参数。

6.5.7.3 振冲桩逐桩施工记录（包括密实电流、填料量、留振时间数据）。

6.5.7.4 碎石出厂质量证书或复试试验资料。

6.5.7.5 振冲桩地基承载力测试报告。

6.5.7.6 振冲桩施工竣工平面图（包括桩底标高、桩体直径、桩位偏差、桩顶标高等）。

6.5.7.7 振冲桩施工质量评定资料。

6.6 夯扩桩

6.6.1 适用范围

夯扩桩适用于处理地下水位以上的杂填土、粉土、黏性土、素填土和黄土等地基；对于地下水位以下饱和土层处理，应通过现场试验确定其适用性。

6.6.2 施工准备

根据设计图纸要求、工程勘察资料及成桩试验成果，编制切实可行的施工方案，绘制施工现场平面布置图，确定桩位、桩号和施工顺序。

清除现场妨碍施工的高空和地下障碍物，对桩机进场及移动操作线路应适当平整压实。现场设置排水沟，确保现场文明施工。

对地层进行钻孔复勘，编制复勘地质剖面图，为设计调整桩基布置提供依据。

选择典型地层做成桩试验，确定各项施工参数及成桩工艺。

6.6.2.1 材料质量要求

1. 对于有渗控要求部位（防渗轮廓范围）的夯扩桩采用水泥、碎石、黏性土复合桩体材料，水泥掺量为6%～8%，碎石和土的比例为4∶6，采用5～20mm级配碎石。对于其他部位，桩体材料可采用碎石、卵石和可利用的拆除料，填充材料应采用连续级配，最大粒径不大于150mm。

2. 桩体材料中有机质含量不大于5%，不同桩体材料的处理范围也不同。

3. 桩体材料可采用碎砖三合土、级配砂石、矿渣、水泥土、水泥混合土、干硬性混凝土等，并应经试验确定其适用性和配合比。

6.6.2.2 主要施工机具

主要起重机、步履式夯扩桩机、套管、混凝土拌和机、装载机、翻斗车、铁锹等。

6.6.3 施工工艺

6.6.3.1 施工工艺流程

施工工艺流程：场地平整→桩位布设→施工分序→桩机就位→锤击成孔→下沉护筒→测定贯入度→桩体施工。

6.6.3.2 操作工艺

1. 桩位布设：根据设计提供的地基处理布置图进行定位放线，确定桩的位置，用木桩和白灰标记桩位，施工前进行复测。

2. 施工分序：夯扩桩施工采取排间分序加密的原则，先施工单数排桩，再施工双数排桩，减少相邻排连续施工对已施工桩体的影响。

3. 桩机就位：利用桩机自身液压步履系统行走至计划施工桩孔位置，检查桩机设备运转情况。

4. 锤击成孔：采用步履式打桩机锤击法成孔，先用细长锤低落距轻夯地面，使护筒准确定位于桩位，然后再提高细长锤反复夯击成孔。

5. 下沉护筒：利用细长锤锤击成孔时，同步下沉护筒，遇到地下水位后，及时填料护壁，当接近桩标高时，控制细长锤落距，准确将护筒沉至设计标高。

6. 测定三击贯入度：载体形成后，清底夯实，重锤以6m高度自由落体锤击三次，实测三击贯入度，每击贯入度比前击小或相等，且累计三级贯入度达到设计标准，则载体完成；若不满足上述条件，则应继续填料锤击。

7. 桩体施工：以碎石水泥土为例，依据试验确定的每层填料量和夯击次数，分层填料夯实，同步起拔护筒，陆续形成桩体。

6.6.4 质量标准

6.6.4.1 主控项目检验

表6-14 主 控 项 目

项	次	检验项目	质量要求	检查方法
主控项目	1	复合地基承载力	不小于设计值	静载试验
	2	桩体填料平均压实系数	≥0.97	环刀法
	3	桩长	不小于设计值	用测绳测孔深
	4	桩身强度	不小于设计要求	28d试块强度

6.6.4.2 一般项目检验

表6-15 一 般 项 目

项	次	检验项目	质量要求	检查方法
一般项目	1	土料有机质含量	≤5%	灼烧减量法
	2	含水量	最有含水量±2%	烘干法
	3	土料粒径	≤20mm	筛洗法
	4	桩位	条基边桩沿轴线≤1/4D，垂直轴线≤1/6D，其他情况≤2/5D	全站仪或钢尺量
	5	桩径	+50mm，0	用钢尺量
	6	桩顶标高	±200mm	水准测量，最上部500mm劣质桩体不计入
	7	桩孔垂直度	≤1/100	经纬仪测桩管
	8	褥垫层夯填度	≤0.9	水准测量

6.6.5 应注意的事项

6.6.5.1 质量控制参数

1. 桩孔的垂直偏差不大于桩长的1%。

2. 桩位允许偏差：中桩允许偏差 150mm，边桩允许偏差 70mm；桩径允许偏差：－20～＋50mm。

3. 填充材料配合比及填充量。

4. 标准锤重 3.5t，落距 6.0m，单击贯入度及三击贯入度。

5. 原材料必须合格，水泥按国家标准进行质量检测，土体有机质含量不大于 5%，含水率不大于 20%。

6. 利用水准仪测量地面隆起数值，控制地面隆起不超过 15cm。

6.6.5.2 质量控制要点

1. 成孔时随时观察土体情况，发现地下水，立即填料夯击形成护壁成孔。

2. 桩底以上 3m 内的桩身的拌和料保证连续完整，若存在地下水，则每次护筒提升高度不得大于 30cm，防止泥浆倒灌入桩内，影响桩体质量。

3. 随着桩间土的挤密，在接近设计桩底深度的时候，护筒的下沉会比较困难，可以利用底部的拌和料和挤密土体作为护壁，但必须保证重锤的成孔深度达到设计要求。

4. 碎石水泥土严格控制配比，按照试验确定的每次填料量和夯击次数施工，保证桩身的密实度满足设计要求。

5. 严格按图纸施工及时记录，防止丢桩、漏桩和重桩。

6.6.6 质量检查

6.6.6.1 质量标准：桩孔的垂直偏差不大于桩长的 1.5%；桩位允许偏差不大于 0.4 倍桩身直径。

6.6.6.2 使用过程中应随时检查施工记录及现场施工情况，并对照预定的施工工艺标准，对每根桩进行质量评定。对质量有怀疑的工程桩，应用重型动力触探进行自检。

6.6.6.3 冲扩桩施工结束后 7～14d，可对桩身及桩间进行抽样检验，可采用重型动力触探或标贯进行，并对处理后桩身质量及复合地基承载力做出评价。检验点数可按夯扩桩总数的 2%计，每个单体工程桩身及桩间总检验点数均不应少于 6 点。

6.6.6.4 竣工验收时，复合地基承载力检验应采用复合地基静载试验，承载力检验数量不应少于总桩数的 1%，且每个单体工程复合地基静载荷试验不少于 3 点。

6.6.6.5 基槽开挖后，应检查桩位、桩径、桩顶密度及槽底土质情况。如发现漏桩、桩位偏差过大、桩头及槽底土质松软等质量问题，应采取补救措施。

6.6.7 质量验收文件

6.6.7.1 岩土工程勘察资料。

6.6.7.2 临近建筑物和地下设施类型、分布及结构质量情况。

6.6.7.3 设计图纸和有关说明。

6.6.7.4 成桩工艺和成桩质量检验记录和工艺参数确认签证。

6.6.7.5 桩位竣工图。

6.6.7.6 地基承载力测试报告。

6.6.7.7 桩身完整性测试报告。

6.6.7.8 制桩施工记录。

6.7　地基强夯

6.7.1　适用范围

适用于强夯法或重锤法处理砂土、碎石土、低饱和度的粉土与黏性土、湿陷性黄土、素填土和杂填土等基底的施工与质量验收。

6.7.2　施工准备

6.7.2.1　材料质量要求

回填土料：应选用不含有机质、含水量较小的粉土或粉质黏土。

柴油、机油、齿轮油、钢丝绳、电焊条均符合要求。

6.7.2.2　主要施工机具

起重机：20～50t 履带式起重机或汽车起重机，宜优先选用履带式起重机。起吊能力大于锤重 1.5～2.0 倍。均设安全装置，防止夯击实臂杆后仰。

夯锤：10～40t，铸钢或钢筒混凝土制作，宜优先选用铸钢夯锤。底部形式宜用圆形。锤的底面宜均匀设置若干个与其顶面贯通的排气孔，孔径可取 250～300mm。锤底静接地压力值可取 25～40kPa。

自动脱钩器：强度足够，转动灵活，起吊时不产生滑钩，能保持夯锤平稳下落，挂钩方便、迅速。

辅助设备：三脚架、龙门架、水准仪和塔尺、钢卷尺、推土机、电焊机等。

6.7.2.3　作业条件

施工场地要做到“三通一平”，地上电线、地下管网和其他障碍物已清理或妥善安置。如果雨期施工时，施工周边应挖好排水沟，防止长度表面积水。

当强夯能量有可能对邻近建筑物产生影响时，应在施工区边界开挖隔震沟。隔震沟规模应根据影响程度确定。

当作业区地下水位较高或表层为饱和黏性土层，不利于强夯时，应先在表面铺 0.5～2.0m 厚的中（粗）砂、砂砾或块石垫层，以防止设备下陷和便于消散孔隙水压，或采取降低地下水位措施后强夯。

应具备详细的岩土工程地质及水文地质勘察资料，拟建建筑群平面位置图、基础平面图、剖面图、强夯地基处理施工图及工程施工组织设计。

起吊设备进场后应及时进行安装及调试，保证吊车行走运转正常；起吊滑轮组与钢丝绳连接紧固，安全可靠；起吊挂钩锁定装置应牢固可靠，脱钩自由灵敏，与钢丝绳连接牢固；夯锤重量、直径、高度应满足设计要求，夯锤挂钩与夯锤整体应连接牢固；施工用推土机应运转正常。

6.7.3　主要施工参数的选择

6.7.3.1　锤重和落距

锤重 M（t）与落距 h（m），通常根据要求加固土层的深度（即影响深度）H（m），按以下法·梅那氏修正公式选定：

$$H \approx K\sqrt{\frac{Mh}{10}} \tag{6-2}$$

式中 H——夯锤重力；

h——落距（锤底至起夯面距离），m；

K——折减系数，一般黏性土取0.5，砂性土取0.7，黄土取0.35～0.50。

锤重一般不宜小于8t，常用的为10t、12t、17t、18t、25t。落距一般不小于6m，多采用8m、10m、12m、13m、15m、17m、18m、20m、25m等几种。每一击的夯击能（$E=Mh$）一般取600～500kJ。夯击能的总和除以施工面积为平均夯击能。平均夯击能不宜过小或过大，一般对砂质土取500～1000kJ/m^2；对黏性土取1500～3000kJ/m^2。

6.7.3.2 夯击点布置及间距

夯击点布置对于大面积地基，一般采用梅花形或正方形网格排列；对条形基础夯点可成行布置；对独立基础，可按柱网设置单夯点。

夯击点间距通常取夯锤直径的3倍，一般为5～15m；一般第一遍夯点的间距宜大，以便夯击能向深度传递。

6.7.3.3 夯击遍数及击数

夯点遍数一般为2～5遍，前2～3遍为"间夯"，最后一遍以低能量（为前几遍能量的1/5～1/4）进行满夯，（即锤印彼此搭接），以加固前几遍夯点之间的土层和被振松的表土层。每夯击点的夯击数，以使土体竖向压缩量最大面侧向移动最小或最后两击沉降量之差小于试夯确定的数值为准，一般软土控制瞬时沉降量为5～8cm，废渣填石地基的最后两击下沉量之差为2～4cm。每夯击点之夯击数一般为3～10击，开始两遍夯击数宜多些，随后各遍击数逐渐减小，最后一遍支夯1～2击。

6.7.3.4 两遍之间的间隔时间

通常待土层内超孔隙水压力大部分消散，地基稳定后再夯下一遍，一般时间间隔为1～4周。对黏土或冲积土常为3周，若无地下水或地下水位5m以下，含水量较少的碎石类填土类或透水性强的，可采取间隔1～2d或采用连续夯击，而不需要间隔。

6.7.3.5 夯击加固范围及加固影响深度

夯击加固范围对于重要工程应比设计地基长、宽各大出一个加固深度，对一般建筑物，在离地基轴线以外3m布置一圈夯击点即可。

6.7.3.6 起夯面

起夯面可高于或低于基底。高于基底是预留压实高度，使夯实后表面与基底为同一标高；低于基底是当要求加固深度加大，能量级达不到所需加固深度时，降低起夯面，在满夯时再回填至基底以上，使满夯后与基底标高一致，这时满夯的加固深度加大，而增大满夯的单击夯击能。

6.7.3.7 垫层设置

软弱饱和土或地下水位浅时常需在地面铺设一层碎石垫层、砂砾石垫层，厚度一般为50～150cm。预铺垫层可形成一覆盖压力，减小坑侧隆起，使坑侧土得到加固。预铺垫层的又一作用就是在夯击后能形成坑底易透水土塞。从而加大加固深度，并可作为坑底土孔隙水压力的消散通道，加快孔底土孔隙水压力的消散。另外，这一垫层还可防止夯坑底涌土，并利于施工机械的行走。

垫层材料宜采用粗颗粒的碎石、矿渣、砂砾石，粗颗粒粒径宜小于10cm。对处理土层为饱和砂、软土时，坑底易涌土涌砂，故垫层材料不宜用砂。

垫层厚度不宜过厚或过薄，过厚会在锤底形成大的垫层，扩散动应力，减弱下部软弱土的加固作用和加固深度；过薄起不到垫层作用。

6.7.4 施工工艺

6.7.4.1 重锤夯实法

（1）地基重锤夯实前，应进行试夯，选定夯锤重量、底面直径和落距，以便确定最后下沉量及相应的最少夯击遍数和总下沉量等施工参数。试夯的密实度和夯实深度必须达到设计要求。最后下沉量系指最后两击平均梅击土面的夯沉量，对黏性土和湿陷性黄土取10～20mm，对砂土取5～10mm，对细颗粒土不宜超出10～20mm。落距宜大于4m，一般为4～6m。夯击遍数由试验确定，通常取比试夯确定的遍数增加1～2遍，一般为8～12遍。土被夯实的有效影响深度，一般约为重锤直径的1.5倍。

（2）夯实前，槽、坑底面的标高应高于设计标高，预留土层的厚度可为试夯时的总下沉量再加50～100mm，基槽、坑的坡度应适当放缓。

（3）采用重锤夯实填土地基时，每层虚铺的厚度，一般相当于锤底直径，试夯的层数不宜少于2层，夯击遍数应由试夯确定。土的试夯达不到设计的密实度和夯实深度要求时，应适当提高落距，增加夯击遍数或增加锤重。

（4）地基夯打前，应测定土的含水量，以最佳含水量为好。简易检测法是：用手捏紧土后，松手土不散，易变性而出水，抛在地上即成碎裂状，此时，为最佳含水状态。当土的表层含水量过大或过小，应经过处理，方可进行夯打。如表层含水量过大，可采用撒干土、碎砖、生石灰或换土等措施；如土含水量过低，应适当洒水，加水后待全部渗入土中，一昼夜方可夯打。

（5）大面积基坑或条形基槽内夯实时，应一夯换一夯顺序进行，即第一遍按一夯换一夯进行，在一次循环中间同一夯位应连夯两下，下一循环的夯位，应与前一循环错开1/2，锤底直径的搭接，如此反复进行，在夯打最后一循环时，可以采用一夯压半夯的打法。在独立柱基础夯打时，可采用先周边后中间或先外后里的＝跳打法，为了使夯锤底面落下时与土接触严密，各次夯迹之间不互相压叠，而是相切或靠近，压叠易使锤底面倾斜，与土接触不严，功能消耗，降低夯实效率。当采用悬臂式桅杆式起重机或龙门式起重机夯实时，可采用依次顺序，以提高功效。

（6）基底标高不同时，应按先深后浅的程序逐层挖土夯实，不宜一次挖成台阶形，防止打夯时在高低交处发生坍塌。

（7）基坑的夯实范围应大于基础底面。开挖时，坑每边比设计宽度加宽不宜小于0.3m，以便于夯实工作的进行。坑边坡应适当放缓。夯实前，坑底面应高于设计标高，预留土层的厚度可为试夯时的总下沉量加50～100mm。夯实完毕，将基坑表面拍实至设计标高。

（8）重锤夯实在10～15m以外对建筑物振动影响较小，可不采取防护措施；在10～15m以内，阴挖防震沟等隔震处理。

(9) 冬季施工，有冻土时应将冻土层挖去或通过烧热法把冻土溶解。若基坑挖好后不立即夯实，应采取防冻措施。

(10) 夯实结束后，应及时将夯松的表层浮土清除或浮土在接近最优含水量状态下，重新用 1m 的落距夯实至设计标高。

6.7.4.2 强夯法

(1) 施工前做好强夯地基处理勘察，对不均匀土层适当增加钻孔和原位测试工作，掌握土质情况作为强夯方案和对比夯前、夯后加固效果之用。查明强夯影响范围内的地下构筑物和各种地下管线的位置及标高，采用必要的防护措施，避免因强夯施工而造成破坏。

(2) 施工前应根据设计要求的锤重、落距、夯击点布置及夯击点的夯击数，进行现场试夯，以确定正式施工时采用的技术参数。

(3) 强夯前应平整场地，周围做好排水沟，按夯点布置测量放线确定夯位。地下水位较高时，应在表面铺 0.5～2.0m 中砂或砂石垫层，以防设备下陷和便于消散强夯产生的孔隙水压，或采取降低地下水位后再强夯。

(4) 夯击时应按试验和设计确定的强夯参数进行，落锤应保持平稳，夯位应准确，夯击坑内积水应及时排除。坑底含水量过大时，可铺砂石后再进行夯击。在每一遍夯击之后，应用新土或周围的土将夯击坑填平，再进行下一遍夯击。强夯后，基坑应及时修整，浇筑混凝土垫层封闭。夯击遍数和两遍之间的间隔时间必须符合设计要求或施工规范规定。每夯点夯击数一般为 3～10 击。夯击遍数一般为 2～5 遍。对于细颗粒多的土层、透水性弱的土层或有特殊要求的工程，夯击遍数可适当增加。两遍之间的间隔时间，取决于孔隙水压力的消散时间，一般为 1～4 周。地下水位较低和地质条件较好的场地，可采用连续夯击。

(5) 强夯应分段进行，顺序从边缘夯向中央，对厂房柱基亦可一排一排夯，起重机直线行驶，从一边向另一边进行，每夯击一遍，用推土机整平场地，放线定位即可接着进行下一遍夯击。强夯法的加固顺序是：先深后浅，即先加固深层土，再加固中层土，最后加固表层土。最后一遍夯完后，再以低能量满夯一遍，如有条件以采用小夯锤夯击为佳。

(6) 夯点间距一般根据基础布置、加固土层的厚度和土质情况而定。加固土层厚、土质差、透水性弱、含水量高的，夯点间距宜大，可为 7～15m；加固土层薄、透水性强、含水量低的砂质土，间距可为 5～10m。夯点宜用石灰点或打小木桩进行控制，其偏差不得大于 5cm。

(7) 对于高饱和度的粉土、黏性土和新饱和填土，进行强夯时，很难控制最后两击的平均夯沉量。在规定的范围内，可采取适当将夯击能量降低；将夯沉量差适当加大；填土采取将原土上的淤泥清除，挖纵横盲沟，以排除土内的水分，同时在原土上铺 50cm 的砂石混合料。以保证强夯时土内的水分排除，在保证强夯时将坑底软土向四周挤出，使在夯点下形成块石墩，并在四周软土构成复合地基，一般可取得明显的加固效果。

(8) 雨季填土区强夯，应在场地四周设排水沟、截洪沟，防止雨水流入场内；填土应使中间稍高；土料含水率应符合要求；认真分层回填，分层推平、碾压，并使表面保持 1%～2%的排水坡度；当班填土当班推平压实；雨后抓紧排除积水。推掉表面稀泥和软土，再碾压；夯后夯坑立即推平、压实。使其高于四周。

(9) 做好施工过程中的监测和记录工作，包括检查夯锤重和落距，对夯点放线进行复核，检查夯坑位置，按要求检查每个夯击次数和每击的夯沉量等，并对各项参数及施工情况进行详细记录，作为质量控制的依据。

6.7.5 质量标准

6.7.5.1 施工前应检查夯锤重量、尺寸、落距控制手段、排水设施及被夯地基的土质。

6.7.5.2 施工中应检查落距、夯击遍数、夯点位置、夯击范围。

6.7.5.3 施工结束后，检查被夯地基的强度或进行承载力检验。质量检验的数量，应根据场地复杂程度和建筑物的重要性确定。对于简单场地上的一般建筑物，每个建筑物地基的检验点不应少于3处；对于复杂场地或重要建筑物地基应增加检验点数。检验深度应不小于设计处理的深度。

6.7.5.4 强夯的施工质量检验，应在强夯施工结束后间隔一定的时间方能对地基质量进行检验。对碎石土和砂土地基，其间隔时间可取1～2周，低饱和度的粉土和黏性土地基可取2～4周。

6.7.5.5 主控项目检验

表6-16　主　控　项　目

项次		检验项目	质量要求	检查方法	检查数量
主控项目	1	锤底面积、锤重	符合设计要求、锤重误差±100kg	查产品说明书、称重	全数
	2	夯锤落距	符合设计要求，误差±300mm	钢索设标志	抽查
	3	最后两击的平均夯沉量	符合设计要求	水准仪量测	逐点
	4	地基强度	符合设计要求	原位测试，室内土工试验	按设计要求
	5	地基承载力	符合设计要求	原位测试	按设计要求
	6	施工记录	齐全、准确、清晰	查看	抽查

6.7.5.6 一般项目检验

表6-17　一　般　项　目

项次		检验项目	质量要求	检查方法	检查数量
一般项目	1	夯点的夯击次数	符合设计要求	计数法	逐点
	2	夯击遍数及顺序	符合设计要求	计数法	逐点
	3	夯点布置及夯点间距偏差	≤500mm	钢尺量测	逐点
	4	夯击范围	符合设计要求	钢尺量测	逐遍
	5	前后两遍间歇时间	符合设计要求	检查施工记录	逐遍

6.7.6 成品保护

6.7.6.1 施工过程中避免夯坑内积水，一旦积水应及时排除，必要时换土再夯，避免“橡皮土”现象出现。

6.7.6.2 两遍点夯之间时间间隔应依据地层情况等因素确定，对碎石土、砂土地基可间隔短些，可为1～3d，粉土和黏性土地基可为5～7d。

6.7.6.3 强夯处理后地基竣工验收承载力检验，应在施工结束后间隔一定时间方能进行，对于碎石土和砂土地基，可取 7～14d，粉土和黏性土地基可取 14～28d。

6.7.7 应注意的事项

6.7.7.1 橡皮土

打夯时体积不能压缩，受击区下陷而四周鼓起，形成软塑状态。

在含水量过大的腐殖土、泥炭土、黏土、粉质黏土等原状土上进行重锤夯实时，由于原状土被扰动，颗粒之间的毛细孔遭到破坏，水分不宜渗透和散发。当气温较高时，进行夯击和碾压，特别是用光面锤夯打，表面形成硬壳，更加阻止水分的透和散发，形成软塑状的橡皮土。

6.7.7.2 夯击不密实

夯击过程中无法达到试夯时确定的最少夯击遍数和总夯沉量，夯击不密实。此外，导致夯击不密实的原因还包括：土的含水量过大或过小；重锤的落距不按规定执行，忽高忽低，落锤不平衡，坑壁坍塌；分层夯实时，土的虚铺厚度过大或夯击能量不足，不能达到有效影响深度；不按规定施工顺序进行。

6.7.8 质量验收文件

6.7.8.1 地基验槽记录。

6.7.8.2 施工前地质勘察报告。

6.7.8.3 强夯地基或重锤夯实地基试验记录。

6.7.8.4 重锤夯实地基含水量检测记录和橡皮土处理方法、部位、层次记录。

6.7.8.5 标贯、触探、载荷试验报告。

6.7.8.6 每遍夯击的施工记录。

6.7.8.7 强夯地基分项质量检验记录。

7　金属结构与机电设备安装

7.1　柴油发电机组安装

7.1.1　适用范围

适用于水利水电工程机电设备安装工程的柴油发电机组及附属设备的安装与调试工作，柴油发电机组的功率一般不大于1000kVA，柴油发电机组的出口电压一般为400V。

7.1.2　施工准备

7.1.2.1　材料质量要求

1. 各种规格的型钢：型钢应符合设计要求，无明显的锈蚀。

2. 螺栓：均采用镀锌螺栓，并配有相应的镀锌平垫圈、弹簧垫。

3. 导线与电缆：各种规格的导线与电缆，应有出厂合格证。

4. 其他材料：绝缘带、电焊条、防锈漆、调和漆、变压器油、润滑油、清洗剂、氧气、乙炔。

7.1.2.2　主要施工机具

汽车吊、卷扬机、钢丝绳、倒链、绳扣、滚杠、砂轮机、油压钳、千斤顶、扳手、电锤、电焊机、塞尺、摇表、万用表、电流表、测电笔、撬杠。

7.1.2.3　作业条件

1. 施工图和技术资料齐全。

2. 土建工程基本施工完毕、门窗封闭好。

3. 在室外安装的柴油发电机组应有防雨措施。

4. 柴油发电机组的基础、地脚螺栓孔、沟道、电缆管线位置应符合设计要求。

7.1.3　施工工艺

7.1.3.1　工艺流程

基础验收 → 设备开箱检验 → 机组稳装 地脚螺栓固定的机组 → 机组电器线路安装 → 试运行前检查 → 机组试运行

7.1.3.2　操作工艺

1. 基础验收

柴油发电机组本体安装前应根据设计图纸、或柴油发电机组本体实物对设备基础进行全面检查，是否符合安装尺寸要求。

2. 设备开箱检验

（1）设备开箱点件应有安装单位、供货单位、建设单位、监理单位共同进行，并做好记录。

（2）依据装箱单，核对主机、附件、专用工具、备品备件和随带技术文件，查验合格证和出厂试运行记录，发电机及其控制柜有出厂试验记录。

（3）外观检查：有铭牌，机身无缺件，涂层完整。

3. 机组主体的安装

（1）用吊车将机组整体吊起，把随机配的减振器装在机组的底下。机组安装应尽量保持水平状态，倾斜度不大于5°。

（2）现场不允许吊装作业时可将机组放在滚杠上，滚至安装位置，用千斤顶将机组一端抬高，注意机组两边的升高一致，直至底座下的间隙能安装抬高一端的减震器。释放千斤顶，再抬机组另一端，装好剩余的减振器，撤出滚杠，释放千斤顶。

4. 排烟系统安装

（1）机组排烟管引向室外，其外接管不宜过长，弯头不超过3个，转弯处有大圆角过渡。

（2）排烟管支架能充分支撑排烟管的重量，柴油机排气管上或增压器上不承受排烟管的重量。

（3）排烟管的室内部分外表面包扎隔热材料，室外部分的排气管口有防火和防雨措施。

5. 燃油系统安装

（1）机组的进、回油管满足设计要求，并采用软连接方式，连接管采用相应大小的塑料管或紫铜管。

（2）机房内的油箱大小符合设计要求，其容量足以存放满足机组额定功率工作8h以上的燃油。其安装位置保证油箱供油的最低油位高于柴油机输油泵的进口。

（3）进油管的吸油口高于柴油机燃油箱底部50mm以上，并在油箱出口处装设燃油过滤器，以免将燃油箱内的沉淀物吸入燃油系统而堵塞油路。

（4）在燃油供油管路中设置截止阀，以便柴油机进行维修保养。

（5）燃油系统管路的连接保证完全密封，以免影响机组的启动性能。

6. 机组电气线路安装

（1）机组的接地线接地良好，并与本工程的接地网形成可靠的电气通路。

（2）蓄电池安装在靠近启动电机处，连接导线尽量短。

（3）连接电启动系统线路时，接蓄电池的连接铜导线截面不小于$50mm^2$。

（4）连接二次侧控制开关等所用铜导线截面不小于$2.5mm^2$。

（5）发电机与控制箱的电缆以及所有控制仪表连接安装正确、理顺，避免曲折，且满足施工图设计的要求。

7. 试运行前的检查

（1）机组安装完成后，对机组进行盘车检查，柴油机与发电机两轴线同轴度偏差小于0.8mm。

（2）机组无漏水、漏油现象。

（3）油、气、水等各种系统和隔振防噪声设施安装完成。

（4）按设计要求配置的消防器材齐全到位。

（5）发电机静态、随机配电盘控制柜接线检查合格，方能空载试运行。

（6）机组底座已做良好的接地。

8. 机组试运行

（1）空载运行应在设备检查、实验合格后进行，空载运行时间为45min。

（2）负载运行在空载运行正常后进行，试运行时，负荷由空载状态逐步增加并在额定容量的25%、50%、75%的负荷下各运行1h，满载运行24h。

（3）超载运行在额定容量110%的负荷下运行30min。

7.1.4 质量标准

7.1.4.1 主控项目：绝缘电阻试验符合设计要求，相序检查与主电网相序一致。

7.1.4.2 一般项目：外观及结构检查：外表清洁，油漆均匀完整，无漏油、漏气、漏水现象。

7.1.5 成品保护

7.1.5.1 机房内的柴油发电机组的成品保护。柴油发电机组及其辅助设备安装在机房内，机房内加锁，未经安装及有关人员允许，非安装人员不得入内。

7.1.5.2 柴油发电机组及其辅助设备安装在机房外，根据现场情况采取必要的保护措施，控制设备的箱、柜应加锁。

7.1.5.3 施工各工种之间应相互配合，保护设备不受碰撞损伤。

7.1.5.4 柴油发电机组安装完成后，应保持机房干燥，以防设备锈蚀。机房内保持通风良好，室内温度保持在10～40℃，室内严禁用火和吸烟。

7.1.6 应注意的质量问题

7.1.6.1 发电机试运行时要能满足供电质量要求。

7.1.6.2 柴油发电机组与原馈电线路的相序必须一致。

7.2 电力变压器安装

7.2.1 适用范围

适用于水利水电工程机电设备安装工程的变压器设备的安装与调试工作，变压器的电压一般不大于35kV，容量一般不大于5000kVA。

7.2.2 施工准备

7.2.2.1 材料质量要求

1. 变压器应装有铭牌。铭牌上应注明制造厂名、额定容量，一次、二次额定电压，电流，阻抗电压及接线组别等技术数据。

2. 变压器的容量，规格及型号必须符合设计要求。附件、备件齐全，并有出厂合格证及技术文件。

3. 干式变压器的局放试验PC值及噪声测试器dB（A）值应符合设计及标准要求。

4. 带有防护罩的干式变压器，防护罩与变压器的距离应符合标准的规定。

5. 型钢：各种规格型钢应符合设计要求，并无明显锈蚀。

6. 螺栓：除地脚螺栓及防振装置螺栓外，均应采用镀锌螺栓，并配相应的平垫圈和弹簧垫。

7. 其他材料：蛇皮管，耐油塑料管，电焊条，防锈漆，调和漆及变压器油，均应符合设计要求，并有产品合格证。

7.2.2.2 主要施工机具

1. 搬运吊装机具：汽车吊、汽车、卷扬机、钢丝绳、滚杠。

2. 安装机具：台钻、砂轮、电焊机、气焊工具、电锤、台虎钳、活扳子、榔头、套丝板。

3. 测试器具：钢卷尺、钢板尺、水平、线坠、摇表、万用表、电桥及试验仪器。

7.2.2.3 作业条件

1. 施工图及技术资料齐全无误。

2. 土建工程基本施工完毕，标高、尺寸、结构及预埋件焊件强度均符合设计要求。

3. 变压器轨道安装完毕，并符合设计要求。

4. 墙面、屋顶喷浆完毕，屋顶无漏水，门窗及玻璃安装完好。

5. 室内地面工程结束，场地清理干净，道路畅通。

6. 安装干式变压器室内应无灰尘，相对湿度宜保持在70%以下。

7.2.3 施工工艺

7.2.3.1 工艺流程

安装工作面交接 → 基础检查 → 本体安装 → 联线 → 试验检测

7.2.3.2 操作工艺

1. 安装工作面交接

电力变压器室内、墙面、屋顶、地面工程、门窗及玻璃安装等均应施工完毕，预留孔洞位置、大小正确无误。预埋管路规格及位置应与设计图纸一致。

2. 基础检查

电力变压器基础槽钢位置应正确，槽钢数量、规格等应与设计图纸一致，基础槽钢水平度和平行度符合规范要求。室外安装的电力变压器还应检查储油池，储油池内铺设专用卵石。

3. 本体安装

将电力变压器运至工地现场，进行安装。室外安装的用汽车起重机吊装到安装位置，室内安装的用室内吊装设备吊运到安装位置，或者用人力配合液压叉车运至安装位置，再用撬棍和千斤顶对电力变压器进行细调，然后安装散热片、防爆桶、油枕、风机、温湿度控制器等附件。有外壳最后安装外壳。

4. 联线

电力变压器进行一次、二次联线、地线、控制线连接。用硬母线连接的母线上应设置U形弯，电缆连接线在安装时尽量做到不交叉，整齐美观。电力变压器的中性点应与基础槽钢接地线连接在一起，电力变压器外壳、基础等也与接地扁钢相连。接线完成后，用防火堵料对电缆管口等进行封堵。

5. 试验检测

依据安装规范要求，电力变压器进行电气性能测试。主要试验项目有：油样化验、绝缘及吸收比测量、直流电阻、接线组别、变比检查、交流耐压试验、冲击合闸试验，气体继电器送电力部门整定。试验完成后可以引入市电进行电力变压器冲击试验。

7.2.4 质量标准

7.2.4.1 一般项目

变压器本体安装应符合：位置准确，注油量、油号准确，油位清晰正常；油箱无渗油现象，轮子固定可靠；防震牢固可靠，器身表面干净清洁，油漆完整。

7.2.4.2 主控项目

直流电阻试验（Ω）、变比测量、交流耐压试验。

7.2.5 成品保护

7.2.5.1 变压器门应加锁，未经安装单位许可，闲杂人员不得入内。

7.2.5.2 对就位的变压器高低压瓷套管及环氧树脂铸件，应有防砸及防碰撞措施。

7.2.5.3 变压器器身要保持清洁干净，油漆面有碰撞损伤。干式变压器就位后，应采取保护措施，防止铁件掉入线圈内。

7.2.5.4 在变压器上方作业时，操作人员不得蹬踩变压器，并带工具袋，以防工具材料掉下砸坏、砸伤变压器。

7.2.5.5 变压器发现漏油、渗油时应及时处理，防止油面太低，潮气侵入，降低线圈绝缘程度。

7.2.5.6 对安装完的电气管线及其支架应注意保护，不得碰撞损伤。

7.2.5.7 在变压器上方操作电气焊时，应对变压器进行全方位保护，防止焊渣掉下，损伤设备。

7.2.6 应注意的质量问题

应注意的质量问题见表 7－1。

表 7－1 应注意的质量问题

序号	易产生的质量问题	防治措施
1	铁件焊渣清理不净，除锈不净，刷漆不均匀，有漏刷现象	加强工作责任心，做好工序搭接的自检互检
2	防地震装置安装不牢	加强对防地震的认识，按照工艺标准进行施工
3	变压器一、二瓷套管损坏	瓷套管在变压器搬运到安装完毕应加强保护
4	变压器中性点，零线及中性点接地线，不分开敷设	认真学习安装标准，参照电气施工图册
5	变压器一次、二次引线，螺栓不紧，压按不牢。母带与变压器连接间隙不符合规范要求	增强质量意识，加强自互检，母带与变压器连接时应锉平
6	变压器附件安装后，有渗油现象	附件安装时，应垫好密封圈，螺栓应拧紧

7.3 高低压开关柜安装

7.3.1 适用范围

适用于高压成套配电柜、控制柜（屏、台）、低压成套配电柜、动力、照明配电箱（盘、柜）安装。

7.3.2　施工准备

7.3.2.1　材料质量要求

1. 待安装的设备应有出厂合格证、生产许可证和试验记录、有“CCC”认证标志及认证证书复印件。

2. 箱内各种器具应安装牢固，导线排列整齐，压接牢固，二层底板厚度不小于1.5mm，且不得用阻燃型塑料板做二层底板。

3. 设备、材料齐全，并运至现场库房。

7.3.2.2　主要施工机具

台钻、电锤、手电钻、砂轮切割机、角向磨光机、电焊机、钢锯、扳手、克丝钳、改锥、水平仪、兆欧表、万用表、钢卷尺、塞尺、线坠等。

7.3.2.3　作业条件

土建墙面、屋顶喷浆完毕，无漏水，门窗安装好，门上锁，地面工程完，场地干净，道路畅通。

7.3.3　施工工艺

7.3.3.1　工艺流程

安装工作面交接→设备开箱检查→设备安装→柜（盘）二次线配线→试验检验→送电运行验收。

7.3.3.2　操作工艺

1. 安装工作面交接

高低压开关柜室内、墙面、屋顶、地面工程、门窗及玻璃安装等均应施工完毕，预留孔洞位置、大小正确无误。预埋管路规格及位置应与设计图纸一致。基础型钢安装的允许偏差应符合规范要求。基础型钢接地应牢固可靠。

2. 设备开箱检查

按照设备清单、施工图纸及设备技术资料，核对设备本体及附件的规格型号应符合设计要求；附件、备件齐全；产品合格证、技术资料、说明书齐全；外观无损伤及变形，油漆完整；柜内电器装置及元件、器件齐全，无损伤。做好检查记录。

3. 设备安装

将设备运至工地现场，进行室内安装，用吊装设备或人力配合液压小车将设备运至安装位置，用垂线法检查其垂直度，并用撬棍和千斤顶对设备进行调整。调整就位后，设备与基础型钢进行固定并且接地。设备安装就位后，用生产厂家提供的专用连接螺栓对成列设备进行连接。按照生产厂家的安装图纸，连接高低压开关柜内的铜母线，高压铠装柜还应按设备要求安装盘顶小母线，母线连接时螺栓紧固，连接应正确无误。

4. 柜（盘）二次线配线

按照设计提供的电缆清册敷设盘间连接电缆，最后进行接线。导线与电气元件采用螺栓连接；盘、柜内导线无接头，导线芯线无损伤；电缆芯线和所配导线端部均标明其回路号，编号正确，字迹清晰且不脱色；配线整齐、清晰、美观、导线绝缘良好无损伤；每个接线端子的每侧接线不得超过两根。接线工作结束后，柜底板电缆进线孔用防火隔板或防火泥封堵。

5. 试验检验

(1) 低压开关柜。先检查设备动作情况；触头接触情况；绝缘情况；固定设备的螺栓是否紧固等，再进行合闸试验、跳闸试验、绝缘电阻、工频交流耐压等试验。检查试验合格后，进行通电试验，检查每条回路的通断情况，应与设计原理及功能相符。

(2) 高压开关柜。高压柜内设备（如真空开关、TA、TV、避雷器等）进行合闸时间、跳闸时间、接触电阻、变比、伏安特性、工频交流耐压等试验。试验合格后，方可进行通电试验。

6. 送电运行验收

在安装作业全部完毕，质量检查部门检查全部合格后，按程序送电。测量三相电压是否正常，空载运行24h，若无异常现象，办理验收手续。

7.3.4 质量标准

7.3.4.1 主控项目

柜（盘）的试验结果必须符合施工规范规定，柜内的电气设备与导线和母线连接必须接触严密，应用力矩扳手紧固。

7.3.4.2 基本项目

柜与基础型钢间连接紧密，固定牢靠，接地可靠；柜间接缝平整；盘面标志牌、标志框齐全，正确并清晰，油漆完整均匀，盘面清洁；柜内设备完整齐全，固定可靠，操作灵活准确，二次接线排列整齐，固定可靠；标志清晰、齐全；接地线截面选择正确，需防腐的支架部位涂漆均匀无遗漏，线路走向合理，单线系统图正确、清晰。

7.3.5 成品保护

7.3.5.1 设备在搬运和安装时应采取防振、防潮，防止框架变形和漆面受损等措施。

7.3.5.2 设备运到现场后，暂不安装就位，应保持好其原有包装，存放在干燥的能避雨雪、风沙的场所。

7.3.5.3 安装过程中，应注意对已完工项目及设备配件的成品保护，防止磕碰，不得利用开关柜支撑脚手板。

7.3.6 应注意的质量问题

7.3.6.1 双路电源进线的配电柜压电缆时，注意主回路和备用回路的顺序。

7.3.6.2 使用临时电调试时，应将正式进线电源的零、地线同时拆除，否则有可能出现临电开关频繁跳闸。

7.3.6.3 对于易松动的空气开关手柄连接杆，应经常检查、旋紧，以免脱落、遗失。

7.3.6.4 做好配电柜接地排与进线桥架及基础型钢的地线连接。

7.3.6.5 送电调试时，应提前准备一些保险管、盘面信号灯罩等易坏易损件。

7.3.6.6 送电调试前，必须将柜上、柜内的杂物、尘屑清除干净。

7.4 电缆桥架安装

7.4.1 适用范围

适用于室内电缆桥架安装。

7.4.2 施工准备

7.4.2.1 材料质量要求

桥架及附件的型号、规格应符合设计要求，线槽内外应光滑平整，无毛刺，不应有扭曲、翘边等变形现象。螺栓、垫圈、弹簧垫等配件均为镀锌件。

7.4.2.2 主要施工机具

电工工具、冲击钻、手电钻、台钻、高凳、卷尺、钢锯、线坠、粉线袋等。

7.4.2.3 作业条件

配合土建的结构施工，预留洞、预埋铁的数量位置正确。

7.4.3 施工工艺

7.4.3.1 工艺流程

弹线定位→支架与吊架安装→线槽安装。

7.4.3.2 操作工艺

1. 弹线定位

根据设计图纸确定进出线、盒、箱、柜等电气器具的安装位置，从始端至终端找好水平线或垂直线，用粉线袋沿墙壁、顶棚等处，沿线路的中心线弹线。按照设计图要求及施工验收规范规定，分匀档距，并用笔标出具体位置。

2. 支架与吊架安装

(1) 支架与吊架所用钢材应平直，无扭曲。下料后长短偏差应在 5mm 范围内，切口处应无卷边、毛刺。

(2) 钢支架与吊架应安装牢固，无显著变形，焊缝均匀平整，焊缝长度应符合要求，不得出现裂纹、咬边、气孔、凹陷、漏焊、焊漏等缺陷，焊后应做好防腐处理。

(3) 支架与吊架的用料规格：角钢∠40mm×40mm×4mm，吊杆直径 ϕ10mm。

(4) 固定支点间距一般为 1.5～2m。在进出接线盒、箱、柜、转角、转弯和变形缝两端及丁字接头的三端 500mm 以内应设置固定支持点。

3. 线槽安装

(1) 线槽应平整，无扭曲变形，内壁无毛刺，附件齐全。

(2) 线槽直线段连接采用连接板，用垫圈、弹簧垫圈、螺母紧固，接口缝隙严密平齐，槽盖装上后平整，无翘角，出线口的位置准确。

(3) 线槽进行交叉、转弯、丁字连接时，应采用单通、二通、三通等进行变通连接，导线接头处应设置接线盒或将导线接头放在电气器具内。

(4) 线槽与盒、箱、柜等接茬时，进线和出线口等处应采用抱脚连接，并用螺丝紧固，末端应加装封堵。

(5) 不允许将穿过墙壁的线槽与墙上的孔洞一起抹死。

(6) 敷设在强、弱电竖井处的线槽在穿越楼板处理（封堵防火堵料）。

7.4.4 质量标准

7.4.4.1 桥架敷设应固定牢靠，横平竖直，布置合理，盖板无翘角。接口严密整齐，拐角、转角、丁字连接正确严实，线槽内外无污染。

7.4.4.2 支架与吊架应布置合理，固定牢固、平整。

7.4.4.3 线路穿过梁、墙、楼板等处时，桥架不应被抹死在建筑物上。线槽与电气器具连接严密，导线无外露现象。

7.4.4.4 桥架水平或垂直敷设直线部分的平直程度和垂直度允许偏差不应超过5mm。

7.4.5 成品保护

7.4.5.1 桥架的运输和堆放应附合有关规定，注意防潮防污。

7.4.5.2 使用高凳时，注意不应碰坏建筑物的墙面及门窗。

7.4.5.3 对于易发生受污生部位（如机房、电气竖井等）的桥架，应注意检查，发现后及时处理，补刷防锈漆。

7.4.6 应注意的质量问题

7.4.6.1 在邻近空调水和空调风道施工时，应注意预留出其保温层的位置。

7.4.6.2 标准层施工时应先施工一层或一个部位，然后请监理及工程有关方面检验认可后，再开始大面积施工。

7.4.6.3 电气竖井竖向线槽的线缆防坠落措施应与线槽施工同步进行。

7.4.6.4 对于受污生锈的桥架，应在穿线放电缆之前处理干净，支架的焊接处应及时涂刷防锈漆。

7.5 水泵安装

7.5.1 适用范围

适用于立式水泵、卧式水泵的安装与调试。

7.5.2 施工准备

7.5.2.1 设备及材料质量要求

查看水泵的型号和数量是否与设计相符，水泵外观有无磕碰损坏，水泵备品备件是否齐全。

7.5.2.2 主要施工机具

电焊机、倒链、铁锤、撬杠、活扳手、水平仪、千分表、钢卷尺、钢板尺、转速表、温度计、线坠、螺丝刀、钢丝钳。

7.5.2.3 作业条件

对基础外观检查，不得有裂纹，蜂窝、空洞、露筋等缺陷。

7.5.3 施工工艺

7.5.3.1 工艺流程

落地验收→水泵控制线测放→水泵安装→水泵测量与调整→电机安装→同心度调整→倾斜值调整→连接→盘车→机电联调及联合试运转。

7.5.3.2 操作工艺

1. 落地验收

水泵到工地后，由现场监理联合业主、施工单位、设计单位、水泵生产厂家进行现场开箱验收，查看水泵的型号和数量是否与设计相符，水泵外观有无磕碰损坏，水泵备品备件是否齐全。查看水泵的出厂资料资料，主要包括水泵产品合格证、产品使用说明书、产品检测报告、设备制造质量总结报告、产品制造过程质量检查记录、主要材料的材质证明、产品安装和调试手册、主要外购件的合格证及使用说明书、备品备件清单、专用工具清单、产品出厂验收大纲、产品出厂验收会议纪要。水泵开箱验收合格后方可进行下一步安装调试。

2. 水泵控制线测放

(1) 待泵站土建基本结束，具备安装条件的情况下，首先按设计给定的机组纵向、横向中心线的平面坐标，在安装现场统一用经纬仪测放在地面上，在地面上作出明显的标记，并严格保护至水泵及电机安装完毕并通过验收。测放的水泵中心线经过反复校核，确认符合规范要求。测放的机组纵向中心线与吸水钢管进口及出水钢管厂房出口进行校核，其偏差符合规范要求。机组的横向中心线多台机组同时测放，以免出现误差，其偏差经过校核符合规范要求。

(2) 高程按土建工程使用的高程控制点，使用前统一测放于水泵和电动机附近备用。同时校核水泵基础、电动机基础的高程，基础的实际高程比设计高程略低一点。

(3) 以上各控制点的测放经三次闭合测量，其偏差经过修正后作为控制点使用，同时将测量结果报请监理工程师审定批复。

3. 水泵安装

(1) 小型泵站的水泵一般由生产厂家组装成整体，并经过实验后运抵安装现场，由泵站内的桥式起重机进行吊装就位。首先清除水泵基础板上的水泥浆和杂物，检查螺丝丝扣有无损坏。清理水泵的基础面与输出轴的轴颈，检查水泵与电动机连接的法兰、扭力键、螺栓等有无损坏。

(2) 水泵吊装前按水泵给定的吊点设置吊具吊索，吊具吊索的安全系数大于5倍吊重，吊索长度一致，以保证水泵在吊装时保持水平。将水泵吊到安装位置上方，当接近地脚螺栓时调整水泵的方向，使其进口出口方向正确无误。将水泵穿入地脚螺栓落于基础板上，去掉吊具吊索。最后安装连轴器。

4. 水泵测量与调整

(1) 测量水泵的平面安装允许偏差一般为±10mm。

(2) 测量水泵的高程允许偏差为±10mm。

(3) 测量水泵的纵向水平安装偏差，不超过0.1/1000mm。

(4) 测量水泵的横向水平安装偏差，不超过0.2/1000mm。

上述各项调整合格后，将水泵的地脚螺栓全部上紧，上紧后复测上述各项达到规范要求。

5. 电机安装

(1) 与小型水泵配套的电动机一般也是由厂家组装成整体并经试验后运到安装现场的，安装工作的吊具吊索设置与水泵基本相同。

(2) 电动机由桥机吊到安装位置的上方，根据电动机的进线位置落于基础板上，电动机下落的同时，监视电动机法兰和水泵连轴器法兰，两法兰之间应保留2～3mm间隙。

6. 同心度调整

（1）将两块百分表分别支设在水泵连轴器法兰相差 90°的两个方向，转动电动机轴，百分表每隔 90°测一组读数，每块表所测相对点读数之差即为不同心值，按其偏移方向微移电动机进行调整使其达到同心。

（2）再将两块百分表分别支设在电动机法兰相差 90°的两个方向，转动水泵连轴器，测量方法与上述相同，但调整时还是调整电动机。

（3）经过反复测量使两轴达到规定的偏差时为合格。

7. 倾斜值调整

在水泵法兰与电动机法兰的相对的四个方向用塞尺检查，四个方向间隙应相同，其偏差值不大于 0.1mm。

8. 连接

经过同心度和倾斜度调整合格后，即可进行两轴连接，两轴连接时连接螺栓的紧固力使用扭力扳手进行，连接螺栓的紧固力相同。

9. 盘车

两轴连接后进行盘车，用外力盘动法兰的连接处，使水泵与电机的联合体转动，转动时水泵和电动机没有摩擦、刮、碰等异常杂音。

10. 机电联调及联合试运转

（1）在电气设备安装完成，水泵机组各部安装完毕后，进行机电联合调试。

（2）在试运行时由安装单位统一指挥、协调，发现问题及时处理，无特殊情况严格按试运方案组织调试运转。

11. 调试运行

安装完成的水泵机组初次启动应先进行手动启动，试运转的程序如下：

（1）打开真空泵，抽吸机组及吸水管中的空气。

（2）手动开启水泵机组使达到额定转速。

（3）检查电动机运行平稳，三相电平衡。

（4）检查电动机及各轴承无异常发热，电气设备无烧灼现象。

（5）检查水泵及电动机无摩擦、碰撞等杂音。

（6）检查水泵轴承温度升高不超过 65℃。

7.5.4 质量标准

7.5.4.1 主控项目

泵轴提升量符合设计规定。

7.5.4.2 一般项目

设备平面位置、高程、各级叶轮与密封环间隙、叶轮轴向间隙、泵轴与电动机轴线偏心、泵轴与电动机轴线倾斜、泵座水平度符合设计规定。

7.5.5 成品保护

7.5.5.1 泵的进出口在配管之前一定要堵塞好，防止异物进入。

7.5.5.2 泵的地脚螺栓上的油污和氧化皮等应清除洁净，螺纹部分应涂少量油脂。

7.5.5.3 地脚螺栓灌浆在养生期间每天洒水养护，并不得碰动泵或进行安装工作。

7.5.5.4 严禁非操作人员随意开关泵。

7.5.5.5 试运后应放净泵内积存水，防止锈蚀和冻裂。

7.5.6 应注意的质量问题

7.5.6.1 联轴节找正用两点法测量，消除了转轴轴向窜动影响。如用一点法测量，即在测量一个位置上的径向值时，只测量同一位置的轴向值，转轴不允许有轴向窜动。一般可设法将转轴在轴向顶住或采用其他方法消除影响。

7.5.6.2 管道与泵连接，泵不得直接承受管道的重量。应复查泵的原找正精度。

7.5.6.3 管道与泵连接后，不应在管道上进行焊接或气割，以防焊渣等进入泵内。

7.5.6.4 不能在泵出口阀门全闭的情况下超过 3min 运转泵，以免泵内水发热，且易损坏机件易发生事故。

7.5.6.5 泵停止试运后，应关闭泵的出口阀门，待泵冷却后再依次关闭各附属系统阀门。

7.5.6.6 整体出厂泵在防锈保证期内，其内部零件不宜拆卸，只清洗外表。

7.6 防雷接地施工

7.6.1 适用范围

适用于防雷接地的安装。

7.6.2 施工准备

7.6.2.1 材料质量要求

1. 主要材料有：扁钢、角钢、圆钢等镀锌钢材。应有材质检验证明及产品合格证。

2. 主要辅料有：螺栓、垫圈、弹簧垫圈、卡子等，均为镀锌件。另外还有电焊条、氧气、乙炔、沥青漆、防锈漆、银粉等。

7.6.2.2 主要施工机具

锤、钢锯、铁镐、大锤、电锤、电钻、电焊机、倒链等。

7.6.2.3 作业条件

按设计位置清理好场地，现场具备平整场地和垂直运输条件，避雷带及引下线施工待土建外装修完进行。

7.6.3 施工工艺

7.6.3.1 工艺流程

接地体→支架→引下线明敷→避雷带。

7.6.3.2 操作工艺

1. 一般要求

（1）接地体的埋设深度：其顶部不应小于 0.6m，长度不应小于 2.5m，相互间距一般不小于 5m。接地体埋设位置距建筑物不宜小于 1.5m。

（2）接地极的连接应采用焊接，焊接处焊缝应饱满并有足够机械强度，镀锌扁钢间采用搭接焊时，焊接长度不小于其宽度的 2 倍。三面施焊，镀锌圆钢焊接长度为其直径的 6 倍并应双面施焊。

2. 接地体

(1) 按设计要求，在接地体线路上挖掘深为 0.8～1m、宽为 0.5m 的沟，沟的上部稍宽。

(2) 先加工好一端为尖头形状的角钢接地极，沟挖好后，立即安装接地极和接地扁钢。一般用手锤将接地体垂直打入土中，将扁钢置于沟内与接地极焊接，扁钢应侧放不可放平，扁钢与角钢接地极连接的位置距接地极最高点约 100mm。

(3) 接地极连接完后，应及时请质检及有关部门进行隐检，并测量绝缘电阻，经检验合格后方可进行回填，分层夯实。

3. 明敷避雷带及防雷引下线施工

(1) 需先将所用圆钢调直，将其一端固定在牢固地锚的机具上，另一端固定在导链的夹具上进行冷拉直。支架高度一般为 15mm，支持点间距不大于 1.5m。将避雷带及引下线用大绳提升到顶部，顺直、敷设、卡固、焊成一体并及时与接地装置的引出扁钢焊好。

(2) 屋顶上所有凸出的金属物、构筑物或者管道均应与避雷带连接。

7.6.4 质量标准

7.6.4.1 保证项目

接地装置的接地电阻必须符合设计要求。

7.6.4.2 基本项目

避雷带及防雷引下线位置正确，固定牢靠，防腐良好。固定点间距均匀，焊接连接的焊缝平整、饱满。防雷引下线的保护管固定牢靠。接地装置位置正确、连接牢固，埋设深度距地面不小于 0.6m。

7.6.4.3 允许偏差项目

搭接长度扁钢≥$2b$，圆钢≥$6D$，圆钢和扁钢≥$6D$。其中 b 为扁钢宽度，D 为固钢直径。

7.6.5 成品保护

7.6.5.1 防雷及接地工程应配合土建施工同时进行，互相配合做好成品保护工作。

7.6.5.2 防雷及接地材料要妥善保管，防止镀锌材料锈蚀。

7.6.5.3 安装好的避雷带、引下线严禁作为吊装，攀登的受力点。

7.6.5.4 其他工种在挖土方时，注意不得损坏接地体。

7.6.6 应注意的质量问题

7.6.6.1 应同土建核对最终室外地面标高，确定接地体的埋设深度。

7.6.6.2 室外施工注意大气变化，雷雨天气不可施工。

7.6.6.3 敷设完接地体的土沟回填土不应夹有石块、建筑材料或垃圾等。

7.6.6.4 焊接处应有足够焊接面，不应漏刷防锈漆。

7.7 电力电缆

7.7.1 适用范围

适用于 10kV 及以下水利水电工程电力电缆敷设。

7.7.2 施工准备

7.7.2.1 材料质量要求

每轴电缆上应标明电缆规格、型号、电压等级、长度及出厂日期，外观无损、无明显皱褶和扭曲现象，有产品合格证。附属材料电缆标志牌、绑扎带、电缆卡子、塑料带、塑料胶带、接线鼻子等材料均应符合设计要求。

7.7.2.2 主要施工机具

敷设电缆用支架及轴、电缆滚轮、导链、滑轮、转动绞磨、钢丝绳、大麻绳、绝缘摇表、皮尺、钢锯、手锤、电工工具、无线对讲机。

7.7.2.3 作业条件

1. 电缆线路的安装工程应按电缆敷设图进行施工，实际路径有变化时，必须清晰标注。

2. 电缆敷设前，土建工程的预留孔洞、预埋件按设计完成，预埋件埋设牢固；电缆井及人孔等处的地坪及抹面工作结束。

3. 与电缆敷设相关的安装工程完工，电缆线路两端连接的设备（包括箱、盒）安装完毕，电缆桥架、支架及预埋管安装完毕，保持畅通。

7.7.3 施工工艺

7.7.3.1 工艺流程

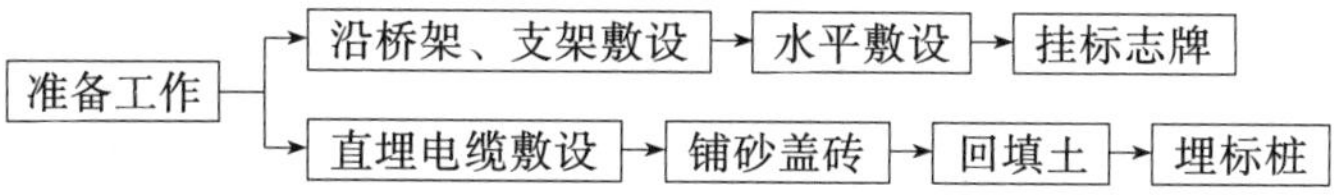

7.7.3.2 操作工艺

1. 沿桥架、支架敷设

敷设前，核对电缆的规格型号长度是否与设计相符，1kV 以下电缆线用 1kV 摇表摇测线间及对地的绝缘电阻应不小于 10MΩ。电缆盘用专用支架支起，采用吊车吊挂敷设时，严禁将电缆盘平放起吊。

（1）水平敷设。敷设方法主要为人力牵引。电缆不得在支架和地面上摩擦拖行，同时应防止电缆绞拧和护层折裂的机械损伤。电缆沿桥架或托盘敷设时，应单层敷设，排列整齐，不得有交叉，拐弯处应以最大截面电缆允许弯曲半径为准。

（2）挂标志牌。在电缆端头处挂标志牌，注明电缆编号、规格、型号及电压等级。

2. 直埋电缆敷设埋

（1）人工开挖电缆沟，电缆表面距地面不小于 0.7m，引入建筑物时，与地下建筑物交叉时可浅埋，采取保护措施。

（2）电缆沟底部首先铺 100mm 厚的砂层，然后在敷设电缆，在电缆上面铺一层红砖，其覆盖宽度应超过电缆两侧各 50mm。最后回填土。

7.7.4 质量标准

7.7.4.1 主要项目

电缆绝缘电阻值符合施工规范规定。电缆敷设严禁有绞拧、护层断裂和表面严重划伤等缺损。

7.7.4.2 基本项目

电缆转弯和分支处不紊乱，走向整齐清楚，标志牌清晰齐全，防燃、隔热要求的电缆保护措施完整。

7.7.5 成品保护

7.7.5.1 室内沿电缆桥架敷设的电缆，宜在管道及空调工程基本施工完毕后进行，防止其他专业施工时损伤电缆。

7.7.5.2 电缆端头处的门窗装好，并加锁，防止电缆丢失或损毁。

7.7.6 应注意的质量问题

7.7.6.1 电缆施加前应将电缆事先排列好，划出排列图表，按图表施工。电缆敷设时，应敷设一根整理一根，卡固一根。

7.7.6.2 在桥架施工时，施工人员应考虑满足该桥架或托盘上敷设的最大截面电缆的弯曲半径的要求。

7.7.6.3 直埋电缆在直线段每隔 50～100m 处转弯处，进入建筑物处应设方位标志或标桩。电缆进出保护管处用防火泥封堵。

7.7.6.4 直埋电缆回填前，应经隐蔽工程验收合格，回填土应分层夯实。

7.8 桥式起重机安装

7.8.1 适用范围

适用于桥式起重机安装。

7.8.2 施工准备

7.8.2.1 材料质量要求

应符合施工图纸和国家相关标准的质量要求。

7.8.2.2 主要施工机具

汽车吊、3t 卷扬机、钢绳索具、道木、滚杠、大锤、钢盘尺、钢板尺、弹簧秤、经纬仪、水准仪、水平尺、轨道调直器、电焊机、气焊工具、手电钻、导链、各类扳手等。

7.8.2.3 作业条件

1. 起重机安装施工中，厂房内无土建作业，场地清扫干净。
2. 基准线测放位置准确。
3. 找平层顶面须找平压光，不得有石子外露和凹凸不平。不允许采用在表面另铺水泥浆的方法抹平。
4. 沿起重机梁全长在两梁内侧搭设 1m 宽脚手架，上铺跳板，以安装轨道。

7.8.3 施工工艺

7.8.3.1 工艺流程

放线 → 整体组装 → 司机楼安装 → 提升机构安装 → 栏杆、爬梯、检修平台安装 → 滑触线安装 → 电气安装 → 桥机试运行

7.8.3.2 操作工艺

1. 放线

以起重机梁定位轴线为基准，用经纬仪在轨道中心的一边 60mm 处，按梁的纵向位置每隔 2m 打一点，并在每根柱子处打一点，以此放出轨道找正的基准线。

2. 整体组装

用汽车吊先将左侧大梁吊至轨道上，然后用撬棍将其继续向左侧撬，留出右侧大梁的位置，用楔子板垫好，再用汽车吊将右侧大梁吊至轨道上，与左侧大梁相对接（用跨顶调整），用高强螺丝把合。对接成功后，左右移动大车，确认没有问题后，再用汽车吊将小车吊至小车轨道上，吊装时要注意小车的上下游方向。桥机整体组装完毕。

3. 司机楼安装

桥机的电气设备大部分都在司机楼里，应先安装司机楼。在桥机上找到合适的吊点，用手拉葫芦将司机楼吊起，安装就位。

4. 提升机构安装

起升机构固定在小车平台上。大车行走和变速箱机构加油，小车行走和变速箱机构加油，液压制动器加液压油，外露的大小齿轮抹黄油。由于起升机构已经组装在小车上，电气安装完毕转动后，穿好钢丝绳，将大钩、小钩全部连好，在绳槽及钢丝绳上抹上黄油防止生锈。

5. 栏杆、爬梯、检修平台安装

栏杆是在桥机上安全工作的有力保障，所以在桥机的大小车组装就位后，首先安装四周栏杆。爬梯是联系司机室及行车梁的通道，也在栏杆安装后进行安装。栏杆、爬梯安装好后，要检查各个位置是否牢靠，确保栏杆、爬梯不出意外。检修平台用手拉葫芦将其安装就位，用螺丝上紧。

6. 滑触线安装

安装人员在检修平台上，在吊车梁埋件上焊好滑触线支架，然后用滑触线吊架将滑触线安装就位。最后安装小滑车，小滑车在滑触线上运行平稳，不抖动和跳动。

7. 电气安装

按设计和规范要求进行配线和电缆安装，小车滑线动作平稳，运行可靠。电气接线正确，动作正常，保护装置动作可靠，电机能正常运转，照明能正常投入。其他各项均应符合要求。

8. 桥机试运转

在桥机安装工作全部完成，桥机上所有物品进行清理后，进行试运行。试运行前对桥机上所有部件进行检查，对各部位加注润滑油和黄油，对制动器进行调整，对轨道全行程内现场进行清理。试运行在全行程内反复试验，对大车、小车进行空载及吊重行走试验，对大钩、小钩进行空载及吊重起落试验，各项目应全部正常。

7.8.4 质量标准

7.8.4.1 主控项目

1. 轨道的实际中心线对起重机梁的实际中心线位置偏差不应大于 10mm。

2. 轨道的实际中心线对安装基准线的水平位置偏差不应大于 5mm。

3. 起重机轨道跨度的允许偏差为 ΔS：

$$\Delta S = \pm[3 + 0.25(S - 10)](\text{mm}) \tag{7-1}$$

式中 S——起重机轨道跨度，m。

4. 轨道顶面对其设计位置的纵向倾斜度不应大于 1/1000；每 2m 测一点，全行程内高低差不大于 10mm。

5. 轨道顶面基准点的标高相对于设计标高的允许偏差为±10mm。

6. 同一截面内两平行轨道的标高相对差不应大于 10mm。

7. 轨道接头高低差及侧向错位不应大于 1mm，间隙不应大于 2mm。

8. 钢轨应与弹性垫板贴紧。当有间隙时应在弹性垫板下加垫板垫实，垫板的长度和宽度均应比弹性垫板大 10～20mm。

7.8.4.2 一般项目

桥架组装时应符合下列要求。

1. 主梁上拱度（F）允许偏差

$$-0.1F \leqslant F \leqslant +0.4F，F = S/1000(\text{mm}) \tag{7-2}$$

式中 S——起重机跨度，mm。

2. 桥架两对角线相对差不大于 5mm。

3. 小车跨端轨距允许偏差为±2mm，跨中轨距允许偏差为 1～5mm。

4. 同一截面上小车轨道高低差不大于 3mm。

7.8.5 应注意的质量问题

7.8.5.1 轨道调直不但应校轨道垂直方向的弯曲，还应校侧向弯曲，因侧向不直时，起重机运行过程中轮子就会卡边，所以，侧向弯曲是校直的重点。

7.8.5.2 轨道上的螺丝必须拧紧，所有螺母下应加弹簧垫圈，拧紧后螺纹应露出螺母至少 1.5 扣，最长应低于清道板 10mm 以下。

7.8.5.3 两平行轨道的接头位置应错开，其错开距离不应等于起重机前后车轮的基距。

7.8.5.4 为防止起吊起重机时捆绑位置产生位移，在大车梁走台板上相应位置割开适当尺寸的孔。再在大梁间选有肋板部位用枕木撑住，以免起吊时大梁向内弯曲产生变形。

7.9 卷扬式启闭机安装

7.9.1 适用范围

适用于卷扬式启闭机安装。

7.9.2 施工准备

7.9.2.1 材料质量要求

应符合施工图纸和国家相关标准的质量要求。

7.9.2.2 主要施工机具

吊车、经纬仪、水准仪、钢尺、千斤顶。

7.9.2.3 作业条件

1. 所有吊装设备及构件进场道路通畅。

2. 启闭机基础位置和断面尺寸以及预埋件布置位置符合设计要求。

7.9.3 施工工艺

7.9.3.1 工艺流程

安装前的准备工作 → 安装 → 调整 → 钢丝绳的缠绕 → 润滑油的加注

7.9.3.2 操作工艺

1. 安装前的准备工作

基准线的测放。安装前首先确定启闭机的安装高程和纵横向中心线，纵横向中心线应根据门槽的中心线和孔口中心线而确定，在实地测放的中心应在启闭机室地面和启闭机机座处明显的标识出来，以备安装时使用。

启闭机到货后，会同监理进行现场开箱清点和检查，检查是否有缺陷；配件是否齐全，应与装箱单核对清楚。

2. 安装

启闭机的卷筒和变速箱电动机等部件，用吊车吊放于安装位置，根据现场测放的控制线进行调整，高程允许偏差为±5mm，其纵横中心线允许偏差为±3mm，水平偏差不应大于0.5/1000。双吊点启闭机吊距允许误差一般为±3mm，钢丝绳拉紧后两吊轴在孔口内水平不超过5mm。并应符合SL/T 381—2021《水利水电工程启闭机制造安装及验收规范》的有关规定。

3. 调整

启闭机初调后，可进行细调，细调水平调整与同心度调整，两者应结合进行。两卷筒的同心可用经纬仪检测，进行调整。单机和整机的水平度可用水准仪测量进行调整。联轴器与卷扬机和变速箱的同心度、电动机主轴与制动轮的同心度各部偏差均应满足相应部位的规范要求。细调合格后，与基础固定，固定后复测。

4. 钢丝绳的缠绕

随机到货的钢丝绳安装前应进行松劲处理，防止安装使用后扭结，一般方法是将钢丝绳全长拉开松劲，同时检查钢丝绳是否有断丝、锈蚀、扭结或被砸成扁平状等缺陷，其型号等应符合图纸要求，按厂家给定的缠绕方法在两卷筒上分别进行缠绕。

钢丝绳缠绕后，在未与闸门连接情况下，做启闭机的空载运行，检查各运转机构的运行情况，检查机械润滑是否良好，各部轴承是否温度过高，机械运转是否有不正常杂音，三相电流是否平衡等。

5. 润滑油的加注

启闭机到货后安装时润滑油应随启闭机同时到货，加注应检查润滑油是否与图纸规定的型号相符，加注应符合油尺高度。

7.9.4 质量标准

7.9.4.1 主控项目

1. 启闭机安装纵、横向中心线允许偏差：合格3mm、优良2.5mm。

2. 启闭机安装水平允许偏差：合格0.5mm/m、优良0.4mm/m。

7.9.4.2 一般项目

1. 启闭机安装高程允许偏差合格±5mm、优良±4mm。

2. 无负荷试运转电动机运行平稳、三相电流平衡，电气设备无异常发热现象，控制器接头无烧毁现象，限位开关动作准确可靠，高度指示器指示正确，主令装置动作准确可靠，机械部件运转时，无冲击声及异常声音，构件连接处无裂纹、松动或损坏现象，机箱无渗油，制动闸瓦运行时全部离开制动轮，无任何摩擦，钢丝绳无碰刮，定、动滑轮转动灵活，无卡阻。

7.9.5 成品保护

启闭机安装后应用脚手架在启闭机四周搭设罩棚，用篷布覆盖。以免后续土建施工对启闭机造成破坏。

7.9.6 应注意的质量问题

7.9.6.1 安装时底座地基应牢固平整，留有底脚螺丝的位置，启闭机到位后，找平浇灌成型。

7.9.6.2 先将钢丝绳绕在平衡轮上，绳长两边均分，通过动滑轮组把钢丝绳绕上去，同时把两端固定在卷筒端部。

7.10 电动单梁起重机安装

7.10.1 适用范围

适用于电动单梁起重机安装及调试。

7.10.2 施工准备

7.10.2.1 材料质量要求

应符合施工图纸和国家相关标准的质量要求。

7.10.2.2 主要施工机具

汽车起重机、汽车起重机、手拉葫芦、千斤顶、水准仪、接地电阻测试仪、绝缘电阻测试仪、钢卷尺、游标卡尺。

7.10.2.3 作业条件

1. 设备技术文件齐全。

2. 机、电设备无变形、损伤和锈蚀，其中钢丝绳不得有锈蚀、损伤、弯折、打环、扭结、裂嘴和松散的现象。

3. 吊轨的坐标位置、标高、跨度的表面的平面度均符合设计和安装要求。

7.10.3 施工工艺

7.10.3.1 工艺流程

轨道安装 → 轨道焊接 → 电动葫芦安装 → 试运转

7.10.3.2 操作工艺

1. 轨道安装

(1) 轨道安装中心线采用专用的安装控制网点、控制轴线点和高程基点。

(2) 加密安装控制网点、控制轴线点和高程基点，采用等级平面控制和等级水准测量方法进行。

(3) 测站点或控制轴线在整个安装过程中保持不变。

(4) 土建建筑物和轨道安装中心线测量放样选用满足精度要求的经纬仪、水准仪、经过检定的钢尺、钢带尺及测针、精密水准尺等。

(5) 对钢轨的形状尺寸进行检查，发现有超值弯曲、扭曲等变形时，进行矫正。

(6) 吊装轨道前，测量和标定轨道的安装基准线。轨道的实际中心线与安装基准线的水平位置偏差不超过 2mm。

(7) 轨道顶面的纵向坡度不大于 3/1000，在全行程上最高点与最低点之差不大于 10mm。

(8) 轨道安装符合要求后，全面复查各螺栓的紧固情况。

(9) 轨道两端的车挡在吊装移动式启闭机前装妥，同跨同端的两车挡与缓冲器接触良好，有偏差时及时进行调整。

2. 轨道焊接

(1) 焊条必须符合设计要求，根据多年施工经验挑选质量信得过产品。焊条在使用前进行烘干，并在烘干和保温筒内存放，随用随取。

(2) 焊工选用经考试合格的持证上岗。焊缝处做上焊工代号标记。

(3) 焊接前先修口、清根、坡口角度钝边间隙要符合要求。磨去防腐层的保护漆及其他杂物。现场割缝后除去割渣，用磨光机磨干净后施焊。

(4) 点焊焊条采用与接口焊的焊条，点焊时对称施焊。

(5) 为防止焊接变形和引起安装位置变化，施焊时对称焊。焊完第一遍要清理干净表面，再施焊第二遍。每道焊缝连续焊完。

(6) 焊接时，焊缝能自由伸缩。焊口缓慢降温。

(7) 焊缝质量符合要求。表面没有裂纹、夹渣、焊瘤、弧坑、针状气孔和熔合性飞溅。焊缝宽度焊出坡口边缘 2～3mm，咬边符合规范要求。焊缝余高 0.5～2mm，焊缝错边小于 2mm。

3. 电动葫芦安装

(1) 现场组装电动葫芦及其行走机构，其他部件在制造厂已经全部组装并调试合格。

(2) 电动葫芦的安装在轨道的一端进行，用起重机将电动葫芦吊到轨道处，并将行走机构套装到轨道上，调整两电动葫芦的吊钩必须达到相同高度后安装中间支撑和传动轴。

(3) 电动葫芦滑线按图纸设计要求布置、连接电源，接线方法符合设备说明书规定。

4. 试运转

(1) 试运转前按 SL/T 381—2021 第 9.5.1 条要求进行检查合格。

(2) 空载试运转。起升机构和行走机构按 SL/T 381—2021 第 9.5.2 条的规定检查机械和电气设备的运行情况，做到动作正确可靠、运行平稳、无冲击声和其他异常现象。

(3) 静荷载试验。按图纸要求，对启闭机进行静荷载试验，以检验启闭机的机械和金属结构的承载能力。试验荷载依次采用额定荷载的 70%、100%和 125%。

(4) 动荷载试验。按施工图纸要求，对各机构进行动荷载试验．试验时，作重复的启动、运转，停车、正转、反转等动作，延续时间大于1h。做到各零部件无裂纹，各连接处无松动。

7.10.4 质量标准

7.10.4.1 主控项目

1. 起重机跨度$S\leqslant10$m：允许偏差±2.0mm；起重机跨度$S>10$m：允许偏差$\pm2+0.1(S-10)$ mm。

2. 主梁上拱度F(mm) 允许偏差：$+0.3F$mm。

7.10.4.2 一般项目

主梁旁弯度f(mm) 允许偏差：$S/2000$。

7.10.5 应注意的质量问题

7.10.5.1 将主梁、端梁用销轴连接起来，应注意拧紧轴端挡板螺栓，使销轴连接可靠。主、端梁组装后可按标准JB/T 2603—2008《电动悬挂起重机》中的有关要求进行检验。

7.10.5.2 将起重机的终点行程开关及运行机构电机控制箱、电动葫芦控制箱等电器组装到端梁上，接通有关电器部分，调试两台运行电机，使其转向一致。

7.10.5.3 按原理图、接线图接通全部操纵电器线路，必须保证起重机动作方向与操纵按钮所规定的方向一致。

7.10.5.4 起重机轨道为两根平行的工字钢，随工字钢之大小调整车轮上的垫圈。调整方法与电动葫芦小车安装相同。

7.11 液压启闭机安装

7.11.1 适用范围

适用于以电力驱动为主的水利水电工程液压启闭机安装及调试。

7.11.2 施工准备

7.11.2.1 材料质量要求

应符合施工图纸和国家相关标准的质量要求。

7.11.2.2 主要施工机具

吊车、经纬仪、水准仪、钢尺、千斤顶。

7.11.2.3 作业条件

1. 所有吊装设备及构件进场道路通畅。

2. 启闭机基础位置和断面尺寸以及预埋件布置位置符合设计要求。

7.11.3 施工工艺

7.11.3.1 工艺流程

7.11.3.2 操作工艺

1. 液压启闭机的油缸总成、液压站及液控系统、电气系统、管道和基础埋件等，按施工图纸和制造厂技术说明书进行安装、调试和试运转。

2. 液压启闭机油缸支承机架的安装偏差符合施工图纸和规范的规定。

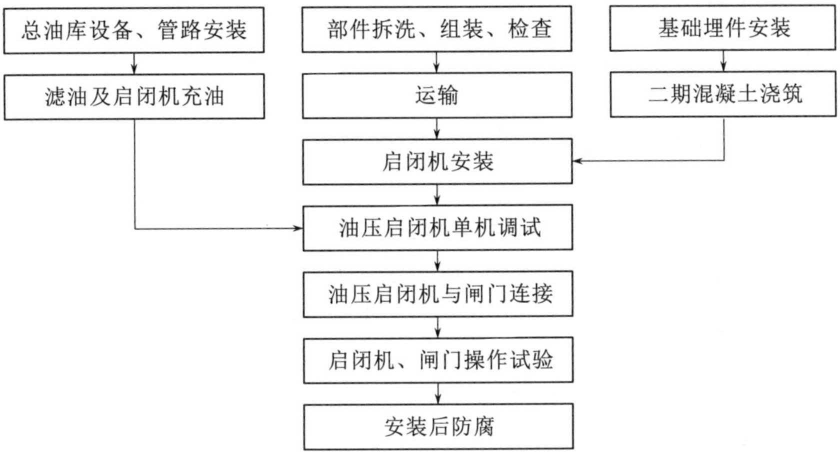

图 7-1　液压启闭机施工工艺流程图

3. 安装前对油缸总成进行外观检查，并对照制造厂技术说明书的规定时限，确定是否进行解体清洗。如因超期存放，经检查需解体清洗时，将解体清洗方案报送监理人批准后实施。现场解体清洗邀请制造厂技术服务人员进行全面指导。

4. *管路的配置和安装*

（1）配管前，完成油缸总成、液压站及液控系统设备的安装，所有的管夹基础埋件完好。

（2）按施工图纸要求进行配管和弯管，管路凑合段长度根据现场实际情况确定；管路布置尽量减少阻力，布局力求清晰合理，排列整齐；预安装合适后，拆下管路，正式焊接好管接头或法兰，清除管路的氧化皮和焊渣，并对管路进行酸洗、中和、干燥及钝化处理。

（3）液压管路系统安装完毕后，使用冲洗泵进行油液循环冲洗。循环冲洗时将管路系统与液压缸、阀组、泵组隔离（或短接），循环冲洗流速大于 5m/s。循环冲洗后使管路系统的清洁度符合有关标准。

（4）管材下料采用锯割方法，不锈钢管的焊接采用氩弧焊，弯管使用专用弯管机，采用冷弯加工；高压弯管的安装符合施工图纸的要求，其长度、弯曲半径、接头方向和位置按施工图纸正确安装。

（5）液压系统用油牌号符合施工图纸的要求；油液在注入系统以前必须经过过滤后使其清洁度达到有关标准要求，其成分经化验符合相关标准；液压站油箱在安装前检查其清洁度，使之符合制造厂家技术说明书的要求。

（6）所有的压力表、压力控制器、压力变送器等均进行校验。

（7）液压启闭机电气控制及检测设备的安装符合施工图纸和制造厂技术说明书的规定。

（8）电缆安装排列整齐。全部电气设备可靠接地。

5. *液压启闭机的试运转*

液压启闭机安装完毕后，会同监理人进行以下项目的试验。

（1）对液压系统进行耐压试验。液压管路试验压力：$P_{额} \leqslant 16\text{MPa}$ 时，$P_{试} = 1.5P_{额}$；$P_{额} > 16\text{MPa}$ 时，$P_{试} = 1.25P_{额}$。其余试验压力分别按各种设计工况选定。在各试验压力下保压 10min，检查压力变化和管路系统漏油、渗油情况，整定好各溢流阀的溢流压力。

(2) 在活塞杆吊头不与闸门连接的情况下，进行全行程空载往复动作试验3次，用以排除油缸和管路中的空气，检查泵组、阀组及电气操作系统的正确性，检测油缸启动压力和系统阻力、活塞杆运动无爬行现象。

(3) 在活塞杆吊头与闸门连接而闸门不承受水压力的情况下，进行启门和闭门工况的全行程往复动作试验3次，整定和调整好闸门开度传感器、行程极限开关及电、液元件的设定值，检测电动机的电流、电压和油压的数据及全行程启、闭的运行时间。

(4) 在闸门承受水压力的情况下，进行液压启闭机额定负荷下的启闭运行试验。检测电动机的电流、电压和系统压力及全行程启、闭的运行时间；检查启闭过程有无超常振动，启停有无剧烈冲击现象。

(5) 电气控制设备先进行模拟动作试验正确后，再做联机试验。

7.11.4　质量标准

7.11.4.1　主控项目

1. 液压式启闭机机械系统机架安装：机架横向中心线与实际起吊中心线的距离允许偏差：合格±2.0mm，优良±1.5mm。

2. 液压式启闭机机械系统钢梁与推力支座安装：①机架钢梁与推力支座组合面通隙允许偏差0.05mm。②推力支座顶面水平偏差（每延长米）允许偏差0.2mm。

7.11.4.2　一般项目

1. 液压式启闭机机械系统机架安装。①机架高程允许偏差：合格±5.0mm，优良±4.0mm。②双吊点液压式启闭机，支撑面的高差允许偏差按规范执行。

2. 液压式启闭机机械系统机架钢梁与推力支座的组合面。①局部间隙允许偏差：合格0.1mm，优良0.08mm。②局部间隙深度允许偏差：合格1/3组合面宽度，优良1/4组合面宽度。③局部间隙累计长度允许偏差：合格20%周长，优良15%周长。

7.11.5　成品保护

启闭机安装后应用脚手架在启闭机四周搭设罩棚，用篷布覆盖。以免后续土建施工对启闭机造成破坏。

7.11.6　应注意的质量问题

7.11.6.1　安装前承包人应对油缸总成进行外观检查，并对照制造厂技术说明书的规定时限，确定是否应进行解体清洗。现场解体清洗必须在制造厂技术服务人员的全面指导下进行。

7.11.6.2　液压泵站油箱在安装前必须检查其清洁度，并符合制造厂技术说明书的要求，所有的压力表、压力控制器、压力变送器等均必须校验准确。

7.11.6.3　高压软管的安装应符合施工图纸的要求，其长度、弯曲半径、接头方向和位置均应正确。

7.12　螺杆启闭机安装

7.12.1　适用范围

适用于以电力驱动为主的水利水电工程螺杆启闭机安装及调试。

7.12.2 施工准备

7.12.2.1 材料质量要求

应符合施工图纸和国家相关标准的质量要求。

7.12.2.2 主要施工机具

吊车、经纬仪、水准仪、钢尺、千斤顶。

7.12.2.3 作业条件

1. 土建工作全部结束，启闭机基础混凝土达到允许承受荷载的强度。

2. 通往启闭机安装地点的运输线路畅通。

3. 起吊设备已经布置就绪。

7.12.3 施工工艺

7.12.3.1 工艺流程

测量放线→安装→启闭机调试

7.12.3.2 操作工艺

1. 测量放线

根据闸门起吊中心线，确定启闭机安装位置，找正中心线使纵横向中心线允许偏差为±3mm，高程允许偏差为±5mm。然后浇筑二期混凝土与预埋钢板连接。

2. 安装

(1) 螺杆启闭机用汽车起重机吊装至安装位置，调整螺杆启闭机水平度和垂直度。启闭机的底座与基础平面接触面积达到90%以上。螺杆轴线垂直闸台上的水平面，与闸板吊耳孔垂直避免螺杆倾斜。

(2) 把下限位盘套在螺杆上，将螺杆从横梁下部旋入启闭机，当螺杆从启闭机上方露出后，再套上限位盘，螺杆的下方与闸门连接。

3. 启闭机调试

(1) 当闸门处于全关状态时，将上限压紧行程开关固定在螺杆上。当闸门处于全开时，将下限位盘压紧下行程开关并固定在螺杆上。启闭机的主令控制器调整，必须保证闸门升降到上、下限位时的误差不超过1cm。

(2) 操作前，对启闭机进行全面检查，各部位润滑情况是否良好，螺栓有无松动。电动机启闭时检查电源线路是否接通，开关是否良好。电动机运转时，操作人员不得离开现场，发现问题立即停机。

(3) 安装后，进行试运行和无负荷试验，即让螺杆作两个行程，听其有无异常声音，检测安装是否符合技术要求。在额定载荷下，做两个行程，观察螺杆与闸门的运行情况，有无异常现象。确认无误后方可正式运行。

7.12.4 质量标准

7.12.4.1 主控项目

1. 启闭机安装纵、横向中心线允许偏差：合格3mm、优良2.5mm。

2. 启闭机安装水平允许偏差：合格0.5mm/m、优良0.4mm/m。

7.12.4.2 一般项目

1. 启闭机安装高程±5mm、优良±4mm。

2. 螺杆与闸门连接前铅垂度允许偏差：合格 0.2mm/m、优良 0.2mm/m。

7.12.5　成品保护

安装工作结束后，螺杆全行程涂抹黄油以保证润滑和防止锈蚀。

7.12.6　应注意的质量问题

7.12.6.1　安装时底座地基应牢固平整，留有底脚螺丝的位置，启闭机到位后，找平浇灌成型。应保持基础布置平面水平 180°启闭机底座与基础布置平面的接触面积应达到 90%以上。

7.12.6.2　启闭机的丝杆必须平行于闸门研磨轨道表面，同时垂直于吊耳轴，双吊点式两个机座必须在同一平面上，两个丝杆平行。

7.12.6.3　在混凝土强度未达到设计强度时，不得拆除和改变启闭机的临时支撑，更不得进行试调和试运转。

7.12.6.4　全部电气设备均可靠的接地。

7.13　铸铁闸门安装

7.13.1　适用范围

适用于渠系和圩口涵闸、排灌泵站的小型闸门，孔口尺寸较小的水库涵洞闸门的铸铁闸门安装及调试。

7.13.2　施工准备

7.13.2.1　材料质量要求

应符合施工图纸和国家相关标准的质量要求。

7.13.2.2　主要施工机具

汽车吊、倒链、汽油发电机、交流电焊机、切割机、割枪、表、气带、水准仪、经纬仪、载重汽车、磨光机。

7.13.2.3　作业条件

一期混凝土强度达到允许承受荷载的强度。

7.13.3　操作工艺

7.13.3.1　安装前应检查闸门的规格型号、尺寸等，检查结果应符合设计要求。闸门外观完好，无裂纹，缺角和掉边等缺陷。检查竖框与横框之间、闸板与闸板之间（指多块闸板组合的闸门）的连接螺丝，是否在运输装卸中引起松动，它们的接茬是否错牙，应调整成一个平面，检查闸板与闸槽的间隙，保证闸槽与闸板的间隙不大于 0.08mm，如有间隙可以调节闭紧装置。上紧各连接螺栓。

7.13.3.2　安装时闸门整体竖入预留槽，在两边立框的下面垫上调整垫（严禁垫下横梁），两立框用手动葫芦和斜拉立稳，将闸门找直找平，各地脚孔内串上地脚螺栓，调节好闸门的位置，支好模板进行二期浇注。

7.13.3.3　浇注混凝土时，流进闸板、闸框、斜铁、挡板间的灰浆应彻底清除，以防止灰浆凝固后影响闸门启闭，先浇筑闸门两侧再浇筑闸门底槛。

7.13.3.4　清除加固物。闸门出厂前，为使闸板、闸框贴合紧凑，安装后减少间隙，闸门在上下框上安装了1～2个紧闭装置压铁，注意在间隙调整后，闭紧压铁拆除，以便闸门启闭。

7.13.3.5 安装要求。

1. 闸门中心线与孔口中心线一致，闸门垂直度、倾斜度不大于2mm/m。

2. 在门板无压力下的状态下，用临时连接螺栓保持门板和门框楔紧。临时连接螺栓应在混凝土凝固后拆除。

3. 闸门的吊点和启闭机的轴线对中，误差不大于1mm。

7.13.4 质量标准

闸门安装检测项目见表7-2。

表7-2 闸门安装检测项目

序号	检测项目		允许偏差或规定值
1	门框中心线对孔口中心线/mm	孔口短边长度或直径≤800	±2.0
		孔口短边长度或直径800～1200	±3.0
		孔口短边长度或直径1200～2000	±4.0
		孔口短边长度或直径2000～3000	±5.0
2	门框底面高程/mm		±5.0
3	门框底面两端高差/（mm/m）		≤2.0
4	门框导轨垂直度/（mm/m）		≤2.0
5	全闭时密封面间隙/（mm/m）		≤0.1

7.13.5 成品保护

闸门在运输、安装过程中要对成品加以保护，避免涂装层出现划痕和掉漆现象，混凝土施工时避免浆液流挂在埋件表面。产品的最后一遍面漆应在安装后涂刷。

7.13.6 应注意的质量问题

7.13.6.1 安装前，应首先检查竖框与横框之间、闸板与闸板之间（指多块闸板组合的闸门）的连接螺丝，是否在运输装卸中引起松动，它们的接茬是否错牙，要调整成一个平面，检查闸板与闸槽的间隙，保证闸槽与闸板的间隙不大于0.08mm，如有间隙可以调节闭紧装置。上紧各连接螺栓。

7.13.6.2 安装时闸门整体竖入预留槽，在两边立框的下面垫上调整垫（严禁垫下横梁），两立框用手动葫芦和斜拉立稳，将闸门找直找平，各地脚孔内串上地脚螺栓，调节好闸门的位置，支好模板进行二期浇筑。

7.13.6.3 浇注混凝土时，流进闸板、闸框、斜铁、挡板间的灰浆应彻底清除，以防止灰浆凝固后影响闸门启闭。

7.13.6.4 清除加固物。闸门出厂前，为使闸板、闸框贴合紧凑，安装后减少间隙，2m以上的闸门在上下框上安装了4～6个紧闭装置压铁，注意在间隙调整后，闭紧压铁拆除，以便闸门启闭平稳。

7.14 平面钢闸门埋件安装

7.14.1 适用范围

适用于平面钢闸门埋件的安装。

7.14.2 施工准备

7.14.2.1 材料质量要求

应符合施工图纸和国家相关标准的质量要求。焊条放置于通风、干燥的专设库房内，其温度保持在5℃以上，相对湿度不大于60%。焊条由专人保管和发放。

7.14.2.2 主要施工机具

经纬仪、水准仪、吊车、运输车、倒链、钢卷尺。

7.14.2.3 作业条件

1. 所有测量控制点、控制线标准清晰。

2. 安装部位一期混凝土模板拆除，一期、二期混凝土的结合面凿毛。安装部位及门槽内杂物清理完毕。

3. 施工电源接在20m以内。

4. 施工脚手架搭设及现场其他安全防护设施的布置，安装用具、测量仪器的准备齐全。

7.14.3 施工工艺

7.14.3.1 工艺流程

基准线测放→实地放样→底槛安装→主、反轨安装

7.14.3.2 操作工艺

1. 基准线测放

控制点、线的测放，统一使用水工建筑物使用的控制线，平面钢闸门埋件安装基准线有：桩号控制线、高程、孔口中心线。

（1）桩号控制线测放。

利用水工建筑物给定的桩号控制线，用经纬仪和经校验过的钢卷尺分别测放出闸门底槛中心控制线，并做永久点于闸墩侧面。控制线各孔应一致。

（2）高程控制点测放。

利用水工建筑物使用的高程控制点经过闭合测量，校对准确后作为控制点使用。测放的底槛中心控制线和高程控制点，做永久点于每孔的堰顶上，每孔至少3个点。

（3）孔口中心控制点测放。

利用水工建筑物使用的进口横向控制点，分别测放出每孔的孔口中心线，孔口中心线与图纸要求的孔口中心线相比较，其偏差符合规范要求，并在闸墩顶上做永久点。

2. 实地放样

以实际测放的高程、桩号、孔口中心线，按施工图实地测放出平面钢闸门埋件的位置

大样，放样时分成两步：

（1）第一步放出底槛的安装位置控制线，放样后马上进行底槛安装，底槛安装调整合格后进行锚筋加固。

（2）第二步是在底槛安装的基础上再测放主轨、反轨、护角以及侧轨等部件的实样。

3. 底槛安装

（1）底槛安装前经检查核对，用标准钢卷尺在底槛埋件的纵向、横向各二分之一处，分别画出其纵横中心线，这两条线在安装时，即为底槛的里程和孔口中心线。

（2）底槛的纵向中心线与测放的中心桩号重合，横向中心与孔口中心重合。

（3）底槛的高程以纵向中心线处高程为准，每米一个测点，横向水平误差控制在2mm以内。

（4）底槛调整合格后，将埋件锚筋与混凝土内插筋焊接固定。

（5）全部加固后复测底槛的高程、里程，对孔口中心及埋件的横向水平均符合规范要求，否则应重新进行调整。

4. 主、反轨安装

（1）按实地所放的大样将主轨、反轨等第一节按其各自的位置进行就位、找正，在第一节的下部和上部各焊2～3个调整螺栓。

（2）反复校核其对孔口中心、门槽中心以及两侧门槽的相对位置，调整调整螺栓，使第一节埋件底部达到设计尺寸和规范要求。

（3）在门槽的混凝土浇筑顶面或适当位置吊挂钢琴线，每根主反轨工作面和侧面各一根，底部用重锤球将钢琴线拉直，重锤球一般在5～10kg，并在底槛部位用油桶将重锤稳住，将钢琴线到主、反轨表面调整成一个固定的整数数值，用该线控制主、反轨的垂直度和平行度。

（4）主、反轨在安装过程中，每1m左右焊一对调整螺栓，每0.5m左右测一组数据，使各数值都控制在规范要求之内。

（5）除第一节外的以后各节在吊装和安装过程中，避免碰撞下面一节，吊装到位的任何一节，其顶部和底部分别焊两个调整螺栓，粗调后中间每1m左右再焊一对螺栓进行细调，对于局部变形较大时另增焊螺栓进行调整。

（6）每孔的两侧门槽同时进行安装，安装时除单侧控制其垂直度外，两侧主、反轨还应随时控制其平行度。平行度约2m左右测一组。

（7）每孔的主、反轨安装到顶后，重新进行全面复测和进行全面的调整。

（8）全面复测调整后进行加固，加固时，用埋件本身的锚筋和一期混凝土内的插筋进行焊接，加固筋数量每0.5m左右一组。

（9）全面加固后对整体进行一次全面复测，其允许偏差符合NB/T 35045—2014《水电工程钢闸门制造安装及验收规范》的有关规定，超过规范的位置重新进行调整，整个埋件必须都在规范要求范围之内。

7.14.4 质量标准

质量标准见表7-3。

表 7-3 埋件安装质量标准

序号	项次	检测项目			允许偏差/mm	
1	底槛	对门槽中心线 a			±5	
		对孔口中心线 b			±5	
		工作表面一端对另一端的高差	$L\geqslant 10000$		3	
			$L<10000$		2	
		工作表面组合处的错位（工作范围内）			1	
2	门楣	对门槽中心线 a（工作范围内）			+2，−1	
		门楣中心对底槛面的距离 h			±3	
		工作表面组合处的错位（工作范围内）			0.5	
3	主轨	对门槽中心线 a		工作范围内	+2，−1	+3，−1
		对孔口中心线 b		工作范围内	±3	±3
		工作表面组合处的错位		工作范围内	0.5	1
4	侧轨	工作表面扭曲值	工作范围内表面宽度 B	$B<100$	2	
				$B=100\sim200$	2.5	
				$B>200$	3	
5	止水板	工作表面扭曲值	工作范围内表面宽度 B	$B<100$	2	
				$B=100\sim200$	2.5	
				$B>200$	3	
6	反轨	工作表面扭曲 f	工作范围内表面宽度 B	$B<100$	2	
				$B=100\sim200$	2.5	
				$B>200$	3	

7.14.5 成品保护

埋件在运输、安装过程中应对成品加以保护，避免涂装层出现划痕和掉漆现象，混凝土施工时避免浆液流挂在埋件表面。产品的最后一遍面漆应在安装后涂刷。

7.14.6 应注意的质量问题

7.14.6.1 预埋在一期混凝土中的锚板（栓），在混凝土浇筑前通知监理对其位置进行检查、核对。

7.14.6.2 埋件安装前，门槽中的模板等杂物必须清除干净。一期、二期混凝土的结合面全部凿毛，二期混凝土的断面尺寸及预埋锚板（栓）的位置应符合要求。

7.15 平面钢闸门安装

7.15.1 适用范围

适用于大、中型水利水电工程平面钢闸门的安装及试验。

7.15.2 施工准备

7.15.2.1 材料质量要求

焊条放置于通风、干燥的专设库房内，其温度保持在5℃以上，相对湿度不大于60%。焊条由专人保管和发放。

7.15.2.2 主要施工机具

经纬仪、水准仪、吊车、运输车、倒链、钢卷尺。

7.15.2.3 作业条件

1. 所有测量控制点、控制线标准清晰。

2. 施工电源接在20m以内。

3. 施工脚手架搭设及现场其他安全防护设施的布置，安装用具、测量仪器的准备齐全。

7.15.3 施工工艺

7.15.3.1 工艺流程

全面检查和复制 → 分节组装 → 水封安装 → 闸门安装 → 闸门试验

7.15.3.2 操作工艺

1. 全面检查和复测

将平面钢闸门放于平台上支垫水平，对闸门进行拼装和零部件组装，同时进行全面检查和复测，具体项目如下。

（1）全面检查闸门的平面度。

（2）检查门叶对角线及门叶扭曲。

（3）检查门叶的水封座板处的平面度。

（4）检查门叶主滑块对水封垫板的高度及反向滑块对面板的高度符合设计要求。

2. 分节组装

（1）分节闸门按出厂编号组装。

（2）对于分节闸门组装后，除检查以上项目，还应检查组合处错位，不大于2mm。

（3）所有检查项目均符合NB/T 35045—2014的有关规定。

3. 水封安装

（1）按水封座板的位置将水封铺展开，按实际尺寸下料。

（2）水封下料后，接头处的黏接采用冷黏接，黏接前将切口用木锉锉平整，切口保持清洁干净。冷黏接时在切口处涂黏接材料，上模具压接至规定时间，黏接后检查粘接质量是否完整，不得有裂口和黏接不牢情况，否则重新黏接。

（3）黏接后的水封敷到水封座板处，按编号压上水封压板，水封螺栓孔用专用的空心钻头打孔，且孔径小于螺栓直径1mm，打一个孔穿入一个螺栓。

（4）待所有螺栓全部穿入后，均匀把紧，在把紧的同时测量水封的不平度，其不平度不得大于规范要求，封水尺寸符合设计要求。整个闸门的水封不得有断口、损伤。

4. 闸门安装

（1）安装前首先将闸门槽内所有杂物、门槽埋件表面水泥浆清除，底槛打扫干净，埋件的封水面用砂纸打磨光滑不得有硬点。

（2）利用闸室内已经安装好的闸门启闭设备将平面钢闸门吊放于孔口内，用锁定梁将闸门锁到检修平台部位。

5. 闸门试验

(1) 静平衡试验。将闸门自由地吊离地面100mm，通过滑道的中心测量上、下游方向和左右方向（左右方向可测闸门中心线）的倾斜，其倾斜不超过门高的1/1000，且不大于3mm，超过规定时，调整闸门启闭设备两吊点绳长。

(2) 在无水情况下全行程启闭试验。在无水情况下对闸门进行全行程启闭试验，试验过程检查滚轮或滑道的运行有无卡阻现象；闸门的同步是否达到设计要求。

全关闭状态下对水封进行透光检查，止水应严密，符合规范要求；全程启闭过程中闸门水封处进行喷水润滑，防止损坏水封橡皮。

(3) 静水启闭试验。在条件允许情况下，对工作闸门进行设计水位全程启闭试验，检查项目同前，透光检查改为漏水量检查。

7.15.4　质量标准

7.15.4.1　主控项目

1. 焊缝的检验

所有焊缝均应进行外观检查，一类、二类焊缝进行超声及射线探伤。焊缝同一部位的返修次数不宜超过两次。

2. 水封的安装

(1) 止水橡皮顶面平度允许偏差为2mm。

(2) 止水橡皮与滚轮或滑道面距离允许偏差值为±1mm。

(3) 反向滑块至滑道或滚轮的距离（反向滑块自由状态）允许偏差值为±1mm。

7.15.4.2　一般项目

安装完的止水橡皮，两侧止水中心距离和顶止水中心至底止水底缘距离误差为±3mm

7.15.5　应注意的质量问题

7.15.5.1　闸门焊接时，如遇有风速超过10m/s的大风和雨天、雪天以及环境温度在−5℃以下，相对湿度大于90%时，焊接处应有可靠的防护措施，否则禁止施焊。

7.15.5.2　止水橡皮螺孔以水封压板专用钻头配钻，使其孔径小于螺栓直径1mm，并严禁烫孔。

7.15.5.3　止水橡皮接头可采用生胶热压或专用胶胶合，胶合接头处不允许错位，凹凸不平和疏松现象。

7.16　压力钢管道安装

7.16.1　适用范围

适用于工艺装置、辅助装置以及界区内公用工程所属的压力管道。

7.16.2　施工准备

7.16.2.1　材料质量要求

焊接材料的选用应遵循以下原则：

1. 应与母材的力学性能和化学成分相匹配。

2. 应考虑焊件的复杂程度、刚性大小、焊接坡口的制备情况和焊缝位置及焊件的工作条件和使用性能。

3. 操作工艺性、设备及施工条件、劳动生产率和经济合理性。

7.16.2.2 主要施工机具

电焊机、吊车、运输车。

7.16.3 施工工艺

7.16.3.1 工艺流程

焊前清理→定位焊→装配校正→预热→焊接→无损探伤→涂装

7.16.3.2 操作工艺

1. 焊前清理

所有拟焊面及坡口两侧各50～100mm范围内的氧化皮、铁锈、油污及其他杂物应清除干净，每一焊道焊完后也应及时清理，检查合格后再焊。

2. 定位焊

拟焊项目应采用已批准的方法进行组装和定位焊。碳素钢和低合金钢的定位焊可留在二类、三类焊缝内，构成焊接构件的一部分，但不得保留在一类焊缝内，也不得保留在高强钢的任何焊缝内。

3. 装配校正

装配中的错边应采用卡具校正，不得用锤击或其他损坏钢板的器具校正。

4. 预热

(1) 对焊接工艺要求需要预热的焊件，其定位焊缝和主缝均应预热（定位焊缝预热温度较主缝预热温度提高20～30℃），并在焊接过程中保持预热温度；层间温度不应低于预热温度，且不高于230℃。一类、二类焊缝预热温度应符合焊接工艺的规定，如无规定时，可参照DL/T 5017—2007《水电水利工程压力钢管制造安装及验收规范》表6.3.15推荐的温度。

(2) 焊口应采用固定的煤气喷灯、电加热器或远红外线加热器预热。手持煤气火焰，仅限于在监理人批准的部位使用。

(3) 承包人应使用监理同意的表面温度计测定温度。测定宽度为焊缝两侧各3倍钢板厚度范围，且不小于100mm，在距焊缝中心线各50mm处对称测量，每条焊缝测量点不应少于3对。

(4) 监理人有权对某些焊接部位提出特殊的预热要求，承包人应遵照执行。

5. 焊接

(1) 施焊前，应对主要部件的组装进行检查，有偏差时应及时予以校正。

(2) 各种焊接材料应按DL/T 5017—2007第6.3.10条的规定进行烘焙和保管。焊接时，应将焊条放置在专用的保温筒内，随用随取。

(3) 为尽量减少变形和收缩应力，在施焊前选定定位焊焊点和焊接顺序应从构件受周围约束较大的部位开始焊接，向约束较小的部位推进。

(4) 双面焊接时（设有垫板者例外），在其单侧焊接后应进行清根并打磨干净，再继续焊另一面。对需预热后焊接的钢板，应在清根前预热。若采用单面焊缝双面成型，应提出相应的焊接措施，并经监理人批准。

（5）在制造车间施焊的纵缝和环缝，应尽可能采出埋弧焊。

（6）纵缝焊接应设引弧和断弧用的助焊板；严禁在母材上引弧和断弧。定位焊的引弧和断弧应在坡口内进行。

（7）多层焊的层间接头错开。

（8）每条焊缝应一次连续焊完，当因故中断焊接时，应采取防裂措施。在重新焊接前，应将表现清理干净，确认无裂纹后，方可按原工艺继续施焊。

（9）拆除引、断弧助焊板时不应伤及母材，拆除后应将残留焊疤打磨修整至与母材表面齐平。

（10）焊接完毕，焊工应进行自检。一类、二类焊缝自检合格后应在焊缝附近用钢印打上工号，并做好记录；高强度钢不打钢印，但应进行编号和做出记录，并由焊工在记录上签字。

6. 焊接检验

压力钢管焊缝焊接质量由焊缝外观质量和焊缝内部质量组成。

表 7-4　　焊缝外观质量检查标准

项次	检验项目	质量要求
1	裂纹	不允许出现
2	表面夹渣（δ 为钢板厚度，mm）	一类、二类焊缝：不允许；三类焊缝：深不大于 0.1δ，长不大于 0.3δ，且不大于 10
3	咬边/mm	一类、二类焊缝：深不大于 0.5；三类焊缝：深不大于 1
4	表面气孔/mm	一类、二类焊缝：不允许；三类焊缝：每米范围内允许直径小于 1.5 的气孔 5 个，间距不小于 20
5	未焊满/mm	一类、二类焊缝：不允许；三类焊缝：深不大于 0.2+0.02δ 且不大于 1，每 100mm 焊缝内缺欠总长不大于 25

表 7-5　　焊缝内部质量检查标准

项次	检验项目	质量要求	
		合格	优良
1	射线探伤	一类焊缝不低于Ⅱ级合格	一次合格率不低于 90%
2	超声波探伤	一类焊缝不低于Ⅰ级合格，二类焊缝不低于Ⅱ级合格	一次合格率不低于 95%
3	磁粉探伤	一类、二类焊缝不低于Ⅱ级合格	一次合格率不低于 95%
4	渗透探伤	一类、二类焊缝不低于Ⅱ级合格	一次合格率不低于 95%

7. 涂装

（1）涂装表面处理质量应符合施工图纸的规定，钢管内壁及明管外壁采用涂料，除锈等级应达到 GB/T 8923.4—2013《涂覆涂料前钢材表面处理　表面清洁度的目视评定　第 4 部分：与高压水喷射处理有关的初始表面状态、处理等级和闪锈等级》规定的 Sa2 $\frac{1}{2}$ 级，埋管外壁采用喷水泥浆时，应达到 Sa1 级。

（2）钢管内壁及明管外壁涂料型号漆膜厚度、颜色等应符合设计要求和技术详图规定。

7.16.3.3 冬雨期施工

焊接环境出现下列情况时，应采取有效防护措施，无防护措施时，应停止焊接工作。

1. 风速：气体保护焊大于 2m/s，其他焊接方法大于 8m/s。

2. 相对湿度大于 90%。

3. 环境温度低于−5°C。

4. 雨天和雪天的露天施焊。

7.16.4 质量标准

7.16.4.1 钢管的直管、弯管以及伸缩节等附件与设计轴线的平行度误差应不大于 0.2%。

7.16.4.2 钢管安装中心的偏差和管口圆度应遵守 DL/T 5017—2007 表 5.1.2 条和第 5.1.3 条的规定。

7.16.4.3 钢管始装节的里程允许偏差为±5mm，弯管起点的里程允许偏差为±10mm；始装节两端管口垂直度允许偏差为±3mm。

7.16.4.4 明管支座位置误差应按施工图纸规定，最大不得超过 5mm；与钢管设计中心线平行度偏差不大于 0.2%。支座安装后，不应有任何卡阻现象，局部间隙不应大于 0.5mm。

7.16.4.5 鞍形支座的顶面弧度间隙不应大于 2mm。

7.16.5 应注意的质量问题

7.16.5.1 严禁将支座固定在钢管上，再浇筑支墩二期混凝土。

7.16.5.2 按规定进行现场焊接。

7.16.5.3 在现场焊接钢管环缝前，应校测钢管位置和管口圆度，若发现其安装偏差超过规定时，应及时纠正，并经监理人检查认可后，才准施焊。

7.16.5.4 定位焊后应尽快焊接安装环缝，每条焊缝应连续完成，不得中断。焊接过程中，若遇到特殊的环境情况，应采取有效防护措施。

8 管道安装工程

8.1 球墨铸铁管（件）安装

8.1.1 适用范围

适用于市政管道、泵站管道工程等室外给水排水 DN300～DN1200mm 球墨铸铁管安装工程施工，接口型式为 T 形或承插式柔性接口。其他混凝土或 PCCP 承插式柔性接口的管道安装可参考执行。

8.1.2 施工准备

8.1.2.1 材料质量要求

1. 管材及管件规格品种应符合设计要求，管节及管件表面不得有裂纹，不得有妨碍使用的凹凸不平的缺陷；承插口无碰损、椭圆度误差在允许范围内。

2. 管壁薄厚均匀，无变形，无砂眼棱刺等现象，管内壁衬敷材料应光滑、表面平整、无空鼓、开裂现象。

3. 取得产品质量检验报告及合格证。

8.1.2.2 主要施工机具

钢丝绳 d=11.9～23mm，型号：绳 6×19；钢丝绳长度一般为 2～6.5m；吊装管件所用细钢丝绳 2 条，d=8～15.7mm；锁具卸扣；钢丝刷；毛刷；油灰刀；钢板尺；钢卷尺；手锤；钢钎；螺旋千斤顶；手动导链；大锤；蛙式打夯机；打压设备一套；盲板；挖掘机；装载机等。

8.1.2.3 作业条件

1. 管沟平直，管沟沟底夯实，沟内无障碍物，距沟边 1.5m 范围内无堆放施工材料和其他物品。

2. 管材、管件已运至现场；安装人员已到位；机械设备已到位；管道沟槽已按照设计要求开挖并验收完毕。

8.1.3 施工工艺

8.1.3.1 工艺流程

球墨铸铁管安装工艺流程图见图 8-1。

8.1.3.2 操作工艺

1. 清理承插口及 T 型胶圈

用钢丝刷、油灰平铲、毛刷清刷承口外表面及插口内表面杂物，铲去所有粘结物，如砂子、泥土和松散土涂层及可能污染水质、划破胶圈的附着物，并将胶圈清理干净确保没有附着物。

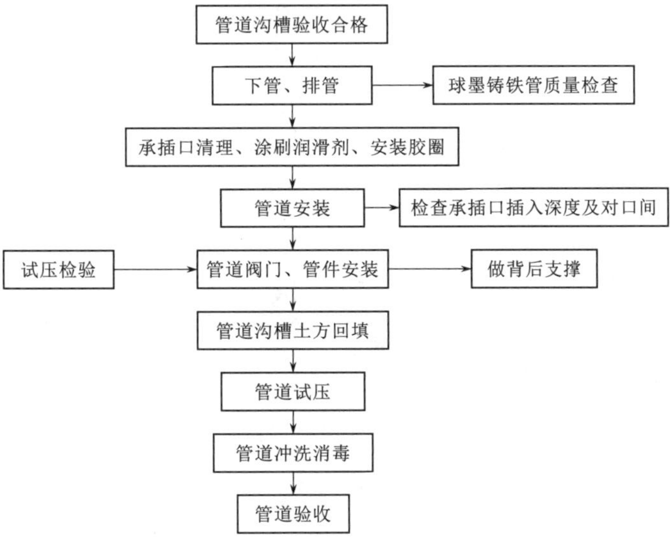

图 8-1　球墨铸铁管安装工艺流程图

2. 安装T形胶圈

(1) 安装胶圈时，对较小规格的胶圈宜弯成“8”字形（适用于DN800以下球墨铸铁管胶圈安装）或心形［见图8-3（a）］，对较大规格的胶圈宜弯成十字形［见图8-3（b）］或梅花形型（适用于DN800mm以上球墨铸铁管胶圈安装）装入承口凹槽，并用手压实，确保各个部位不翘不扭。

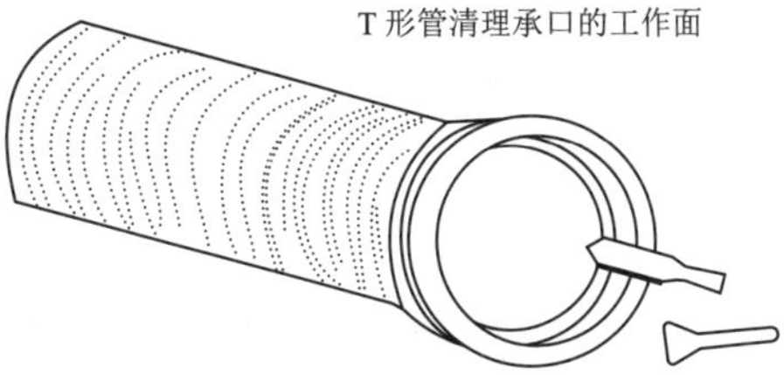

图 8-2　承口清理图

(2) 在胶圈内表面和插口外表面涂刷润滑剂（可采用食用油），润滑剂均匀刷在承口内已安装好的橡胶圈表面及插口外表面，插口刷润滑剂刷到坡口处。

(a) 心形　　(b) 十字形

图 8-3　胶圈安装图

3. 球墨铸铁管（件）安装

(1) 铸铁管安装。

第一根管下入沟槽时，通常情况是将承口方向朝向水流的上游，对中心线进行定位。

第二根管用吊装设备提升吊入沟底，与前一根管装配应找水平。用钢丝绳和导链拉入承口（装配用钢丝绳应套胶管，钩头、导链用橡胶保护，以免外壁碰伤）；采用挖掘机安装时，需在球墨铸铁管与掘斗之间垫上硬木块保护，慢而稳地将球墨铸铁管推入。DN300～DN600mm 球墨铸铁管导链安装可参考图 8-4（a）；DN700～DN1200mm 球墨铸铁管导链安装可参考图 8-4（b）；DN300～DN1200mm 球墨铸铁管挖掘机安装可参考图 8-4（c）。

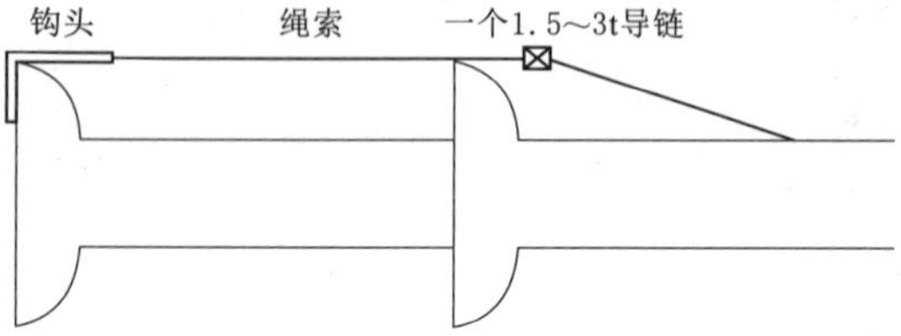

（a）DN300～DN600 管材装配图

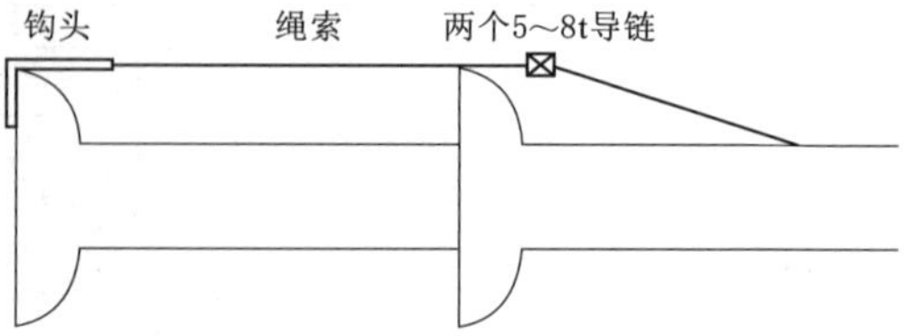

（b）DN700～DN1200 管材装配图

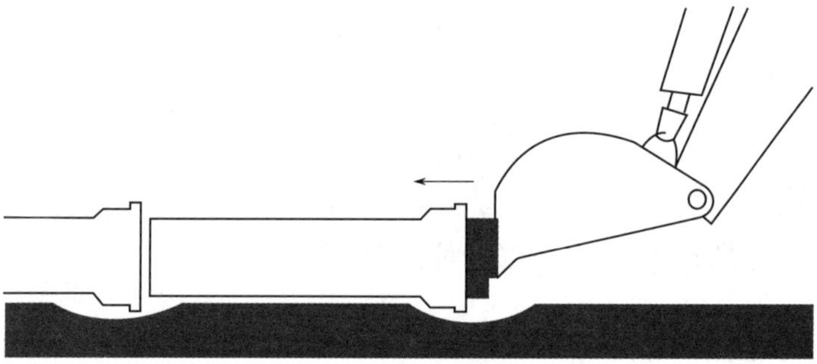

（c）挖掘机装配图

图 8-4 球墨铸铁管安装配图

（2）管件安装。

由于管件自身重量较轻，在安装时采用单根钢丝绳时，容易使管件方向发生偏移，导致橡胶圈被挤，不能安装到位。因此可采用双导链平行用力的方法使管件平行安装，胶圈不致被挤。

（3）阀门安装。

检查阀门填料、压盖、阀体、阀门启闭是否灵活、止水橡胶带是否牢固、关闭是否严密。

阀门应根据有关规范进行压力试验，试压不合格的阀门不得使用，阀门检查试验应有相应的水压试验记录。

按水流方向确定阀门的安装方向；避免强力，受力不均连接。

4. 管道沟土方回填

（1）管材及管件安装完毕后管道应及时进行沟槽土回填，接口处可以在试压合格后进行沟槽土回填。

（2）管沟的回填料应是顺着管子轴向倒翻在管顶上堆放，再由管顶两侧均匀下料，均匀下料至管顶，土料回填见图8－5。

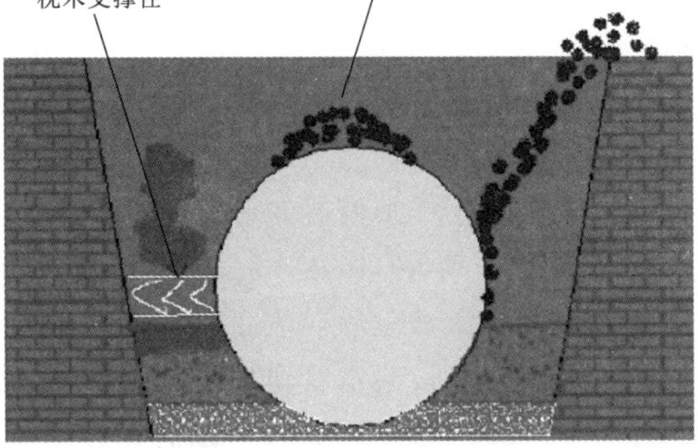

图8－5 土料回填示意图

（3）管道沟槽土方回填应分层夯实，管中心线以下每200mm为一层夯实，两侧采用蛙式打夯机进行人工夯填，中心线以上每300mm为一层夯实，超出管顶500mm以上可以用小型机械压路机压实。

（4）按照GB 50268—2008《给排水管道工程施工及验收规范》中3.5沟槽回填条款规定：对圆形管道回填土其压实度不应小于90%；管道两侧回填压实度规定：大口径球墨铸铁管压实度应控制在90%～95%范围内。

（5）每层回填土的虚铺厚度，应根据所采用的压实机具符合表8－1规定。

表8－1　　土料虚铺厚度

压实机具	虚铺厚度/mm	压实机具	虚铺厚度/mm
木夯、铁夯	≤200	压路机	200～300
轻型压实设备	200～250	振动压路机	≤400

5. 管道试压

（1）管道试压段长度取决于管线的配置和测试的技术要求，不宜超过1km。

（2）试压前的准备工作：试压管线均应在沟槽土全部回填后再试压，特殊要求的接口处可以不回填；管件支墩应达到设计强度；试验管段的所有阀门开启，不允许用闸阀做堵板，末端加设盲板及靠背千斤顶；试压后背应设在原状土上，土质松软时应采取加固措施，同时后背墙面应平整并与管道轴线垂直。

（3）管道注水：试验段充水装置应设置在整个试压段的最低处，充水速度尽量慢，以使管道内空气全部被挤出；试验管段注满水后，宜在不大于工作压力条件下保证球墨铸铁管浸泡24h以上。

（4）试验压力：工作压力≤0.5MPa，试验压力为工作压力的2.0倍；工作压力>0.5MPa，试验压力为工作压力加0.5MPa。

（5）试压方法及合格标准。

预试验阶段：将管道内水压缓缓地升至试验压力并稳压30min。期间如有压力下降可注水补压，但不得高于试验压力；检查管道接口、配件等处有无漏水、损坏现象；有漏水、损坏现象时应及时停止试压，查明原因并采取相应措施后重新试压。

主试验阶段：停止注水补压，稳定15min；当15min后压力下降≤0.03MPa，将试验压力降至工作压力并保持恒压30min，进行外观检查若无漏水现象，则水压试验合格。

管道升压时，管道的气体应排除；升压过程中，发现压力表针摆动、不稳，且升压较慢时，应重新排气后再升压。

应分级升压，每升一级应检查后背、支墩、管身及接口，无异常现象时再继续升压。

(6) 试压注意事项。

水压试验过程中，后背顶撑、管道两端严禁站人。

水压试验时，严禁修补缺陷；遇有缺陷时，应做出标记，卸压后修补。

6. 管道冲洗消毒

(1) 管道水压试验后，竣工验收前，对管道进行冲洗消毒。

(2) 水质要求：给水管道冲洗水质必须符合国家二类水质以上标准，在水源不足的地区允许将冲洗和消毒合并进行，以简化程序既节约又省时间。

(3) 管道清洗方法：采用二次清洗方法。第一次冲洗采用以流速不小于 1.0m/s 的冲洗水（现场无法测定水的流速，可采用出水口的管径不小于被冲洗管管径的 2/3），直至出水口处的浊度、色度与入口处的浊度、色度一致。

(4) 管道消毒方法：管道采用含量不低于 20mg/L 氯离子浓度的清洁水浸泡 24h，再次冲洗，直至水质管理部门取样化验合格为止。

8.1.3.3 冬雨期施工

1. 低温季节施工

(1) 管道安装时为了保证管口具有良好的润滑条件，宜在正温度时施工，以减少在低温下涂润滑剂的难度。在管道安装后，管口工作坑及管道两侧及时覆盖保温材料避免砂基受冻。施工人员在管上进行安装作业时，应采取有效的防滑措施。冬期施工不得使用冻硬的橡胶圈。

(2) 管道沟槽回填土前，应清除回填土中冻块，然后分层填筑，每天下班前均应覆盖保温材料，当气温低于－10℃时，应在已回填好的土层上虚铺 300mm 松土，覆盖保温，以防受冻，在进行回填前如发现受冻，应先除掉冻壳，再进行回填。当最高气温低于 0℃时，回填土不宜施工。

(3) 水压试验应在管内正温度下进行，试验完应及时将管内积水清理干净，以防止受冻。管身应填土至管顶以上 500mm，暴露的接口及管段应用保温材料覆盖。

2. 雨季施工

(1) 沟槽两侧的堆土缺口，如运料口、下管马道、便桥桥头均应堆叠土埂，使其闭合，防止雨水流入基坑。

(2) 堆土向基坑的一侧边坡应铲平拍实，避免雨水冲塌。

(3) 基槽底两侧挖排水沟，设集水坑，及时排除槽内积水。

(4) 雨期施工时，施工一段应回填一段，尽量避免管道暴露在沟槽里，在地下水位高的地段施工时，必须将水位降至槽底 0.5m 以下，并备好发电机，防止停电造成水位上升漂管。

8.1.4 质量标准

8.1.4.1 管道沟槽验收的合格标准

1. 主控项目检验标准，见表 8－2。

表 8-2　　主控项目检验标准

项次		检测项目	质量标准
主控项目	1	原状地基土	不得扰动、受水浸泡或受冻
	2	地基承载力	满足设计要求
	3	地基处理	压实度、厚度满足设计要求

2. 一般项目检验标准，见表 8-3。

表 8-3　　一般项目检验标准

项次		检测项目	允许偏差/mm	
一般项目	1	槽底高程	土方	±20
			石方	+20，−200
	2	槽底中线每侧宽度	不小于规定	
	3	沟槽边坡	不限于规定	

8.1.4.2　球墨铸铁管承口、插口连接合格标准

球墨铸铁管 T 形接口的承口插入深度 P，见图 8-6 及表 8-4。

表 8-4　　插入承口深度表

规格 DN/mm	300	350	400	450	500	600	700	800	900	1000	1100	1200
承口深度 P/mm	110	110	110	120	120	120	150	160	175	185	200	215

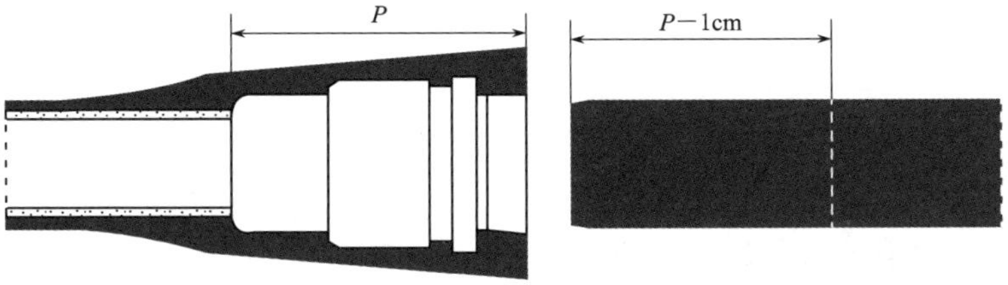

图 8-6　插入深度 P 示意图

8.1.4.3　承插口安装后连接间隙检查

沿插口圆周用钢板尺插入承插口内，直到抵到胶圈的深度，检查所插入深度是否均匀，见图 8-7。

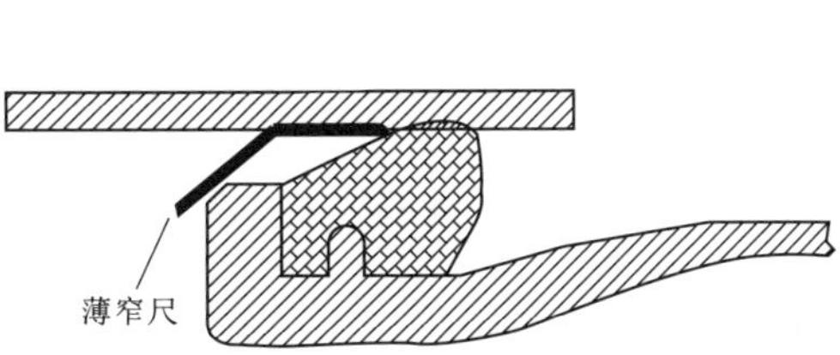

图 8-7　连接间隙检查图

8.1.4.4　球墨铸铁管偏移角验收标准

球墨铸铁管接口安装完毕后，根据现场实际情况调整管节偏移角度的标准：安装不同管径的允许偏转角度应为设计允许偏转角度的 75%，见表 8-5。

表 8-5　　安装允许偏转角度表

DN/mm	设计允许偏转角度	安装允许偏转角度	DN/mm	设计允许偏转角度	安装允许偏转角度
300	4°	3°30′	900～1000	1°30′	1°30′
350～600	3°	2°30′	1100～1200	1°30′	1°30′
700～800	2°	1°30′	—	—	—

8.1.4.5 管道水压测试验收标准

球墨铸铁管采用允许渗水量进行最终合格判定依据时，实测渗水量应小于或等于下表中允许数值，见表 8-6。

表 8-6　　球墨铸铁管水压试验的允许渗水量

管道内径 D_i/mm	300	400	600	800	900	1100	1200
允许渗水量/［L/（min·km）］	1.70	1.95	2.40	2.70	2.90	3.00	3.30

允许渗水量公式：

$$q = 0.1\sqrt{D_i}$$

式中　D_i——管道内径。

8.1.5 成品保护

8.1.5.1　球墨铸铁管道安装后不得脚踏攀登，更不得借搭脚手架和吊挂起重用具。

8.1.5.2　埋地管应避免受外荷载破坏而产生变形，试水完毕后要及时泄水。

8.1.5.3　小口径螺纹连接阀门及仪表等贵重物件安装后，可拆卸下来保存，防止损坏或丢失。

8.1.6 应注意的质量问题

8.1.6.1　管道变形：对大口径球墨铸铁管（DN≥1000mm）在回填土施工时，在管内采取临时竖向支撑。

8.1.6.2　管道轴线偏移：采用挂边线安管，线要绷紧，安装管道过程中要随时进行检查，在管道两侧回填土夯实时，应同时进行，其高差不得超过 300mm。

8.1.6.3　橡胶圈接口漏水应注意以下几点：

1. 严格控制材料验收制度，不得使用不符合技术标准的橡胶圈。

2. 顶压橡胶圈时用力要均匀，压实后，将管道除接口外用回填土压住，以防止橡胶圈反弹。

3. 管道承插口安装前应认真检查，发现毛刺、铁瘤等情况应加以剔除，避免橡胶圈被损坏。

8.1.6.4　橡胶圈的存储应注意以下几点：

1. 贮存温度不宜高于 25℃，最好温度控制在 15℃以下，湿度低于 70%。

2. 橡胶圈应避光贮存，尤其应避免强阳光和高紫外线含量的人造光照射。

3. 橡胶圈宜以无拉伸、无压缩、无其他形变的松弛自然状态下整齐存放，重叠高度不宜超过 1.5m，不宜将橡胶圈悬挂存放。

4. 在严寒的气候下，使用前建议把橡胶圈的温度升至 20℃，保证橡胶的弹性。

8.2 HDPE管道安装

8.2.1 适用范围

适用于相同管壁厚度、同直径的HDPE管道、管件的热熔连接。

8.2.2 施工准备

8.2.2.1 基本要求

1. 连接聚乙烯给水管道前应对管材、管件及管道附件等管道设施按设计要求进行核对，并在施工现场对此进行外观质量检查，管材表面划伤深度不应超过管材壁厚的10%。

2. 聚乙烯管材与管件连接，必须根据不同连接方式选取专用的连接工具。连接时，管材与管件不得采用螺纹连接和粘接，严禁采用明火加热。

3. 聚乙烯给水管道中管材、管件及管道附件的连接采用热熔连接、电熔连接、法兰连接等，不同SDR系列的聚乙烯管材不得采用热熔对接连接；聚乙烯给水管道与金属管道或金属管道附件的连接，应采用法兰连接。

4. 管道热熔的环境温度宜在－5～45℃范围内。当在环境温度低于－5℃或者风力大于5级的条件下进行热熔连接操作时，应采取保温、防风措施，并调整连接工艺；当在炎热的夏天施工时，应采取遮阳措施。

5. 管道连接时应采用同种牌号、压力等级相同的管材、管件及管道附件。当采用不同牌号、压力等级的管材、管件及管道附件时应进行试验，试验结果判定连接质量能达到保证后，方可使用连接。

6. 当聚乙烯管材、管件存放处与施工现场温度相差较大时，连接前应将管材、管件在施工场地放置一段时间，使其温度与施工现场温度相接近时方可进行连接。

7. 管道连接时，聚乙烯管材切割应采用专用割刀或切管工具，切割断面应保持平整、光滑、无毛刺，端面应垂直于管轴线。

8. 管道连接时，每次收工，管口处应采取封堵措施。

9. 管道连接结束时，应按照相关规定进行管道连接质量检查，不合格者必须返工，返工后应重新进行接头质量检查。

8.2.2.2 主要施工机具

管道热熔机、管道切割机、铣刀、拖拉压力车、夹具＋底座、挖掘机、千斤顶。

8.2.2.3 作业条件

检查现场环境是否符合热熔的环境要求，场地需平整，无杂物，天气无大风、扬尘、降雨等；当现场环境不能满足施工条件时，应采取相应措施使之满足热熔要求。

8.2.3 施工工艺

8.2.3.1 工艺流程

8.2.3.2 操作工艺

1. HDPE管道就位

管道连接主要在地面上进行。热熔设备就位后，逐根检查管材外表面有无超标划痕。如有应对划痕部位热修补合格后方可使用。同时清除管内杂物，然后将管道置于专用支架上。

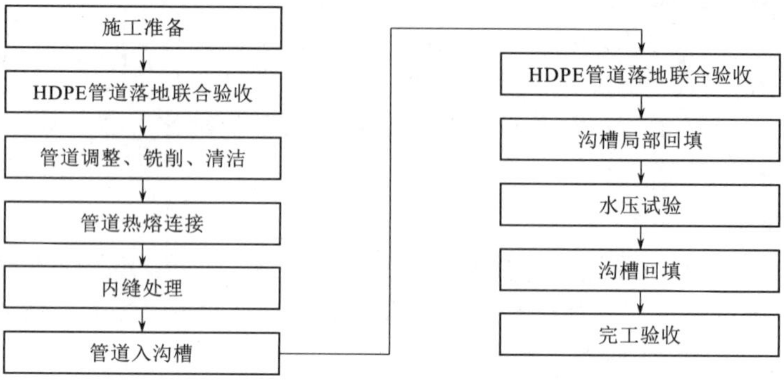

图 8-8 HDPE 管道安装工艺流程图

2. 热熔连接前的准备工作

(1) 焊工必须进行焊前培训。

(2) 检查焊机的工作状态是否正常。

(3) 检查清洁加热板。检查电源、电压、接地后接通电路。

(4) 钢环工作面应光洁，不得粘有混凝土、水泥及其他脏物。否则应进行清理或打磨，直至合格。

(5) 调定加热温度。焊前应根据所需焊接的 HDPE 管材管径、厚度设定熔接温度。

(6) 对接压力。焊前检查其使用情况，以便使用时准确掌握接合压力。焊接压力和冷却压力，根据焊接面的截面积×0.15N/mm^2 来确定。

(7) HDPE 管安装前应进行外观检查，应无变形、裂缝、表层脱落等缺陷。

(8) 对管道型号、规格、压力等级、编号、生产日期、出厂检验签章、监造监理检验资料等进行检查登记。

(9) 如使用发电机发电，则应检查发电机油箱是否足够，避免熔接中途断电，导致焊口作废。

3. HDPE 管道焊接主要工序

(1) 材料准备。

管道连接前应对管材、管件及管道附属设备按设计要求进行核对，并应在施工现场进行外观检查，管材表面伤痕深度不应超过管材壁厚的 10%，符合要求方准许使用。将管道或管件置于平坦位置，放于热熔对接机上，留足 10～20mm 的切削裕量。

(2) 夹紧。

根据所焊制的管材、管件选择合适的卡瓦夹具，夹紧管材，为切削做好准备。管材在机架以外的部分用管道支架托起，使管材轴线与机架中心线处于同一高度，然后用夹具紧固好并调整夹具底座与支架的位置，确保夹具底座与支架水平，并在其同一管道中心线上。检查管道的两个对接管口，上、下、左、右是否对齐，如有不齐，松开夹具，重新调整。若管径大于 450mm，则应通过液压架进行调整。

（3）切削。

切削所焊管段、管件端面杂质和氧化层，保证两对接端面平整、光洁、无杂质。并应用洁净棉布蘸浓度95%以上酒精擦净连接面上的污物。

（4）对中。

两焊管段端面应完全对中，错边越小越好，错边不能超过壁厚的10%，若管口变形过大可用千斤顶支撑进行整圆修复。否则，将影响对接质量。

（5）加热。

对接温度一般为210～230℃为宜，加热板加热时间冬夏有别，以两端面熔融长度为1～2mm为佳。加热面温度分布应均匀，热熔连接熔接界面压力值根据管材大小及壁厚确定。热熔连接严格控制保压及冷却时间。在保压、冷却期间不得移动连接件或在连接件上施加任何压力。

（6）切换。

将加热板拿开，迅速让两热融端面相粘并加压，为保证熔融对接质量，切换时间越短越好。

（7）熔融对接。

熔融对接是焊接的关键，对接过程应始终处于熔融压力下进行，卷边宽度以2～4mm为宜。

（8）冷却。

保持对接压力不变，让接口缓慢冷却，冷却时间长短以手摸卷边生硬，感觉不到热为准。

（9）对接完成。

冷却好后松开卡瓦，移开对接机，重新准备下一接口连接。

4. 管件的电熔焊接

电熔其实也是热熔的一种，管件中已预设加热线圈，连接时通电加热熔融，熔接质量好，但材料较贵，适用于不方便使用器具热熔，或熔接要求高的部位。

（1）焊接前准备。

1）焊接设备：电熔焊接设备采用复合ISO 12176－2：2008标准，且具有条形码输入功能的全自动电熔焊接机。

2）焊接辅助工具。

绑扎带；额定荷载3t以上的吊带；额定荷载2t以上的手拉葫芦；拉力传感器；白色记号笔；刮削器；开孔机械；清洁纸。

（2）焊接操作步骤。

1）标记全电熔鞍形管件的焊接位置，用记号笔标记管件与主管道的外侧及内侧相交线。

2）刮削焊接端面（务必保证刮削的厚度达到0.2～0.3mm），刮削后清洁全电熔鞍形的焊接端面。

3）在刮削过的位置再次用记号笔标记管件与主管道的外侧及内侧相交线。

4）在主管道上绑扎全电熔鞍形管件。特别需注意的是：由于主管道可能有变形，使得鞍形管件的弧面与主管道的弧面不能完全重合，在施工现场需通过手拉葫芦来进行绑扎，使鞍形管件与主管道任何一点的弧面缝隙不能超过1.0mm。

5）焊接（黄色预热条码，白色焊接条码）。使焊机处在工作状态，将电熔焊接的输出插头插入管件的导电柱内。

读取或输入（黄色框“预热焊接参数”）焊接参数后即可进行焊接，焊接参数为预热时间根据说明书进行设定。

读取或输入（白色框“焊接参数”）焊接参数后即可进行焊接，焊接参数为预热时间根据说明书进行设定。

6）冷却。

保持焊接时的绑扎状态，直至冷却时间结束。

（3）电熔接头检验。

电熔焊接的检验与试验可分为非破坏性检验和破坏性检验；非破坏性检验主要手段为目测和外观检查，用于施工现场的质量控制和操作人员的自检。破坏性检验主要用于焊接工艺评定及对焊接质量有争议焊口的试验。

电熔接头非破坏性检查：

1）检查焊接部分的表面处理情况，电熔管件应当完整无损，无变形及变色，应有明显的刮皮痕迹。

2）检查焊接时的熔融材料或电热丝，应没有从管材内部流出来，或在可接受的范围内。

3）观察孔的位置变化符合制造商的要求，从观察孔应当能看到有少量的PE顶出，但是顶出物不得呈流淌状；焊接表面不得有熔融物溢出。

4）检查焊接位置的管材内壁，不应塌陷或褶皱。

5）如果焊接的鞍形管件，应检查以下内容：

a. 鞍形管件承插口应与焊接的管材保持同轴。

b. 鞍形管件和管材装配时不得有明显间隙。

c. 鞍形管件焊接处周围应有刮削痕迹。

电熔管件焊接的破坏性有以下检测方式，如必要择一检测。按GB/T 19807—2005《塑料管材和管件聚乙烯管材和电熔管件组合试件的制备》制样。

a. 电熔管件剖面检验：取电熔后的组件，用锯条与熔接组件端面成45°角进行切开，组件中的电阻丝应排列整齐，不应当有涨出、裸露、错行，焊后不游离。管件与管材熔接面上应无可见界线。

b. 拉伸剥离试验：拉伸剥离试验方法应符合GB/T 19808—2005《塑料管材和管件公称外径大于或等于90mm的聚乙烯电熔组件的拉伸剥离试验》标准。

c. 静液压强度试验：静液压强度试验方法应符合现行国家标准GB/T 6111—2018《流体输送用热塑性塑料管道系统耐内压性能的测定》的要求。

8.2.3.3 操作要点

1. 焊机操作人员技术必须熟练，并严格遵守操作规程。

2. 加工过的焊面严禁触摸，否则需要用清洁剂清洗，加工后立即熔接。

3. 在整个过程中必须保持熔接件的正确几何中心位置，以防歪曲、扭斜等缺陷。

4. 在较低的环境温度下施工时，视具体情况确定加热时间，并尽量缩短转换时间。

5. 环境温度低于+5℃时，必须采取一定的措施，以确保焊接质量。

6. 每次加热前，均应使用清洁剂和无纤维的纸（或丝绸布）擦洗加热部件。

8.2.3.4 一般规定

1. 热熔连接

热熔连接工具的温度控制应精确，加热面温度分布应均匀，加热面结构应符合焊接工艺要求。熔接前、后应使用洁净的棉布擦净加热面上的污物。热熔连接加热时间、加热温度和施加的压力以及保压、冷却时间，应符合热熔连接工具生产企业和聚乙烯管材、管件以及管道附件生产企业的规定。在保压、冷却期间不得移动连接件或在连接件上施加任何外力。

（1）热熔连接还应符合下列规定：

1）待连接件的连接端应伸出焊机夹具一定自由长度，并校直两对应的待连接件，使其在同一轴线上。错边不宜大于壁厚的10%。

2）管材、管件以及管道附件连接面上的污物应使用洁净棉布擦净，并铣削连接面，使其与轴线垂直。

3）待连接件的断面应使用热熔对接连接工具加热。

4）加热完毕后，待连接件应迅速脱离加热工具，检查待连接件的加热面熔化的均匀性和是否有损伤。然后，用均匀力使连接面完全接触，并翻边形成均匀一致的凸缘，凸缘的高度和宽度应符合有关规定。

（2）热熔鞍形连接应符合下列规定：

1）热熔鞍形连接应采用机械装置固定干管连接部位的管段，应保持直线度和圆度。

2）干管连接部位和鞍形管件连接部位上的污物应使用洁净棉布擦净，并用刮刀刮除干管连接部位表皮。

3）干管连接部位和鞍形管件连接部位应使用鞍形加热工具加热。

4）待加热时间达到工艺要求后，应迅速撤出加热工具，检查待连接件的加热面熔化的均匀性和是否有损伤后，再用均匀力将鞍形管件压到干管连接部位，使连接面周围形成均匀凸缘。

与焊接直接相关的参数有温度、压力、时间三个因素。焊接工艺曲线图实际上是焊接过程压力、时间关系图。通常采用的焊接工艺如图8-9所示。

超大口径HDPE管道热熔连接方式见图8-10。

对于聚乙烯塑料管道，其加热熔融温度根据经验通常设定为220℃，其温度分布精度控制在规定的范围内。

2. 电熔连接

电熔连接机具输出电流、电压应稳定，符合电熔连接工艺要求。电熔连接机具与电熔管件应正确连通，连接时，通电加热的电压和加热时间应符合电熔连接机具和电熔管件生产企业的规定。电熔连接冷却期间，不得移动连接件或在连接件上施加任何外力。

超大口径电熔鞍形管件安装操作应符合下列规定：

（1）电熔鞍形连接应采用机械装置固定干管连接部位的管段，使其保持直线度和圆度。

（2）干管连接部位上的污物应使用洁净棉布擦拭，并用专用工具刮除干管连接部位表皮。

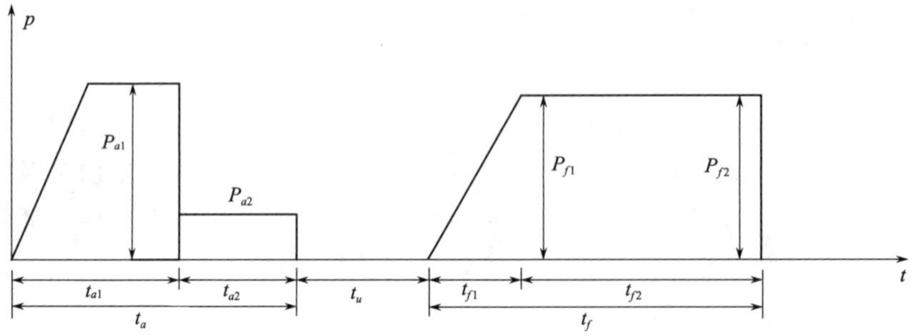

图 8－9　热熔连接压力与时间关系图

P_{a1}—带压加热压力；P_{a2}—去压加热压力；P_{f1}—熔接压力；P_{f2}—保压冷却压力；

t_{a1}—带压加热时间；t_{a2}—去压加热时间；t_a—总加热时间；

t_u—切换时间，加热结束至对接开始的一段时间，包括加热工具的撤出时间；

t_{f1}—对接增压时间；t_{f2}—保压冷却时间；t_f—总熔接时间

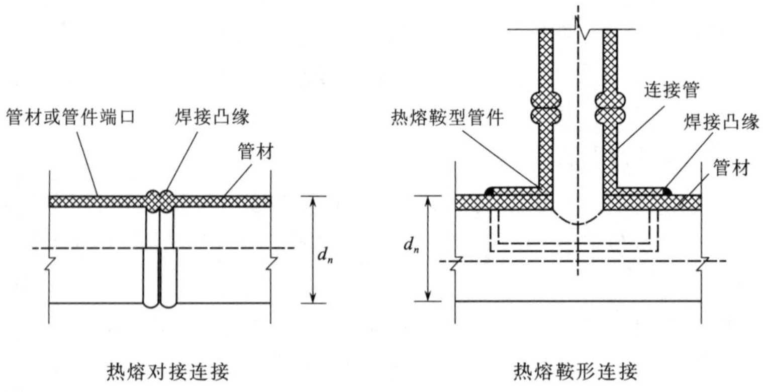

图 8－10　热熔连接方式示意图

（3）通电前，应将电熔鞍形连接件管件用机械装置固定在干管连接部位。

超大口径 HDPE 管道电熔连接方式见图 8－11。

3. 法兰连接

（1）聚乙烯管端法兰盘（背压松套法兰）连接，应先将法兰盘（背压松套法兰）套入待连接的聚乙烯法兰连接件（跟形管端）的端部，再将法兰连接件（跟形管端）平口端与管道按本规程规定的热熔或电熔连接的要求进行连接。

（2）两法兰盘上螺孔应对中，法兰面相互平行，螺孔与螺栓直径应配套，螺栓长短应一致，螺帽应在同一侧；紧固法兰盘上螺栓时应按对称顺序分次均匀紧固，螺栓拧紧后宜伸出螺帽 1～3 丝扣。

（3）法兰盘应采用钢质法兰盘且经过防腐处理。

超大口径 HDPE 管道法兰连接方式见图 8－12。

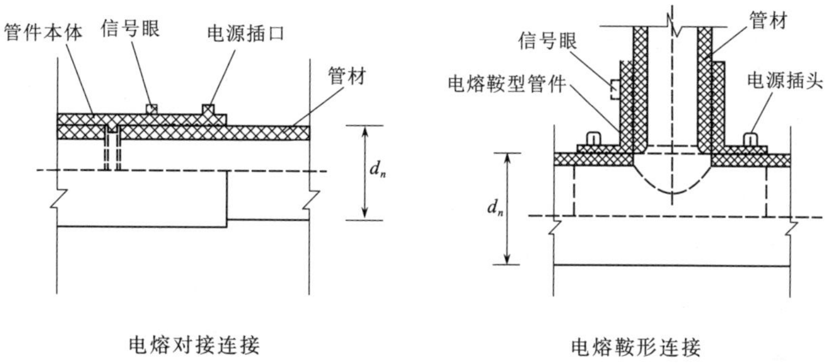

图 8－11　电熔连接方式示意图

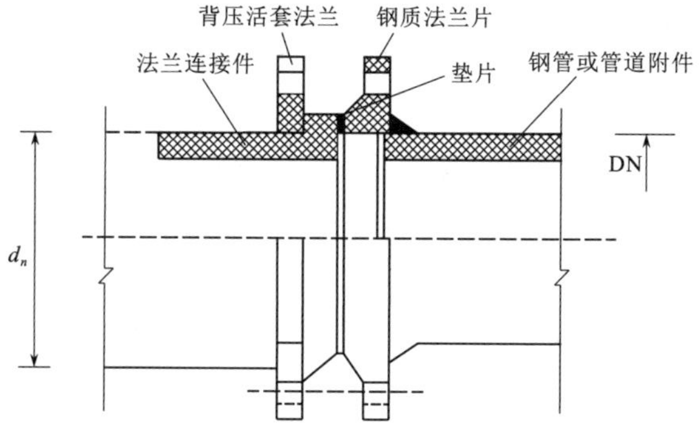

图 8－12　法兰连接示意图

8.2.3.5 水压试验

1. 基本要求

（1）聚乙烯输水管道系统应进行水压试验。

（2）给水管道试压前应进行充水浸泡，时间不应小于 12h。管道充水后应对未回填的外露连接点（包括管道与管道附件连接部位）进行检查，发现渗漏应进行排除。

（3）水压试验静水压力不应小于管道工作压力的 1.5 倍，不得将气压试验代替水压试验。

（4）管道水压试验长度不宜大于 1000m，对中间设有附件的管段，水压试验分段长度不宜大于 500m，系统中有不同材质的管道应分别进行试压。

（5）管道水压试验前应编制试压工程设计方案，其内容应包括以下项目：

1）管端后背堵板及支撑设计。

2）进水管路、排气管路及排气孔设计。

3）加压设备及压力表选用。

4）排水疏导管路设计及布置。

（6）对试压管段端头支撑挡板应进行牢固性和可靠性的检查，试压时，其支撑设施严禁松动崩落。不得将阀门作为封板。

（7）加压宜采用带计量装置的机械设备，当采用弹簧压力表时，其精度不应低于 1.5 级，量程范围宜为试验压力 1.3～1.5 倍，表盘直径不应小于 150mm。

（8）试压管段不得包括水锤消除器、室外消火栓等管道附件。系统包含的各类阀门，应处于全开状态。

2. 水压试验

水压试验分预试验与主试验两个阶段进行。

（1）预试验阶段，应按以下步骤进行，并应符合下列规定：

1）先将试验管内的压力降至大气压力，并持续 60min。期间确保不使空气进入管道。

2）缓慢地将管道压力升至试验压力并稳压 30min，期间如有压力下降可注水补压，但不得高于试验压力。检查管道接口、配件等处有无渗漏现象。如有渗漏现象应中止试压，并查明原因采取相应措施后重新组织试压。

3）停止注水补压并稳定 60min，若 60min 后压力下降不超过试验压力的 70%，则预试验阶段工作结束。当 60min 后压力下降低于试验压力的 70%，应停止试验，查明原因采取相应措施后再试压。

（2）主试验阶段，应按以下步骤进行，并符合下列规定：

1）在预试验阶段结束后，迅速将管道泄水降压，降压量为试验压力的 10%～15%。期间应准确计量出所泄出的水量，设为 ΔV。按下式计算允许泄出的最大水量 ΔV_{max}：

$$\Delta V_{max} = 1.2V\Delta P(1/E_W + d_i/e_n E_p)$$

式中 V——试压管总容积，L；

ΔP——降压量，MPa；

E_W——水的体积模量，不同水温时 E_W 值可按表 8-7 采用；

E_p——管材弹性模量，MPa，与水温及试压时间有关；

d_i——管材内径，m；

e_n——管材公称壁厚，m。

表 8-7　温度与体积模量关系

温度/℃	体积模量/MPa	温度/℃	体积模量/MPa
5	2080	20	2170
10	2110	25	2210
15	2140	30	2230

若 ΔV 大于 ΔV_{max}，应停止试压。泄压后应排除管内过量空气，再从预试验阶段的“步骤（2）”开始重新试验。

2）每隔 3min 记录一次管道剩余压力，持续记录 30min。当 30min 内管道剩余压力有上升趋势时，则水压试验结果合格。

3）30min 内试压管道内剩余压力无上升趋势时，则应再持续观察 60min。当在整个 90min 内压力下降不超过 0.02MPa，则水压试验结果合格。

当主试验阶段上述两条均不能满足时，则水压试验结果不合格。应查明原因并采取相应措施后再组织试压。

试压合格后全部回填到与地面相平。

3. 冲洗与消毒

管段试验合格后，应对整条管道进行冲洗消毒，管道冲洗、消毒前应做实施方案。

冲洗水应清洁，浊度应在5NTU以下，冲洗流速应大于1.0m/s，直至冲洗水的排放水与进水的浊度相一致为止。冲洗后应用含氯水浸泡消毒，经有效氯浓度不低于于20mg/L的清洁水浸泡24h后冲洗，并在末端取水检验，若水质不合格则应重新进行含氯水浸泡消毒、再冲洗，直至水质管理部门取样化验合格为止。

8.2.4　质量标准

热熔连接对操作者技术要求较高，应注意对接口质量进行外观检查，要求接口处形成均匀的凸缘。

8.2.4.1　翻边宽度。根据 $B=$（0.5～0.8）e（B 为翻遍宽度，e 为管道壁厚）来确定。

8.2.4.2　翻边高度。根据 $H=$（0.2～0.25）e（H 为翻遍高度，e 为管道壁厚）来确定。

8.2.4.3　焊缝高度。根据 $h=$（0.1～0.2）e（h 为焊缝高度，e 为管道壁厚）来确定。

8.2.4.4　最后通过静水压试验来检测熔接质量是否合格。

静水压试验期间，焊接接头管道不允许出现渗漏；预试验阶段规定时间内管道压力下降不低于试验压力的70%，即预试验合格；主试验阶段降压泄水量如果大于允许最大泄水量则试验不合格，应排净管内空气，重新打压；如果满足要求，则每个3min记录管道剩余压力，30min内有上升趋势，则试验合格。

8.2.5　成品保护

8.2.5.1　熔接完成的管材长期存放时，应进行苫盖保护。

8.2.5.2　在炎热和干燥条件下长期放置时，应按照规范规定进行保护。

8.2.6　应注意的质量问题

8.2.6.1　禁止不同材质、品牌、壁厚的管材和管件混用。

8.2.6.2　连接件的端面要保持清洁，对附着的水或泥土等杂物要及时清理干净。

8.2.6.3　操作人员必须对热熔连接的工艺参数（加热时间，加热温度、连接压力、冷却时间）按规定要求严格控制。

8.2.6.4　保证焊口完全冷却后再移动连接件或对连接件施加外力。

8.2.6.5　在寒冷气候（−5℃以下）或大风环境先进行焊接时，应采取保护措施或停止作业。

参考文献

［1］《水利水电工程施工实用手册》编委会．水利水电工程施工实用手册［M］．北京：中国环境出版社，2017.

［2］SL 633—2012 水利水电工程单元工程施工质量验收评定标准——地基处理与基础工程［S］．北京：中国水利水电出版社，2012.

［3］SL 677—2014 水工混凝土施工规范［S］．北京：中国水利水电出版社，2012.

［4］DL/T 5169—2013 水工混凝土钢筋施工规范［S］．北京：中国电力出版社，2013.

［5］SL 260—2014 堤防工程施工规范［S］．北京：中国水利水电出版社，2014.

［6］SL 378—2007 水工建筑物地下开挖过程施工规范［S］．北京：中国水利水电出版社，2007.

［7］SL 721—2015 水利水电工程施工安全管理导则［S］．北京：中国水利水电出版社，2015.

［8］GB 175—2007 通用硅酸盐水泥［S］．北京：中国标准出版社，2007.

［9］GB 50119—2013 混凝土外加剂应用技术规范［S］．北京：中国建筑工业出版社，2013.

［10］GB/T 5117—2012 非合金钢及细晶粒钢焊条［S］．北京：中国标准出版社，2012.

［11］GB/T 5118—2012 热强钢焊条［S］．北京：中国标准出版社，2012.

［12］SL/T 381—2021 水利水电工程启闭机制造安装及验收规范［S］．北京：中国水利水电出版社，2021.

［13］NB/T 35045—2014 水电工程钢闸门制造安装及验收规范［S］．北京：中国电力出版社，2014.